环境设计心理学

谌凤莲　著

西南交通大学出版社
·成都·

图书在版编目（ＣＩＰ）数据

环境设计心理学／谌凤莲著. —成都：西南交通
大学出版社，2016.11（2022.8 重印）
ISBN 978-7-5643-5130-4

Ⅰ．①环… Ⅱ．①谌… Ⅲ．①环境设计－应用心理学
Ⅳ．①TU-856

中国版本图书馆 CIP 数据核字（2016）第 270206 号

Huanjing Sheji Xinlixue

环境设计心理学

谌凤莲　著

责 任 编 辑	梁　红	
封 面 设 计	原谋书装	
出 版 发 行	西南交通大学出版社 （四川省成都市二环路北一段 111 号 西南交通大学创新大厦 21 楼）	
发 行 部 电 话	028-87600564　028-87600533	
邮 政 编 码	610031	
网 址	http://www.xnjdcbs.com	
印 刷	四川森林印务有限责任公司	
成 品 尺 寸	185 mm×260 mm	
印 张	16.75	
字 数	417 千	
版 次	2016 年 11 月第 1 版	
印 次	2022 年 8 月第 4 次	
书 号	ISBN 978-7-5643-5130-4	
定 价	49.80 元	

课件咨询电话：028-87600533
图书如有印装质量问题　本社负责退换
版权所有　盗版必究　举报电话：028-87600562

自序

在中国，环境设计是一门新兴的专业学科，它的前身是室内设计专业和景观设计专业。多年以来，笔者在这些领域从事教学与设计工作。在工作中，笔者发现环境设计师有一些共同的专业技能和知识渴求，其中对心理学知识的需求虽是隐藏的需求，但也是最重要的需求。在环境设计领域，心理学知识是设计的基本依据。心理学知识是环境设计师的工作指南，指引着设计项目的走向。环境设计师缺乏心理学知识将导致环境设计工作陷入无的放矢的状况。正是因为工作中对心理学知识的涉猎，促使笔者开始了对环境设计心理学的研究。

在当今世界，环境问题特别是人类活动对生存环境的破坏问题，已经严峻地呈现在世人面前。随着越来越多的人类构筑物的出现，人类的生存环境发生着剧烈的变化。有的变化有利于人类的生存，在这种环境中，人类的身心都能健康发展，但有的变化却不利于人类的生存，那样的环境会损害人们的身心健康。如果在环境设计之初，每一位环境设计师和环境建设者都能充分了解和分析人们的心理需求，则会在一定程度上减少那些有损身心健康的环境场所的出现。

随着对环境设计的深入学习与研究，几乎所有的环境设计知识体系都会导向环境心理研究。几乎所有从事艺术学和设计学研究的人，在进行了深层次研究之后，都会把知识引向审美心理学研究。这是一个有趣的现象。研究者会发现艺术学和设计学都是紧紧围绕着人类的行为规律和心理活动开展的。研究任何一个课题都会与心理学发生关联。

环境设计中的心理学问题包括几个大的方面：第一个方面是设计师在环境设计创作过程中的心理活动规律；第二个方面是在环境设计的各步骤中应该掌握的心理学知识；第三个方面是环境受众的心理活动规律；第四个方面是环境与环境受众的相互影响。

在本书中，这四个方面的知识都有所论述，四者之间是相互关联的。比如，对于感知觉的研究，既要分析环境设计师的感知觉规律，也要分析环境受众的感知觉规律，同时还要分析受众的感知觉与环境空间的互动。而关于需求的研究，既包括了环境受众的需求规律分析，也包括了环境设计师的需求规律分析。

为了方便读者理解本书的主旨，笔者需要对书中的几个关键词进行一番简要说明。第一个词是"环境设计师"，此处的环境设计师是指所有从事环境空间设计事务的工作者，不仅包括景观设计师、园艺师、装潢设计师，还包括建筑设计师、规划师等；第二个词是"受众"，本书中的受众是指通过各种渠道、各种感官接触到环境空间的人，不仅包括环境空间的所有者、直接使用者，也包括空间的观赏者、潜在使用者、评论者等；第三个词是"环境设计心理学"，本书中的环境设计心理学既不是环境行为学的简单扩展，也不是通常建筑学专业接触的以行为主义思想为指导的环境心理学，它是一本针对环境设计及相关专业的，以普通心理学为基础框架的应用型心理学书籍。

谌凤莲

2016.2.14

目 录

绪论　重要的心理学基础

在研究环境设计心理学之前，大家需要了解一些最基本的心理学知识。学习者只有具备心理学的基础知识之后，才能顺畅地开展环境设计心理学的学习。

关于心理学，有许多耳熟能详的名人名言流传甚广。在此节选几句与设计行当有关的句子作为全书的开端：

认识你自己。——古希腊箴言

灵魂和身体是不可分割的。——亚里士多德

眼睛是"心灵之窗"它用瞳孔的大小变化来适应明暗环境。——达·芬奇

钟声可以使诗人想到他久已酝酿的语言。——达·芬奇

人的一切心理现象来自于人的感觉。——孔狄亚克

色彩感觉是视觉审美的核心，并深刻左右着我们的情绪状态。——阿·勒·格列高里

心理学应该研究可以观察的客观存在的人和动物的行为。——华生

人的知识观念的形成依赖于联想。联想就是将人所具有的知识观念联结起来。——休谟

认知地图是指在过去经验的基础上，在头脑中产生的某些类似于现场地图的模型。

——托尔曼

现代人缺乏归属感，经常体验到孤独和不安全。——弗洛姆

一、心理学概述

1. 心理学的概念

心理学就是研究人的心理活动规律的科学。心理学专门研究人的心理现象，也就是通常所说的精神现象，研究心理现象的本质、作用及其发生发展的规律。

2. 心理学的内涵

人的心理活动极为复杂，为了研究和学习的方便，研究者通常将其划分为心理过程和个性心理两大部分。

根据心理过程的形态和作用，把心理过程分为：认识过程、情感过程和意志过程。这三个过程简称为：知、情、意。认识过程是指人脑反映客观现实的过程，包括感觉、知觉、注意、记忆、思维、想象等过程。情感过程是指一个人对自己所认识的或所操作的事物所持的态度，这些态度体验，包括喜、怒、哀、乐、爱、憎等等。意志过程是指一个人要达到一定的目的，自觉地有计划地深思熟虑地进行的活动。这三种过程不是彼此孤立地进行着的。

个性心理：它是一个人所具有的各种重要的和持久的心理状态。个性心理可分为：个性心理倾向性和个性心理特征。个性心理倾向性是指人们在需要、动机方面有所不同，在信息、理想方面也有很大差异。如需要、动机、信念、理想、世界观决定人对现实的态度和活动的方向，属于个性倾向性。个性心理特征指人的爱好、情绪、性格、智商都有差异。气质、性格、兴趣、能力决定一个人的心理特色，属于个性心理特征。

3. 心理学的研究方法

心理学的研究方法呈多样化的趋势，最主要的研究方法有三种：

第一种是观察法，它是在自然情况下，有目的、有计划地观察心理现象在活动中的表现，从而分析心理规律。第二种是实验法，它是有目的地严格控制或创造一定条件来引起某种心理现象以进行研究的方法。第三种是调查法，它是通过对被试接触过的人和事进行了解，从而掌握其心理活动的方法。

4. 心理学的种类和研究任务

研究心理学的目的在于探讨心理活动规律，实现对人的心理的正确说明，准确预测和有效控制。心理学研究的任务是多方面的，它研究各种心理现象。心理学的研究领域极其广泛，而不同的类别和分支就有自己特定的研究任务。

（1）按研究的主体分类。

普通心理学——研究一般正常人的各种心理现象及其基本的一般性规律。

发展心理学——研究个人的心理现象，即从出生到衰老的发生、发展和衰退的过程和规律，着重研究各个发展阶段的心理特色。

动物心理学——研究各种动物的心理，特别是比较各种动物的心理，从而探索心理现象演化和发展的过程及其规律。

比较心理学——比较研究各级动物或各种族、各民族人民的心理。

变态心理学——研究人的各种反常心理现象及其成因。

缺陷心理学——研究有心理或生理缺陷的人（如智力低下者和盲人、聋哑人等）的心理活动及其特色。

（2）按研究的活动领域分类。

教育心理学——研究教育领域中有关心理活动及其规律的科学。包括：学习心理学、教学心理学、学科心理学、教导心理学、学校心理学等等。

工业心理学——研究人在工业领域中的各种心理现象，分析人在工业生产中的各种心理因素，以便改善生产条件、安全生产、提高生产效能。包括：工程心理学、劳动心理学。

商业心理学——研究人在购销关系中的心理活动及其规律性，以便改进销售方式和服务态度，从而促进贸易事业的发展。

军事心理学——研究人在军事领域中的心理活动及其基本规律，以便提高军事活动和军事训练的效能。

体育心理学——也被称为运动心理学，它研究人在体育活动和竞赛中的心理特点及其有关规律，为体育教学、体育训练和竞赛指导提供科学的依据。

医学心理学——研究在医疗领域中心理因素在疾病的发生、发展和诊治以及预防中的作用。它包括：病理心理学、临床心理学、心理治疗学、药物心理学。

（3）按研究方法和研究途径分类。

实验心理学——研究在心理学方面进行实验研究的原理、原则、方法、技术、设备条件、资料处理等问题。

生理心理学——应用生理科学的先进技术和有关知识来探求和说明人的各种心理现象的生理机制。如神经心理学。

心理物理学——研究刺激物的物理属性与感觉的量的属性之间的关系，是实验心理学的重要基础。

心理测量学——研究各种心理现象的测量方法和测量工具的编制，测量结果和处理等问题。

（4）按心理学与其他学科的关系分类。

心理生物学——研究心理机能与其他生命过程和生命活动之间的相互关系。

社会心理学——研究个人在社会环境中的行为和心理状况以及个人和社会的相互作用。

心理发生学——研究心理属性的遗传问题和心理发生的问题。

（5）按研究的专题内容分类。

按研究的专题内容划分，包括感觉心理学、知觉心理学、记忆心理学、思维心理学、情感心理学、个性心理学等等。

除此之外，心理动力学、宗教心理学、民族心理学、犯罪心理学、法律心理学、公共服务心理学、顾问心理学、广告心理学、设计心理学等都是心理学的分支。这正说明在涉及人的关系的各个领域，都有心理学。

5. 心理学的研究意义

（1）作为研究人类自身的科学之一，对于所有人都是必要的知识；

（2）心理学是一种带头科学，是每一个领域的研究者都需要的知识；

（3）心理学知识有助于促进学习，是学子们不可缺少的知识。

二、心理学的发展史

从古至今，人们一直在追问有关心理的问题，并尝试着对其做出各种回答。正是这种不断的追问、不懈的探索，汇成了心理学的发展之路。

1. 西方心理学的发展史

心理学是一门既古老又年轻的学科。在古希腊神庙的台阶上刻着一句话——认识你自己。也就是说很久以前人类就开始了对自身心理规律的研究和探索。但是，心理学被确立为一门独立的学科，时间还很短。可以说心理学正处于少年期。19世纪末期之前，心理学一直是"哲学"母亲孕育的一个胎儿。那个时候，"心理"通常被称呼为"灵魂""心灵"等。1879年，德国心理学家冯特在莱比锡大学建立了世界上第一个心理学实验室，这标志着心理学作为一门独立的学科正式独立出来。

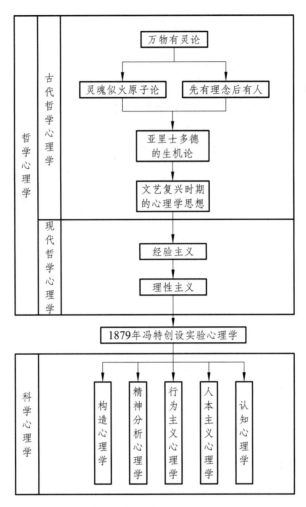

图 1　心理学的发展历程图解

2. 心理学在中国的发展史

心理学在中国的发展与西方不同。中国古代没有心理学专著，但有丰富的心理学思想。中国的心理学思想按历史发展路线分为三个时期：

第一个时期：先秦至南北朝时期。在这一时期，主要围绕"神和人""身体和心理""人性"等问题展开。有一些闪光的心理学思想点缀其间。荀况认为：精神想象是依赖于身体而存在的；墨子认为：人的感知觉是感觉器官接触外界事物的结果；王充则认为："行朽而神亡"，意为精神离开肉体就不复存在。

第二个时期：唐宋时期。这一时期的心理学思想集中在教育和学习方面。韩愈在《师说》中写道："师者，传道、授业、解惑也。"朱熹则提倡"胎教"，认为孕妇需要潜心静气，保持心情愉快。

第三个时期：明清时期。这一时期在医学心理方面涉及较多。在此之前，中国人认为人的思想与记忆是在心脏里储存的。清代医学家王清任在其著作《医林改错》中写道："灵机、记性，不在心，在脑。"意思是人的感觉和记忆靠大脑，而不是前人认为的心脏。

中国近现代的心理学发展深受西方心理学的影响。20世纪初，由海外归来的中国留学生带回西方心理学思想；1949年后，介绍并引进了苏联的心理学；而现阶段是全方面学习并研究世界领域心理学，并努力建构本国心理学体系的重要时期。

三、心理学主要流派及其影响

1. 精神分析学派

精神分析学派是由弗洛伊德创设的心理学流派，它来源于精神病医学研究，却在艺术创作领域具有极为深远的影响。精神分析学派的主要观点是：人的心理包括意识、潜意识和前意识。人的行为不仅受到意识的支配，还受到潜意识和前意识的影响。从精神分析学派中分离出来一个以荣格为首的人格分析心理学分支。荣格反对弗洛伊德的性归因论，主张集体潜意识对人的行为存在着深远的影响。荣格和弗洛伊德的观点主要有三点分歧。首先是对"力比多"概念的解释，弗洛伊德认为"力比多"是性能量，早年"力比多冲动"受到伤害会引起终生的后果。荣格认为"力比多"是一种广泛的生命能量，在生命的不同阶段有不同的表现形式。第二点分歧在于荣格反对弗洛伊

西格蒙德·弗洛伊德（Sigmund Freud，1856年5月6日—1939年9月23日）

德关于人格为童年早期经验所决定的看法。荣格认为，人格在后半生能由未来的希望引导而塑造和改变。第三点分歧是两人对人性本身看法上的原则分歧。荣格更强调精神的先定倾向，反对弗洛伊德的自然主义立场，认为人的精神有崇高的抱负，不限于弗洛伊德在人的本性中所发现的那些黑暗势力。近现代以来，各类艺术家的创作活动都或多或少地受到了精神分析心理学派的影响。

2. 行为主义学派

行为主义是由美国心理学家华生在1913年创立的，也称为"刺激—反应心理学"。行为主义心理学主张研究行为，排斥意识。它是当今世界最主要的心理学理论。世界上许多的心理学研究中心都以行为主义的理论为基础。环境设计领域的许多研究都是在行为主义理论的指导下进行的。比如以同济大学杨公侠教授为代表的环境心理学研究领域，就是把"刺激—行为"和"行为—刺激"的关系引入到"环境—人"和"人—环境"的系统研究中。而环境行为学和人机工程学更是基于自然科学的研究角度展开的环境设计研

约翰·华生（John Broadus Watson，1878年1月9日—1958年9月25日）

究，它们倾向于对实际行为的研究，而排斥意识研究。从这一点看，它们也都属于行为主义的理论范畴。行为主义思想在心理学界依然占据着主导地位，在环境设计领域的影响也极其深远，它在以往的环境设计师的受教育过程中起着支配作用，因此它的影响也是根深蒂固的。

3. 人本主义心理学

人本主义心理学是由美国心理学家马斯洛和罗杰斯创设的。人本主义的理论与人性理论的观点不同，它认为人应该对自己的行为负责任。人有时会对环境中的刺激自动地做出反应，有时受制于本能，但人有自由意志，有能力决定自己的目的和行动方向。人本主义心理学家认为心理学应着重研究人的价值和人格发展，他们既反对弗洛伊德的精神分析把意识经验还原为基本驱力或防御机制，又反对行为把意识看作行为的副现象。关于人的价值问题，人本主义心理学家大都同意柏拉图和卢梭的理想主义观点，认为人的本性是善良的，恶是环境影响下的派生现象，因而人是可以通过教育提高的，理想社会是可能的。在心理学的基本理论和方法论方面，他们继承了 19 世纪末 W·狄尔泰和 M·韦特海默的思想，主张正确对待心理学研究对象的特殊性，反对用

亚伯拉罕·哈洛德·马斯洛（Abraham H. Maslow，
1908 年 4 月 1 日—1970 年 6 月 8 日）

原子物理学和动物心理学的原理和方法研究人类心理，主张以整体论取代还原论。

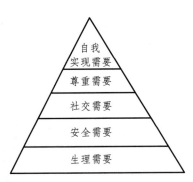

图 2　需要层次理论

人本主义心理学的核心内容有四个方面：

第一，强调人的责任；

第二，强调"此时此地"；

第三，从现象学角度看个体；

第四，强调人的成长。

人本主义心理学的代表人物是马斯洛，他最著名的理论是需要层次理论和自我实现理论。马斯洛认为人的需求由低到高分为五个层次，只有实现了较低层次的需要之后，人们才

会产生较高层次的需求。他的另一个观点是：人有自我实现的需求。人在自我实现的时候更容易出现高峰体验，这种高峰体验就是人的最佳状态。早年他认为人都有自我实现的需求，但在晚年他又推翻了这一说法，认为只有一部分人有此类需求。人本主义心理学在设计领域受到支持与追捧，是伴随着设计领域人文情怀的提升与人本主义思想的复苏而开始的。

四、与环境设计相关的心理学分支

艺术心理学——通常包括艺术家心理、艺术创作心理、艺术作品心理、艺术欣赏心理、艺术批评心理等。与艺术心理学相近的心理学分支还有：美学心理学和审美心理学。这三种心理学有相关之处，也有一定的区别。

消费心理学——它是专门研究消费者的行为规律的科学。在环境设计领域，有许多的环节都与消费者有关，因此，了解一定的消费心理学知识，有利于环境设计分析。

社会心理学——这是研究人类在社会生活中出现的各种心理现象的科学。暗示、从众、异化等社会心理现象是它的主要研究内容。

审美直觉心理学——也叫作视觉思维。其代表人物是美国人鲁道夫·阿恩海姆。审美直觉心理学的研究通过揭示视知觉的理性本质，来弥合感性与理性、感知与思维、艺术与科学之间的裂缝。其理论基础是"格式塔"艺术心理学。"格式塔"，简而言之，就是经由知觉活动组织成的经验中的整体。

环境行为学——也叫作环境心理学。它是一门以行为主义的理论为基础来研究人类行为和环境之间关系的学科。它包括那些以利用和促进此过程为目的并提升环境设计品质的研究和实践。环境行为学有两个主要的研究目的：一是了解"人—环境"的相互作用；二是利用这些知识来解决复杂和多样的环境问题。它的主要理论体系包括：刺激理论和控制理论。

五、心理学的常用研究方法

观察法：研究者通过眼睛或观察设备观察记录被试行为规律的方法。

访谈法：研究者与被试进行直接或间接的问答式交流的研究方法。

调查法：通过调查问卷进行数据与资料收集的研究方法。

案例分析法：从医学的"病例研究"借鉴而来的一种个案研究方法。

实验法：从自然科学中借鉴的，用科学实验来进行心理学研究的方法。

统计分析法：运用数理学中的各类统计分析手段收集分析心理学研究数据的方法。

内省法：这是研究者从哲学的思辨方法借鉴而来的，通过分析自身的心理活动与行为规律进行研究的方法。

第一章　环境设计心理学概述

学习者想要全面认识环境设计心理学，首先要搞清楚环境设计心理学的概念以及环境设计心理学的发展概况。同时，学习者也需要理清环境设计师的工作特性以及环境设计的行业特征。环境设计师在学习与从事环境设计工作的过程中需要不断总结在环境设计中遇到的心理学问题，掌握一些系统的心理学知识。

第一节　环境设计心理学的内涵

一、环境设计心理学的定义及发展

在环境设计过程中，设计师需要运用相关的心理学知识来认清人与环境的相互作用，并解决涉及的各类心理学问题，由此诞生了环境设计心理学。20 世纪 60 年代后期至 70 年代初，一些自称为环境心理学家的研究者开始研究生活环境与人的行为之间的关系。环境心理学作为应用心理学分支而存在，还是相当年轻的。此前的环境心理学研究者倾向于用机能主义和行为主义的心理学观点来阐述在环境设计中遇到的问题。他们常用"刺激—行为"的研究模式来研究人与环境的相互作用。在过去的几十年中，此类研究也取得了杰出的理论成就。这一阶段的环境心理学也被称为环境行为学。

随着环境设计学科的飞速发展，越来越多的人意识到：人与环境的相互作用并不仅仅是"刺激—行为"模式，这种简单的机能主义论述并不能全面涵盖环境中人与环境的关系。人在环境中的行为既是刺激的产物，也是在人的主观意识指挥下进行的。有时候，人类的环境行为还受到潜意识和社会潜意识的影响。因此，研究人与环境的相互作用不能完全排除人的主观意识。

图 1.1　环境设计学科的主要任务：创造宜人的环境

本书主要从人的一般心理现象和心理规律入手，结合环境设计的特点，运用多种心理学研究方法进行环境中人的行为和心理活动规律的分析。

环境设计心理学应该是一门帮助人们揭示人的感知觉、记忆、注意、思维、语言、情感、能力、气质和性格等心理现象在环境中的作用规律的科学。在各类心理现象中，感知觉、记忆、注意属于人的基础心理过程；思维、语言和情感属于人的高级心理过程；而能力、气质和性格是表现人的个性的心理现象。

二、环境设计心理学的发展史

1. 环境心理学的诞生

20世纪70年代以前，环境心理学的研究还是个空白。70年代以后，针对环境问题的心理学研究大量出现，同时相关学术杂志、组织和人员也陆续发展起来，环境心理学研究取得了一些成绩。但也应该承认，以往环境心理学的研究集中在个体和人际的分析，考察关于环境的认知和态度，对环境的客观物理特性进行测量和操作。总体上关于环境问题的心理学研究仍然滞后。在中西心理学田野研究站的最后几年，即20世纪60年代末期到70年代初期，环境心理学这一确定的研究领域开始出现了，许多心理学家逐渐习惯把自己认同为环境心理学家。

2. 环境心理学的前历史时期（1960年以前）

在19世纪末，虽然实验心理学仍处在一个未成熟的阶段，但是一些学术带头人，如费希纳和冯特就已经开始强调物理刺激在认知研究中的重要性。与此同时，在社会学研究方面也有相似的情况，出现了很多涉及居住在伦敦的穷人的恶劣生活环境的研究。之后，芝加哥大学人类工效学研究院做的有关城市生活的一些研究表明，社会的一些自然变量在解释与居住质量方面相关的问题时有着重要的意义。自然因素（如气候、温度、海拔高度或者土地面积等）的影响是经典的研究对象，德国的海尔帕赫在其20世纪前十年间所做的开拓性研究中就涉及了这些内容。

图1.2 19世纪末的伦敦贫民窟：高密度与亲和的邻里关系

完形学派的发展通过用整体概念来解释行为的思考方式使得情况发生了一个质的飞跃。完形学派的两个追随者——布雷斯威克和勒温在这一领域的发展中扮演了起决定性作用的角色。布雷斯威克在1943年提出了"环境心理学"这一术语，并且在其"布雷斯威克透镜"模型中强调了在构建对环境的知觉中个体主观能动性的重要作用。勒温强调了人们为能在"生命空间"自由走动，而拥有的对外部环境的内部描述的重要作用。更重要的是他对巴克的影响，使其在寻找建立环境心理学的起源时，有一个值得仔细思考的原型。

20世纪30年代，霍桑工作组开展了一项在心理学界非常著名的经典研究。这项研究考察工厂的灯光及其他环境布置方面对人们行为产生的影响。尽管当时研究结果主要是研究劳动与组织心理学的专家们感兴趣的焦点，但在后来的研究中又引起了与环境布置有关的社会科学研究者的兴趣。比如，英国在第二次世界大战过后的重建时期就开展了许多以问卷调查为研究手段的研究。这些研究成功地影响了应如何构建房屋以便更好地利用自然光源的法定标准。

20世纪40年代末及20世纪50年代，涌现了许多为环境心理学的发展建立框架的学者。1947年，巴克和莱特成立了中西部心理领域研究站，由此产生了环境心理学的另一个别称——生态心理学。与此同时，托尔曼的"认知地图"研究有了进一步的发展。城镇规划师欧斯蒙做了一项"如何通过摆放家具来增进或减少同住在一间屋子里的两名被试之间的交互影响"的研究。在这一时期，霍尔出版了《沉默的语言》，该书描述了在不同的文化环境中对空间的不同利用方式。索默尔将其研究构思定位在"人际空间"上。在欧洲，Terence Lee 在剑桥大学的《城郊研究》上发表了他的博士论文。这些研究都介于是或不是环境心理学之间，而后来的一段时期，它们都是引导环境心理学领域的研究走向更强的奠基之作。

3. 环境心理学的形成时期（1960—1980）

在这一时期，环境心理学得到巩固并在心理学领域中被看作有其自身地位的一门先进的学科。在现实社会及社会科学中发生了一系列的事件，特别是在美国，这些事件作为整体共同推动了环境心理学的发展。由此，意识到在众多的社会群体中盛行着各种社会问题，导致人们讨厌都市生活而向往乡村生活。另外，社会心理学研究的"关联性危机"促进了实验室外的研究，并且导致了现场研究的发展，这就让更接近现实的、多学科交叉的研究方法走到了前沿。

在20世纪60年代美国的环境心理学界有以下几个主要的里程碑事件：第一件：1961年，在犹他州第一次召开了关于"建筑心理学及精神病学国际研讨会"；第二件：出版了一期由凯兹和伍尔威尔主编的名为《社会问题杂志》的专题论文专刊；第三件：1968年在北卡罗莱纳州举行了第一次环境设计研究协会（EDRA）会议；第四件：1969年，题为《环境与行为》的第一本以环境心理学为主题的科学杂志创刊；第五件：1970年，由普洛桑斯盖、爱特森和瑞文林编写的第一部著作《环境心理学：人与他的自然环境》出版。

1963年，英国心理学会主办了各种各样有关这一主题的座谈会。在这一阶段，正如当时被人们称呼的那样，环境心理学更多的是关于建造环境或建筑方面的心理学而不是像现在所说的环境心理学。

这个时期出现了一个里程碑式研究，它是紧随着美国密苏里州的圣路易斯的"P-I 工程"发展的失败而产生的。"P-I"工程是在1955年到1956年间开展的一项大型公共房屋建造工程，此工程计划共建造43幢11层高的大楼。这一发展计划是专门为改善居住在市区三层小楼中的大约2500户贫困家庭的住房条件而设计的。这一开发工程的建筑获得了一个公共住宅群设计奖，但是，不久之后这一开发工程计划被宣告不适宜居住，并被完全放弃。问题并不在结构方面，而是出在居民在社区中表现出来的行为上——大量居住者故意损坏建筑。这是这次计划遭到破坏的主要原因。调查研究最后显示，引起如此多的破坏行为的原因是：这些建筑设计缺乏对空间的社会控制。然而，对社会控制所需要达到的层次早在他们先前的住处就已经显现出来了。但是，当时的建设者并没有在项目实施前意识到这些心理问题。

图 1.3　贫民窟

在这项工作的基础上，许多研究结果陆续显示出：公共住宅居民们存有的大量害怕犯罪行为的经历可直接归咎于建筑设计方面的问题。相反，犹太人社区和贫民窟——这些看起来以随意发展的方式组织起来的，没有任何卫生标准，甚至舒适感最少的地方，却以自己的空间布局功效形成了一个紧凑编织的社会网络发展体系。这种体系恰恰给其中的住户提供了一定程度的安全感。这种表现出城市和建筑发展特色的社会凝聚力促进了对社会控制的理解。许多研究表明，公共建筑群的居民产生的害怕情绪和危险体验是与他们邻区的一个宽阔社会网络的存在成反比的。

直到 1973 年，环境心理学这个术语才得以固定下来。这时的环境心理学概念还包含了其他一些术语和名称，如"建筑心理学""人—环境关系"和"生态心理学"等。20 世纪 70 年代，美国心理学会创建了以"人口与环境心理学"为名称的第 34 个分会。1973 年，英国的萨里大学开始把环境心理学开设为研究生课程。这一事件是环境心理学成为独立学科的标志。

4. 环境心理学研究进展与发展的时期（1980—2000）

20 世纪 80 年代及 90 年代，环境心理学已经取得了巨大的进步。定期的综述性文章大约每四年编入记载了这一领域内的最重要发现的《心理学年鉴》。

20 世纪 80 年代发生了三个关键事件。第一，1981 年，《环境心理学杂志》在英国出版，它与《环境与行为杂志》一起，成为这一研究领域的两种权威学术研究期刊。第二个有重大意义的里程碑事件是"人类行为与环境：理论和研究进展"系列丛书出版，在 1987 年的后期，又有另一套名为"环境、行为与设计心理学"的丛书出版。第三个重大事件是由斯陶克和奥曼主编的《环境心理学手册》在 1987 年面世。

从那时起，环境心理学已被看作一个固定的研究领域，一个被世界上许多所大学共同研究的学术主题，一门有着一定的实践意义的心理科学。

在 20 世纪末，"绿色"问题和生态学已经成为最引人注意的主题。当环境心理学出现并在这一新的研究方向上产生相当大的影响时，西方社会的中产阶级开始关注这些社会运动。心理—环境研究将其焦点集中在了调查人们对环境的价值观和态度以及分析这些价值观和态度与保护环境行为之间的关系等问题上。所谓的"新环境范式"就反映出一种与保持和环境相联系的新信念和价值观。一个经常可以得到的调查结果就是，人群中对环境关注程度得分高的人并未表现出相应的重复利用或节能行为。对这一矛盾结果的一种可能的解释是对环境价值观的理解存在多个不同的维度：一方面，是自我本位的或以人类为中心的倾向；另一方面，是以生态为中心的倾向。这两种倾向都肯定了环境的重大价值，但两者的动机不同：前一种肯定环境的价值是因为环境对人类的贡献及它满足了人类的需要；后者肯定环境的价值则是站在一个超越的角度上，而不是很功利主义地看它的价值。

图 1.4　生态建筑

5. 环境心理学的发展现状及不足之处

以往环境心理学研究隐含了一个理论预设，即个体与环境相分离，坚持人类中心主义的指导思想。这与西方认识论长期坚持主客二分，价值取向上又崇尚人的理性，认为人凌驾于自然之上有一定关系。当今环境设计心理学研究急切需要贯彻人和自然是和谐统一体的理论思维与价值取向。在这方面，东方思想特别是中国传统哲学"天人合一"思想有着较大的理论价值和现实意义。另外，环境心理学需要克服技术至上的思想倾向，改变在环境问题解决中自然科学"万能论"的片面观点。环境问题不单单是一个技术问题，也不能仅仅停留在工程学、物理学和化学等领域中寻求解决途径。社会科学对解决环境问题同样肩负重大责任。心理学家应该勇于挑战这一现状，充分挖掘心理学在环境问题的分析与解决上的潜在作用，在环境、经济和社会意义上提高心理学对可持续发展的贡献。

理论建构上，环境设计心理学需要改变基本理论薄弱的现状，从学科形象的模糊转向学科形象的清晰。环境心理学经过几十年的发展，虽然提出了一些理论模式，并应用到环境问题的分析上，但是与其他心理学分支，如社会心理学、人格心理学、发展心理学、学习心理学、健康心理学、认知心理学等比较起来，环境设计心理学却"相形见绌"，相关理论的系统化和整合还需要进一步加强。以往环境心理学缺少对构成环境退化基本原因的社会和组织行为进行系统地理论概括，没有树立有力的学科形象，妨碍了自身进一步发展。有心理学家认为，目前的环境设计心理学研究还称不上库恩意义上的"范式"，也称不上拉卡托斯意义上的

"研究纲领"。

图1.5　中国传统哲学"天人合一"与环境设计相结合的范例：颐和园

当今社会正发生着深刻变化，如全球环境急剧退化；信息技术对人们生活和工作广泛渗透；社会阶层流动和分化愈加明显；人口老龄化及性别比例失衡等都对环境设计心理学提出了新的时代要求。这既给环境设计心理学提供了研究的问题和空间，又刺激了环境设计心理学进行完整的理论建构。环境设计心理学理论建构的重点在于对人与环境的互动进行理论化。这种理论化需要避免以往那样只是简单地从其他心理学分支借用甚至套用现成的理论模式。

在环境设计心理学进行理论建构时，无法回避来自两方面的挑战。一是目前整个心理学的发展都存在理论建构上的不足。二是环境设计心理学自身多学科或者说跨学科的特性，使得其建立宏观的理论较为困难，需要心理学家做出长期的努力。

方法论原则上，环境设计心理学需要改变基本概念和方法滞后的现状，探索进行基本概念和方法的创新，重视组织社区和文化意义上的跨学科开放性研究，加强国际交流和合作。以往环境设计心理学研究没有充分体现跨学科研究的特点，没有充分发挥多学科研究的优势。环境设计心理学不应该单纯看作是心理学的一个分支，更需要看作是关于环境和行为的跨学科研究领域。许多环境问题本质上是行为的、社会的和文化的问题，其分布层次包括个人、家庭、商业公司、工业和政府部门等。不同国家、文化、社区的环境设计心理学研究，在方法论原则上必然受制于不同的政治、经济、地理、文化和民俗等影响，需要吸纳与整合心理学、社会学、人类学、文化学、伦理学、建筑学、信息科学、城市规划和设计学等学科的基本概念和方法论观点。

当代环境设计心理学研究不仅在个体水平，更应该在区域性社会组织和文化水平上考虑人与环境的互动，在更开阔的视野上辨别和澄清研究环境问题的心理学问题、概念、模式和研究方法，创造多学科的"思想合作"和"研究梯队"。应该意识到，解决区域性、全球性的环境问题，单单心理学的作用是非常有限的。环境设计心理学家应该广泛开展国际间、多学科间的研究，为环境政策的制订提供理论支持。

三、环境设计心理学的研究目的

环境设计心理学研究的主要目的，是为了使环境设计师掌握和改进环境设计方法，确保环境设计作品的高质量，并且提高环境受众的生活质量和工作效率；在人与环境的信息传递过程中，遵循环境受众的心理活动规律，充分发挥环境设计师的主观能动性和创造性，避免单调、拥堵、不适当的环境空间产生。开展环境设计心理学研究的现实意义十分明显，社会的需要正是它在近年来蓬勃发展的主要动力。

图 1.6　环境设计心理研究目的之一：为贫民窟树立新形象，为环境受众谋求幸福

四、环境设计的心理学标准

一个成功的环境设计既要在生理上满足环境受众的要求，也需要在心理上满足环境受众的需求。这种心理上的满足包括许多方面，比如人们对安全感的要求，对尊重的需求，对美感的需求，以及对好奇心的满足等。这些心理学标准概括起来有以下几点：

第一，好的环境设计应能很好地彰显场所特性。场所特性就是指不同类型的环境场所本身所具有的特征以及这些特征对人产生的心理影响。在环境设计中，场所特性对人有极强的暗示效果，在什么地方做什么事，是人类共有的心理规律。比如：在酒吧喝酒比在家中喝酒有兴致；在办公室开会比在茶楼开会有精神；在图书馆看书比在街角咖啡座看书有效率。

第二，好的环境设计能使人感到安全。按照人本主义的观点，生理需求与安全需求都属于人类较低层次的需求，也是人类的基本需求。在环境设计中，环境设计师首先要考虑的就是环境的安全性，既要保证其功能层面的安全，也要保证心理上的安全感。心理上的安全感既包括了私密性需求研究、感觉域限研究、社会认同研究等方面，也涉及一些较新的研究领域，比如：社会潜意识对环境受众的影响、环境心理效应研究、环境中的地域文化认同等。

第三，好的环境设计是让人舒心的。人们身处其中能得到心理的放松。根据大量的行为主义心理学研究实验，研究者了解到人类在舒适的环境中更易得到身心的放松。让人感觉放松的环境更容易得到受众的好评。这条"舒心法则"不仅适用于正常人，还适用于弱势群体。比如：环境设计师在做景观设计时，就必须考虑设计无障碍通道；在做停车场设计时要考虑设置残疾人停车位等等。这些措施就是要让所有人都能体会到场所的方便与生活的舒心。

第四，好的环境设计应该是让人感到陌生的。那些陌生的、全新的场所比起熟悉的、习以为常的场所，更能满足人们求新求奇的欲望。这一结论与过往许多人的观点不同。过去有许多人认为熟悉的环境更能使人满意。那种观点的错误出在将"熟悉的"等同于"舒适的"，而将"陌生的"等同于"不舒适的"。学者们认为这种语义上的混淆正是造成误解的原因。人类通常都有求新求奇的欲望，许多人外出旅行就是为了体会不一样的风土人情；许多家庭翻新装修居所是为了寻找日常生活的新感觉；人们到不同的场所去体验，也是为了体会全新的环境氛围。在陌生的环境中人们的感官更加集中，感觉更加敏锐，审美系统更容易被激活。

第五，好的环境设计应该是具有美感的。这种美感既包括有一定的形式感，也包括其他审美心理价值，人们对场所应当产生审美体验。比如：教堂、庙宇这类场所给人神秘而深远的美感；花园、庭院给人亲切而雅致的美感；办公室、会议室给人严肃而理性的美感；歌厅、舞厅等娱乐场所给人感性而热情的美感。

第六，好的环境设计能够让人产生满足感，人们最终会对场所做出满意度较高的用后评价。环境设计的使用评价是非常重要的环节，不仅对环境设计师本人有督促作用，还对整个设计行业有重要的参考价值。

五、环境设计的 6S 法则

这六种环境设计的心理原则用英语表达就是：
- 场所特性——Site features；
- 安全的——Safety；
- 舒心的——Soothing；
- 陌生的——Strange；
- 美感——Sense of beauty；
- 满足——Satisfactory。

为了方便识记与使用，这种由六个 S 字母开头的单词所组成的心理法则简称为"6S"法则。这 6 条法则相互之间是相辅相成的关系。它们既适用于内部环境设计，也适用于外部环境设计。在环境设计的过程中，设计师可以对照 6S 法则来审视自己的设计，环境受众也可以参照 6S 法则来评判环境设计的优劣。

六、中国风水学与环境设计心理学的关系

有些环境设计心理学的研究发现：环境设计心理学的研究领域与一门中国古老的学问——风水学有重合的部分。这种重合实际上改变了风水学晦涩难懂的阐述方式，并揭示了风水学中的那些古人难以说清的科学规律。想要理清风水学与环境设计心理学的关联，首先要考虑三个方面：中国传统风水学的研究内容，风水学与环境设计心理学研究的重合部分，以及环境设计心理学研究对风水学发展的作用。

"所谓风水，就是藏风聚水，水动风生，风声水气。"在环境设计心理学与风水学的关联问题方面，首先可以从分析《河图》《洛书》《八卦》和五行的相关知识开始。

1.《河图》的运用

《河图》相传是上古神话中的神仙伏羲在黄河边看到一匹龙马浮出水面，龙马背上刻着一幅图案，这幅图案就是《河图》。闻一多先生曾经如此评价《河图》："河图则取义于河马负图，伏羲得之演为八卦，作为文字，更进而为绘画等等，所以代表中华文化之所由始也。"（《书

信·给梁实秋先生》)

其实河图的本质是一副极其精巧的数字图案。

《河图》由3×3共9个数字组成，图中每一行、每一列、每一对角线上的3个数字的总和均为15。如此简洁而富有机巧的数字图案是古代人的智慧结晶，单从数字上看，《河图》其实是中国早期的一个数字模型。其特点不仅仅在于数字的相加相合，同时也体现在图形的奇偶分布，中间为5，因为5是1~9中最中间的数字，几个偶数分布四脚，其余奇数分别正向布置。其形制和位置古朴自然，天人合一。

通过《河图》，研究者便能很容易地发现数字所属的相性。

北方：一个白点在内，六个黑点在外，表示玄武星象，五行为水。

东方：三个白点在内，八个黑点在外，表示青龙星象，五行为木。

南方：二个黑点在内，七个白点在外，表示朱雀星象，五行为火。

西方：四个黑点在内，九个白点在外，表示白虎星象，五行为金。

中央：五个白点在内，十个黑点在外，表示时空奇点，五行为土。

综上所诉，1和6为水性，3和8为木性，2和7为火性，4和9为金性，5和0为土性。

按照传统风水理论，在楼层选择与家居布置的时候，环境设计师可以根据业主的五行进行有选择性的安排，利用五行相生的原理进行更加适合业主生活习惯的布置。同时，由于房间的方位已定，房间的设置也可以根据数字所对应的相性进行安排。其实这种概略的说法包含了丰富的环境设计心理学知识。例如，厨房常被放置于东方或东南方，风水学的解释是：木能生火。而按照环境设计心理学的科学分析，则认为厨房设在东方或是东南方，有利于食物存放。东方和东南方的空气清新，早晨气温低，易受阳光照射，中午气温高，又会变成阴凉的地方，有利于存储食物。而从风向上说，我国冬季常年刮西北风，放置于上风向可将厨房产生的各种气味快速排到室外，使厨房保持洁净，自然除味，绿色环保。由此可见，风水学和环境设计心理学实际上有相通的地方。只是因为风水学的表述比较艰深难懂，因此显得神秘而玄妙。而环境设计心理学的研究目的之一就是让更多的人了解环境空间的规律，并把这些环境设计的相关知识应用在环境设计的过程中。

2.《洛书》的运用

大禹依此治水成功，遂划天下为九州；又依此定九章大法，治理社会，流传下来收入《尚书》中，名《洪范》。《易·系辞上》说："河出图，洛出书，圣人则之"。

事实上，《河图》与《洛书》的差别在于其中数字的排列规律，有专家称，两本书其实只是方向的改变。伏羲氏在推演八卦的时候使用的是《洛书》。在当代，一些环境设计师利用《洛书》和《河图》去补齐环境设计中的风水漏洞。

现代建筑相比较古代的老房子来说，有了更多的"破"。即使用建筑设计的手法，突破固有思维增加房间的可利用性，满足现代化要求。所以现代建筑多半不像古建筑那样方方正正，讲究伦理尊卑，而是追求创新。虽然这种思维是大势所趋，但是在风水上讲，就是房子出现了漏洞。有了漏洞就需要相应的东西去补。根据两本书的说法，环境设计师可以很容易地分析出房间的五行相性，并有针对性地给出补救措施。例如客厅，属于土位，如果客厅较小，或者是客厅空间不完整，就说明缺土，需要一些属土的东西。而属土的并不意味着在客厅里放一抔土，可使用土制品，例如陶器，不能放瓷器，瓷器上釉，不能算是纯土制的物件，另外也可以选择适当的石材。再如客厅西北角是水位，可以适当地放一点金属物，水生金，寓意吸金纳财。

3. 八卦的运用

八卦分三种：八卦图、阴阳和占卜。

八卦有先天八卦和后天八卦之分。所谓八卦即共有八个卦象：乾代表天，坤代表地，巽代表风，震代表雷，坎代表水，离代表火，艮代表山，兑代表泽。这在很多建筑上都有表现，如在北京城中的天地日月的四坛位置，分别按照八卦的位置放置南天坛，北地坛，东日坛，西月坛。由此可见，古人对八卦的关注程度之高，同时也体现了八卦对古代建筑设计与城市规划的重要参考价值。

后天八卦与先天八卦不同，主要体现在方向的变化上。有关风水的说法主要是利用了后天八卦的各种分析。

风水学中的八卦也指出了一家人所属的方位。西北乾卦代表男主人，西南坤卦代表女主人，家中长子在正东震挂，长女在东北位，巽卦，二女正南，二男正北，小女正西。风水学上说：东南放厕所，容易被厕所煞气侵扰。用环境设计心理学的理论来解释就是东南为阳面，气流活跃，容易使污浊的空气倒灌进室内，不利于居住者的身心健康。

西北放厨房，西北五行属金，不仅代表钱财气运，也表示一家之主，如果在西北放厨房，火克金，不仅气运受损，钱财外流，也同时会影响到男主人的身体健康，使其工作事业受阻。

风水学主张使用五行的"相生"来破解这个问题。火生土，土生金，就需要在西北位置的厨房安置黄色和咖啡色的方形瓷砖，可以缓解厨房对风水的影响。其实，从环境色彩心理的角度来分析，西北方属于较阴暗的方位，一日之中可能只有下午才有阳光，因此需要用黄色等暖色来调节室内气氛。这样女主人做饭才有好心情，才能做出好吃的饭菜，这样就能让家庭更加和睦。

床的形状为艮卦，床下放杂物，杂物则为兑卦，艮卦与兑卦相对，是损卦。容易产生家庭不和。用环境设计心理学的观点来分析，床下贮存物品不通风无光照，容易积聚灰尘、滋生细菌和螨虫等，确实是不好的做法。

冰箱上放杂物为兑卦，冰箱状似兑卦，上下一合是革卦，会对家庭产生改变，一般偏向于不利于家庭。而从心理学的角度，冰箱上放杂物属于高处置物，会让人产生不稳定、不安全的感觉，因此是不好的。

神像为乾卦，以为天，水族箱有水，为坎卦，两者相加为讼卦，容易产生是非问题，易被法律纠纷缠身。这种说法听起来很玄，其实用环境设计心理学的观点来分析，就显得很简明易懂了。神像是人的精神寄托，是庄严神圣的存在，并且对人有极强的心理暗示作用。而水族箱是供人玩赏的，流动的物体，它是不稳定的轻浮的存在。这两件物体放到一处会让人感觉无所适从。而且神像放在水缸上，会让人产生随时会掉下来的不安定的感觉。因此，这种布置容易使人心神不宁，在工作和生活中就容易滋生事端。

4. 五行的运用

五行是古代朴素的哲学思想,多用于哲学、中医学和占卜方面。五行有相生,金生水,水生木,木生火,火生土,土生金,同时五行也有相克,金克木,木克土,土克水,水克火,火克金。相生相克,因果循环,环环相生相克,顺位相生,隔位相克。

其实在前三个点的分析中,环境设计师早已经开始使用了五行的原理去分析和解决家居风水的问题,使用多种材质或者是摆饰去化解风水局。由此可见,风水在当代的家居设计中并不能光靠单单的一种理论去解决问题,需要使用多种途径、多种思考方式去综合性地解决问题。家居中开门对窗在风水学中是个明确的简单而凶险的布置,一般称之为"穿堂煞"。主要体现在正北为门,正南为窗,南北通畅,开门对窗。"穿堂煞"会导致气流刚入住宅就被送出,风水讲究藏风聚气,气不聚,财不生。这种情况,风水学主张使用五行的方法来解决。一般住宅房间都是南向开窗,北向开门。北方属水,南方属火,水性的气运到了房子中间变成了无极之土,所谓无极土就是没有任何属性的气,再向南就转回了火性的气流出房间。所以环境设计师需要把火性的气留住,根据五行中的"木生火"。在房间过道处布置适量的植物,一来可以美化环境,而来也可以留住火性的气。同时,环境设计师也可以使用同类的物质来吸引火气,利用红色的设计引导火气,让气息在此驻留。破解之法有很多,可以在客厅设置前室,改为路边开门;也可在窗口处挂珠帘,阻挡气运流失。

关于穿堂煞,用环境设计心理学的观点来解释,则可以这样理解:首先,开门对窗,穿堂风太大太猛,在严寒和酷暑都极易引起身体不适。其次,开门见窗可能是空间进深短,会导致外来者视线无遮挡,对室内情况一览无遗,容易引起别有用心者的歹意,引发不安全事件的发生。

在研究环境设计的过程中,总会发现很多风水学与环境设计心理学的关系。研究者需要使用心理学的研究方法来解析风水理论,达到取其精华、去其糟粕的效果。事实上,科学心理学与传统风水学二者相结合的研究已经取得了一些可喜的成绩。这项工作既有助于推动环境设计心理学向纵深发展,也有利于破除风水学中的神秘论与迷信成分。

第二节　环境设计心理学的研究方法

一、心理学研究方法的演进过程

人类在环境空间中的活动是一种复杂的社会行为,是人类心理活动的一部分。探索设计心理学的研究方法,不仅有利于自身的发展,也丰富了心理学主干研究方法的积累。心理学研究方法的历史发展主要分为三个阶段:

第一阶段:哲学方法阶段——19世纪70年代以前,主要是观察和思辨;

第二阶段:向自然科学方法迈进的阶段——19世纪末至第二次世界大战,实验室的心理实验及心理测验;

第三阶段:日新月异阶段——第二次世界大战至今,特有的研究方法体系已经形成。这一方法体系中，包括了收集数据的方法和处理数据的方法。收集数据的方法包括：观察法、访谈法、问卷法、测验法、实验法和个案法。处理数据的方法包括：统计分析法、计算机模拟法和逻辑分析法。

二、心理学研究的具体操作方法

环境设计心理学的研究方法与整个心理学的一般研究方法是一致的。在研究中，常用的研究方法有：观察法、访谈法、问卷法、投射法、实验法、态度总加量表法、语义分析量表法、案例研究法、心理描述法和抽样调查法。

1. 观察法

现代的心理学观察法是指在自然条件下，有目的、有计划地直接观察研究对象（环境受众）的言行表现，从而分析其心理活动和行为规律的方法。观察法的核心，是按观察的目的，确定观察的对象、方式和时机。观察法的特点包括：

（1）观察之前，研究者要做好详细的观察计划，制订计划书。在观察过程中，要严格地按照计划进行连续、详尽的观察和记录；

（2）观察是在自然的条件下进行的；

（3）研究者在心理学理论的指导下设计观察并解释；

（4）除了用眼、耳等感觉器官观察，用手记录以外，还可以用录音机等仪器进行记录。

2. 访谈法

这是一种口头调查法，比较灵活。访谈法是通过访谈者与受访者之间的交谈，了解受访者的动机、态度、个性和价值观念的一种方法。访谈可以是心理学研究者和被访谈者面对面进行交流，也可以是通过电话或上网进行交谈。

访谈法分为结构式访谈和无结构式访谈两种。结构式访谈又叫作控制式访谈。以访谈者主动询问，受访者逐一回答的方式进行。访谈者事先要拟好提纲或具体问题。这种方法类似于问卷法，只是不让被试者笔答而用口答而已。结构式访谈容易引发受访者的顾虑，使其处于被动地位，导致访谈结果深度不够，也不全面。无结构式访谈法是通过访谈者和受访者之间自然的交谈方式进行的。这种方法要求访谈者具备一定的访谈技巧和经验。

3. 问卷法

问卷法是一种书面调查法，也叫作调查表法。它是事先拟定出所要了解的问题，列成问卷，交给受众回答，通过对答案的分析和统计研究，得出相应结论的方法。

问卷法有几个基本的步骤：编制问卷、发放问卷、收回及分析问卷。问卷的形式有三种：开放式、封闭式和混合式。开放式问卷是按自己的意志填写答案；封闭式问卷是按调查者设计好的答案选择最符合的；混合式问卷是包含了这两种问题的问卷形式。

问卷设计的方式主要有三种：是非问题的设计；多种选择题设计；分类问卷设计。

问卷的内容主要包括：一套让受众回答的题目及使用这套问卷的说明。这份说明包括：

施测的条件、指导语和记分的规则。

4. 投射法

投射法又被称为角色扮演法，它是从心理测验的投射测验借鉴发展而来的。这种方法不让被试者直接说出自己的动机和态度，而是通过他对别人的描述，间接地暴露出自己的真实动机和态度。这种方法可以提供很多关于受众的信息。

投射法有三种具体操作形式：

（1）角色扮演法——用直陈式态度对问卷进行表态。

（2）示意图法——让被试者写出示意图中某角色的话从中表态。

（3）造句测验法——让被试者填充不完整的句子。

5. 实验法

实验法是指有目的地在严格控制的环境中，或创设一定的条件的环境中诱发被试产生某种心理现象，从而进行研究的方法。科学的心理实验过程是这样的：确定用实验法做心理学研究—设想—控制条件—改善条件—出现要研究的心理现象—观察心理现象的规律—验证设想。

实验法一般分为：实验室实验法和自然实验法。

（1）实验室实验法——这种方法是在专门的实验环境进行的，一般均可借助各种仪器设备而取得精确的数据。它的特点是：控制条件严格、可以反复验证。其不足之处是：环境往往与现实生活有一段距离，有时它并不能显示真实的情况。

（2）自然实验法——它是把情境条件的适当控制与正常进行的实际生产生活有机地结合起来，具有较大的现实意义。自然实验法测定的一般有两类常见内容：一是机械性测定内容；另一个是观念性测定内容。

6. 态度总加量表法

总加量表法，又叫利凯特法。它是由利凯特于 1932 年制定的，它一般由二十条左右的陈述句组成，每条都是一种意见。在意见后标出同意、比较同意、说不清、不太同意、不同意。根据测试的结果计算得分，表示赞成与否。

总加量表的制作方法有如下步骤：

（1）搜集与研究问题有关的项目，即各种赞成的、无明确态度的、反对意见的。

（2）选择被试者做实验，让他们分别以五分法、三分法、两级法或七分法进行选择，这取决于问卷设计者的选择。

（3）计算每一被试在各条意见上的得分，由得分高低分辨赞成程度。

（4）对每一条意见都将进行辨别力检验，把辨别力高的意见留作量表项目，把辨别力低的意见删掉。

辨别力检验的方法：计算个人评定总得分，依高低次序排列出来，分别计算得分高的前面 25% 的被试在每一项目上的平均得分，以及得分低的后面 25% 的被试在每一项目上的平均得分；再算出这两组被试在每一项目上平均得分之差，如果某一项目的差值大，此项目的辨别力就强，否则，此项目的辨别力就弱。

7. 语义分析量表法

这种方法主要用于测量态度，对某一事物的态度包含许多方面，其中最主要的有"性质""力量"和"活动"三个方面。性质是指人们对事物的好坏、美丑、聪愚、利弊、酸甜等的评价，称作评价向量。力量是指人们对事物特性的强弱、大小、轻重、深浅等的评价，称为潜能向量。活动是对事物动态特性如快慢、积极消极、敏锐迟钝、生死、闹静等的评价，称作活动向量。凡是与人的态度有关的事物，包括概念，都可用其进行评定。

制作语义分析量表的方法：一般是按照这三种向量确定一对相反的形容词，这对形容词分别放在两端，它们之间划七根短横线。如：好———————坏，快———————慢。施测时让受测者按照他对这一对象的印象，在七条线中找出一条和自己的印象相符合的横线，并打上记号。之后统计所做记号横线的对应分数，计算测试结果。

8. 案例研究法

案例研究法，也称"个案研究"，较早在医学研究方面获得成功，也就是常见的"病历本"。案例研究法通常是对一个特定的人或群体进行深入、详细的观察，分析研究，找寻到其心理发展过程，探寻影响其心理发展变化的原因。

案例研究法可分为探索性案例研究和实证性案例研究两大类。

（1）探索性案例研究一般是通过采集和提供实态数据而编成案例的分析研究。从众多而又典型的心理现象中，寻求判断性的方案与答案。

（2）实证性案例研究一般是通过筛选大量实例，选择出典型的案例加以分析研究，以说明和印证学科的某项原理，或对学科内容中的一些策略和方法的具体运用做出示范。

9. 心理描述法

心理描述法是一种扩展了受众的个性变量测量，以鉴别受众在心理和社会文化特点这个广泛范围内差异的一种有效技术。它要求受众对各种陈述做出"同意""比较同意""说不清""不太同意""不同意"的程度判断。它是对动机研究和纸笔法个性测验两种特点的综合。大多数研究者运用这种方法，着重对于活动、兴趣和观点进行测量。所谓活动是指受众是如何打发时间的；兴趣是指受众的偏好和优先考虑的事情；观点是指受众对产品和服务是如何感知的。

心理描述法的特点有两个：一是内在测量，即它所测量的相对而言是模糊的和难以捉摸的变量，诸如兴趣、态度、生活方式和特点等；二是定量测量，即它所研究的受众特点，是定量而不是定性的测量。

10. 抽样调查法

抽样调查法是一种解释受众内在心理活动与行为规律的研究技术。它的种类很多，包括概率性抽样和非概率性抽样。概率性抽样的特点是只适用于定期做，可以判断误差，费用较高、周期较长、不方便；非概率性抽样的特点是可以经常做，不能判断误差，费用低、周期短、方便。

抽样调查所搜集的资料是从有限的但被认为可代表整体的"样本"中取得的。其程序为：

（1）确定总体；

（2）抽取子样；

（3）调查取得数据信息；

（4）数据分析；

（5）推断总体。

抽样调查法的注意事项：首先，调查的取样问题也就是"问谁"的问题，即取样的对象要科学；其次，随机抽样时，取样采取机会均等、数量尽量大；再次，分层抽样得到的样本是根据各类受众在总人口中所占比例来决定的，比例应当一致。另外，分层抽样可以根据不同标准，如年龄、性别、教育、收入水平和地理位置等分别进行。

第三节　心理现象与心理活动规律对环境设计的影响

环境设计心理学主要研究两类人的心理活动规律。首先要研究的是作为普通人在使用环境和场所时所呈现的心理活动规律。其次要研究环境设计师在进行环境设计创作时所呈现的心理活动规律。

一、普通受众的心理现象与心理活动规律对环境设计的影响

了解普通人的一般心理规律的最佳的途径就是学习普通心理学。普通心理学是研究正常人的行为和心理活动规律的科学。

人的心理活动规律包括了以下几大内容：心理活动的产生过程；行为与意识的关系；行为与环境的关系（见图 1.7）。

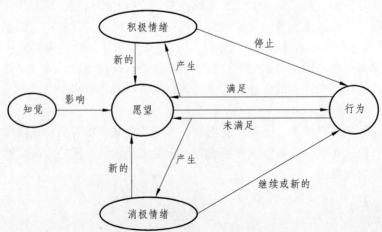

图 1.7　心理活动与行为的关系

1. 心理活动的产生过程

研究心理活动的产生过程的心理学分支有很多，其中较为著名的是认知心理学。认知心理学的部分学者致力研究心理原理，他们常常把最新的生物研究和信息技术研究成果运用到心理学的研究中，使得心理学与生物学、计算机科学的关系越来越紧密。

心理原理是全新的心理理论体系，主要阐述两方面的内容，一是阐述脑的功能，包括丘脑、大脑皮质、下丘脑、基底核、小脑等；二是从生物学的角度阐述意识、心理的产生机制及活动规律。这种理论从神经元、神经元群、核团、脑等多个层次入手，阐述各种意识、心理活动产生的生物学原理以及活动规律。

（1）意识的产生（见图1.8）。

心理原理中的发放原理阐述了脑的意识功能，即意识产生的神经机制。意识的产生有两种方式，一是丘觉的自由发放，二是样本点亮丘觉。对事物的意识是相关样本点亮对应丘觉产生的。

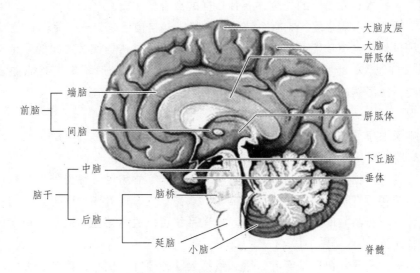

图1.8 心理的产生：大脑的功能

意识可以分为两大类，一类是自由意识，是具有人类个人特点的意识，体现了人与人思想的差异；一类是客观意识，是外界事物在脑中的反应，是不以人类的主观意志为转移的。主观意识的形成之初，是丘觉自由发放获得的，一旦形成主观意识，也就在脑中建立了样本，后期的主观意识以样本形式存在，进入意识是样本点亮丘觉的再现。

事物是极其复杂的，样脑通过样本交换获得与目标事物对应的样本，点亮丘觉产生对目标事物的意识；每一事物又包含着特征、特点、性质、用处、意义以及个人认识、见解、偏向、臆测、猜想等多个方面，这些都要进入意识才能正确地认识和对待事物，因此对一个事物的意识是样脑各个功能系统经过多波次的交换产出许多相关样本点亮丘觉产生的。

客观世界的事物是极其复杂的，当眼、耳等感觉器官接收到外界事物的信息，样脑特别是大脑皮质对这些信息进行分析，也就是通过样本交换获得与实物相一致的样本，点亮丘觉产生对这个事物的意识。

每一个事物都包含极其复杂的各个方面，大脑皮质的不同功能区分析事物的不同的侧面，通过多波次的交换传递产出与事物相关的各个样本，点亮丘觉产生对事物多个方面的认识。

（2）觉察。

觉察是觉察系统交换事物的相对意义，对事物的客观性、现实性、情景性、真实性做出的判断与评价。觉察系统是一个总理衙门，是各种意识的汇集场所，决定心理状态和发动行为活动。

觉察系统是大脑前额叶与丘脑背内侧核构成的系统。大脑前额叶与丘脑背内侧核有着密集的往返纤维联系，通过后天学习联结成功能一体，形成觉察系统。有大量的病例症状表明，大脑前额叶或者丘脑背内侧核病变，都将导致觉察功能的损害。

觉察系统是各种信息汇合的场所，各种样本、丘觉在这里汇合交流，并且相互斗争。觉察系统也是行为的发动者，各种行为活动的启动、转向、停止是由觉察系统发动的。

觉察系统决定了人的意识状态和心理状态，觉察系统工作时人就处于清醒状态，如果不工作人就处于睡眠状态。人清醒时，前额叶样本能够一直点亮丘觉，决定了人的意识状态。觉察系统的自有样本点亮对应的丘觉，有什么样的自有样本就有什么样的心理，如果是自信类的样本，产生的是自信心理。觉察系统的自有样本是自信还是自卑，是通过配置形成的。

觉察系统虽然是常用功能系统，但部分人常常能够通过诱导使其关闭而停止工作，这个诱导既可以来自他人，也可以来自自己。觉察系统停止工作一般不影响其他功能系统的工作，其他功能系统仍然能够正常工作，催眠、梦游、梦就是这种情形。

（3）认识。

认识是本义系统通过样本交换，完成对视、听等感官传入信息的层层交换，最终产出样本点亮丘觉，产生对事物特征、性质、用处等本身意义的意识。

认识是对各种事物的意识，通过眼睛、耳朵、皮肤等感觉器官接受外界信息，经过一级一级的交换，获得具有一定意义和价值的样本，点亮丘觉产生对事物固有意义的意识。认识是思维的主体，与觉察共同完成思维活动。本义系统可以脱离其他功能系统独立活动，这时的认识就是梦。

大脑以中央沟分界，前部是额叶，后部包括大脑的顶叶、枕叶、颞叶，大脑后部联络区与丘脑枕有着密集的往返纤维联系，通过后天学习建立样本，建立样本与丘觉的联结，形成本义系统。本义系统是各种感觉的交换中枢，包括视觉、听觉、躯体感觉等。

外界的客观事物是眼睛、耳朵、皮肤等这些感觉器官接收到的，感官的神经元将这些信息传入到大脑皮质，大脑后部接收感觉传入信息，即视觉、听觉、触觉信息，视觉信息传到枕叶视区、听觉信息传到颞叶听区、触觉信息传到躯体感觉区。

眼睛如同摄像头，耳朵如同麦克风，传入到大脑后部的信息是各种事物的混杂，眼睛、耳朵不能区分这些信息是否是独立的物体，也不能区分这些信息中哪些是需要的物体，将需要的各个物体从中分离出来，形成独立物体的信息，以及这些物体具有的名称、外观、特点、属性、用处等，是经过大脑后部神经元一级一级的交换，或者说是经过多次的样本交换，最终获得意义完全的样本，这个样本点亮丘觉产生对事物的意识。一般情况下交换的次数越多，样本交换越精细，产生的意识越清晰。

除了感觉传入区，大脑后部更广泛的区域是进行传入信息的交换，大脑后部进行样本交换，产出样本，点亮丘脑枕的丘觉产生对事物的认识。

（4）感受。

感受是先天遗传的个人倾向，如喜好、欲望等。感受系统的自有样本是遗传的，具有一定的倾向性，当其他功能系统的样本传入感受系统，感受系统根据自有样本参照交换传入样本，产出相应样本点亮丘觉产生感受，还可以通过分泌激素影响身心。

虽然这一功能系统所占的体积远远小于其他功能系统，但功能十分复杂，对人的驱动力也非常强劲，是人性的一个重要方面。这个功能系统包含的结构也没有完全清楚，主要是下丘脑、杏仁核与丘脑前核、板内核、背内侧核构成的系统，与情绪、欲望、动机及其他各种感受有关，称为感受系统。大脑的扣带回、眶回可能是这个系统的结构。

感受的类型是十分复杂的，具有一定的倾向性，对事物的态度、偏向、喜好、欲望等都是感受。感受可以进入意识，具有驱使力量，是情绪产生的源泉。

感受是动力之源。感受是人的力量来源，人的一切行为活动或者是受外来压力的驱动，或者是受个人感受的驱动。感受主要由遗传决定，这就决定了后天每个人的嗜好、偏爱都是不一样的。

正常的感受可以受到理智（觉察、认识）的节制。但有的人感受强烈，它压制了理性并达到完全控制，这时就会产生异常发动，进而导致异常行为。如不能克制的性冲动以及与性相关的其他冲动，导致性变态甚至性犯罪行为。

意识状态总的分为完全意识状态和不完全意识状态。人们清醒时，每个功能系统都能正常工作，多个意识并存，称为完全意识状态。但也常有某个功能系统不工作或功能弱化的情形，就会导致某一类型意识的缺失或模糊，称为不完全意识状态。

觉察、认识、感受等是不同的意识类型，是各个功能系统独立产生的。每个功能系统在功能上都是独立的，都能各自发挥作用产生意识。一个系统是否正常工作一般不累及其他系统，其他系统仍然按自己的规律活动。一个传入信息并不只是引起一个系统的反应，而是引起多个系统的反应，这些发生反应的系统并不是相互协作产生一个统一意识，而是各自独立工作产生多个意识，行为活动往往是四个系统都参与，思维活动有觉察系统、本义系统、感受系统的参与。

人类清醒时，多个系统都能正常工作，多个意识并存，这种情况被称为完全意识状态。但也常有某个系统不工作或功能弱化的情形，就会导致某一类型意识的缺失或模糊，一般称为不完全意识状态。梦境、催眠就是不完全意识状态，这时缺失参照经验这类意识，人在睡梦中觉察系统必然不工作，而本义系统、感受系统的功能不会受到影响，仍然能够正常工作产生意识。如果觉察系统工作，人就必然处于清醒状态，即使其他系统不工作(一般不会)，人也是清醒的，如果觉察系统所需能量供应不足会导致意识恍惚。在意识不完全状态下人们对客观事物的判断、认识常常发生错离，造成精神障碍。

每个功能系统都能产生意识，通常脑中不只是存在一个意识，而是同时存在多个意识。觉察、认识、感受之间往往是不一致的，甚至是矛盾的，这些矛盾意识之间通过相互斗争、相互竞争达到动态平衡，取得优先权，一旦斗争弱化或不斗争必然导致心理失衡，甚至导致精神障碍。

（5）观念。

观念是对具体事物形成的看法，如人生观、价值观、自我观念等。观念是通过学习建立的针对事物的样本，可以点亮丘觉进入意识。观念是以样本的形式稳定地存在于样脑中，是各种意识活动、心理活动的灵魂和基准。

各个意识相互作用产生心理活动，心理是阐述各个意识之间运动规律的。心理与观念具有一定的相同之处，又有不同之处。相同之处都是对某些事物的看法，观念是对某些相同或类似事物（如金钱、工作、家庭等）产生的稳定看法，而心理涉及的范围比较广泛，是对某一类事物产生的看法、体验，与多个观念有关，形成各种心理，并且有各个功能系统参与，如妒忌心理、自卑心理、自信心理等。观念是各种心理活动的灵魂和基准，培养良好心理、扭转不良心理的前提就是改变观念，如自信、自卑的深层原因就是自我观念。当然对心理具有决定性影响的还有感受，对人的作用既有好的又有不好的，这是由遗传决定的，存在人的一生，作用人的一生。

各个功能系统以及各个功能系统产出的样本、产生的意识都能各自独立发挥作用，形成心理活动。

（6）记忆。

记忆是信息的记录和回忆，神经元不能无端产生新的东西实现信息的存储、记录，存储信息是神经元之间通过联结实现的。一个信息传入脑中，被层层分解成遗传信息，其中有意义的遗传信息联系经过一到数次的强化，联结形成样本，实现信息的存储。

2. 人的行为与意识的关系

（1）人格。

人的认识是对客观世界的反映，其分为两种：感性认识和理性认识。感性认识是人利用自身的各种器官以及各感觉器官的延伸物对客观世界直接的反映。它的特点是：形象具体；其内容是：客观事物的存在形式及其过程和功能用途。理性认识是对客观世界内在本质联系的认识。它的特点是：抽象概括；其内容为：客观事物的同在本质联系。这两者是形式和内容的关系。

如何把人的认识规律应用于人的心理上呢？这里研究者引进了一个概念：人格。人格是人们应用认识规律得出的必然结果。研究者把人格定义为个体对自身感性认识和理性认识的统一。这里的"个体"是指具有一定判断能力，并能作用于社会的人，"自身"是指以理想为核心，包括人的能力、想象、兴趣、爱好等心理的总和。由于人们对具有不良心理体验的感性认识总是规避的（规避不了必然会产生心理问题），所以这里的"感性认识"一般是指具有良好心理体验的感性认识，其时间上包括过去、现在和将来；"理性认识"是指对客观事物内在联系的认识，"统一"包括两层意思：一是指方向上的统一；二是指内容上的统一。研究者就是用物的合规律性来认识人的主观世界，使人的主观世界和客观世界达到统一，使认识的合目的性和合规律性达到统一。

人的感性认识固化为人的心理时，就构成了人的"情商"；当人的理性认识固化为人的心理时，就构成了人的"智商"；当人的情商和智商同一到一定程度，就构成了人的"灵商"；这样最有利于人的发展。这也完全符合古代"情二端（好恶）论"的理论观点。

（2）社会化的人格。

当人的人格一旦形成，其就面临社会化问题，当然，人格从某种意义上来说也是社会化的产物。所谓的人格社会化就是要对整个社会存在形式及其功能用途具有良好的心理体验，这样才能引导人们认识和发展在社会范围内的客观事物的内在联系和规律，也就是说人的理性认识和感性认识在社会范围内达到统一。这样就达到了东方哲学和西方哲学的最高境界"天人合一"和"物我合一"。所谓的人格逆社会是指人具有良好心理体验的感性认识向社会化相反（个人主义）方向发展，从而产生了人格的分裂，以致人的感性认识引导不了人的理性认识，而人的理性认识控制不了人的感性认识，这就使人的心理逐渐失控，从而产生了不同程度的心理危机，如果不加以调整，必然会造成严重的人格分裂，从而导致各种精神疾病和生理疾病。逆社会因素也就是个人主义因素，如享乐主义、拜金主义、权力欲等。古人之所以要"宁静致远，淡泊明志"，是因为只有"宁静""淡薄"才能更好地促进人的社会化，促进人的可持续发展和全面发展，充分地发展自身的才能，为社会多做贡献。

（3）人的心理和生理的关系。

人的感性认识相对于兴奋性神经突触后电位，理性认识相对于抑制性神经突触后电位，而兴奋性神经突触后电位和抑制性神经突触后电位调节着脑波的形成，调节着神经系统、免疫系统、内分泌系统工作状态和功能。一个人的人格社会化比较彻底时，也就是其感性认识和理性认识在整个社会范围内达到统一，那其对社会存在形式及其功能用途就具有良好的心理体验，其兴奋性神经突触后电位就会兴奋起来，又由于这种感性认识受到一定的理性认识的控制和调节，所以这种兴奋性神经突触电位也与抑制性神经突触电位平衡着，这样一个人以稳定的情绪，持久的热情，在事业上执着地追求着，同时也使各项生理机能都得到充分发挥，这样就有利于人的身心健康，这是为什么有报刊说保持人的成就心理有利于人的身心健康的原因，其道理就在这。如果一个人的人格发生逆社会化，那么其心理就容易失控，社会适应较差，也就是其电位平衡被破坏，要么兴奋性神经突触后电位大于抑制性神经突触后电位，通常二者是交叉进行的，这样其性格表现为要么兴奋、发怒，要么比较固执，听不进别人的合理的意见和建议，有心脑血管病（如高血压、心脏病、冠心病等）的人通常都是属于这种性格的人。为什么高血压具有高发病率、低控制率的特点？原因很简单，因为它跟人的心理密切相关，一个高血压患者如果没有控制好自己的心理，就无法从根本上痊愈，任何药都只能起到一时的控制作用，如果人的情绪一旦出现波动，就有复发的危险。

另外，人的精神疾病有两种症状：阳性精神症状和阴性精神症状。阳性症状是指精神功能的异常或亢进，包括幻觉、妄想、明显的思维形式障碍、反复的行为紊乱和失控。它的成因是人的理性认识控制不了人的感性认识引起大量兴奋性神经突触后电位不能被匹配起来，从而造成神经元功能的亢进或异常。阴性症状是指精神功能的减退或缺失，包括情感平淡、言语贫乏、意志缺乏、无快感体验、注意障碍等。阴性症状的成因就是人类自身良好心理体验的感性认识由于自身或外部环境的原因没办法激发起来。

世界卫生组织（WHO）这样为"健康"下定义：一个人只有在躯体、心理、社会适应和道德四个方面都健康，才能说是完全健康。这也充分说明人的生理和心理关系，二者是相辅相成、不可偏废的。

人的行为是生物、心理和社会共同作用的结果：一方面人的行为取决于人的生物遗传，生物特质的性质、性状为人的行为提供了物质基础；人的心理（包括认知、情绪情感、意志；需要，动机；等）都对人的行为起着指导、控制、协调的作用；社会道德、法制、政治价值、评价、宗教、种族等都对人的行为的，产生社会性的影响。同时，人的行为有对生物、心理和社会产生反作用。可以说，人的行为是生物、心理和社会的综合作用的外显反映。

因此，一个人只有把自身的发展和社会的发展协调起来，充分发挥自身潜能，为社会多做贡献，才有利于人的身心全面健康发展。

3. 人的行为与环境的关系

（1）行为主义与环境心理学。

当今设计领域，对人与环境的关系研究最为深入的是环境心理学，此类研究也被称为环境行为学。环境心理学研究是由美国心理学会发起并主导的。这类研究以行为主义心理学的理论为指导，主张从人类对环境刺激的反应来反推人的心理活动。

华生创立的行为主义心理学理论体系在 20 世纪 20 年代风行一时，它深刻地影响了心理学的进程。此后，行为主义不断发展，以斯金纳为代表。行为主义是美国现代心理学的主要流派之一，也是对西方心理学影响最大的流派之一。行为主义可以被区分为旧行为主义和新行为主义。旧行为主义的代表人物以华生为首，新行为主义的主要代表人物则为斯金纳等。华生认为人类的行为都是后天习得的，环境决定了一个人的行为模式，无论是正常的行为还是病态的行为都是经过学习而获得的，也可以通过学习而更改、增加或消除，他认为，查明了环境刺激与行为反应之间的规律性关系，就能根据刺激预知反应，或根据反应推断刺激，达到预测并控制动物和人的行为的目的。他认为，行为就是有机体用以适应环境刺激的各种躯体反应的组合，有的表现在外表，有的隐藏在内部，在他眼里人和动物没什么差异，都遵循同样的规律。斯金纳认为心理学所关心的是可以观察到的外表的行为，而不是行为的内部机制。他认为科学必须在自然科学的范围内进行研究，其任务就是要确定实验者控制的刺激源与被试的反应之间的函数关系。当然他不仅考虑到一个刺激与一个反应之间的关系，也考虑到那些改变刺激与反应的关系的条件，其公式为：$R=f(SoA)$。

行为主义的主要观点是：心理学不研究意识，只研究行为。它把行为与意识完全对立起来。在研究方法上，行为主义主张采用客观的实验方法，而不使用内省法。

（2）环境行为学概述。

环境心理学（环境行为学）是研究环境与人的心理和行为之间关系的一个应用社会心理学领域，又称人类生态学或生态心理学。这里所说的环境虽然也包括社会环境，但主要是指物理环境，包括噪音、拥挤、空气质量、温度、建筑设计、个人空间等等。

环境心理学之所以成为社会心理学的一个应用研究领域，是因为社会心理学研究社会环境中的人的行为，而从系统论的观点看，自然环境和社会环境是统一的，二者都对行为产生重要影响。虽然有关环境的研究很早就引起了人们的重视，但环境心理学作为一门学科还是20 世纪 60 年代以后的事情。

环境心理学是从工程心理学或工效学发展而来的。工程心理学是研究人与工作、人与工具之间的关系，把这种关系推而广之，即成为人与环境之间的关系。

环境心理学是研究环境与人的行为之间相互关系的学科，它着重从心理学和行为的角度，探讨人与环境的最优化，即怎样的环境是最符合人们心愿的。环境即为"周围的境况"，相对于人而言，环境可以说是围绕着人们，并对人们的行为产生一定影响的外界事物。环境本身具有一定的秩序、模式和结构，可以认为环境是一系列有关的多种元素和人的关系的综合。人们既可以使外界事物产生变化，而这些变化了的事物，又会反过来对行为主体的人产生影响。例如人们设计创造了简洁、明亮、高雅、有序的办公环境，相应地环境也能使在这一氛围中工作的人们有良好的心理感受，能诱导人们更为文明、更为有效地进行工作。心理学则是"研究认识、情感、意志等心理过程和能力、性格等心理特征"的学科。环境心理学是以心理学的方法对环境进行探讨，人与环境之间是"以人为本"，从人的心理特征来考虑研究问题，从而使研究者对人与环境的关系、对怎样创造人工环境等有新的更为深刻的认识。

从事环境心理学研究的人士一般以建筑研究院和高等学校等研究机构的相关从业人员居多。以往的环境心理学研究多从行为主义的角度，既以刺激—反应模式为主，并以行为主义相关的研究方法开展。这种研究方法，在数据采集与统计方面有优势，也因此得出了关于感觉域限、噪音控制等理论。

4. 环境行为学的应用

在环境设计领域，环境行为学的研究成果已赢得普遍认可，被各类设计师们广泛应用。

（1）噪音。

噪音是许多学科所研究的课题，也是环境心理学研究的主要课题，主要研究噪音与心理和行为的关系问题。从心理学观点看，噪音是使人感到不愉快的声音。对噪音的体验往往因人而异，有些声音被某些人体验为音乐，却被另外一些人体验为噪音。研究表明，与强噪音有关的生理唤起会干扰工作，但是人们也能很快适应不致引起身体损害的噪音，一旦适应了，噪音就不再干扰工作。

噪音是否可控，是噪音影响的一个因素，如果人们认为噪音是他们所能控制的，那么噪音对其工作的破坏性影响就较小；反之，消极影响就较大。

人们习惯于噪音工作条件，并不意味着噪音对他们不起作用了。适应噪音的儿童可能会丧失某些辨别声音的能力，从而导致阅读能力受损。适应噪音环境也可能使人的注意力狭窄，对他人需要不敏感。噪音被消除后的较长时间内仍对认识功能产生不良影响，尤其是不可控制的噪音，影响更明显。

图 1.9　上海南京路步行街：人口密度大

（2）拥挤与密度。

从心理学角度看，拥挤与密度既有联系，又有区别。拥挤是主观体验，密度则是指一定空间内的客观人数。密度大并非总是引起人不愉快，而拥挤却总是令人不快。

图 1.10　城市中的住宅小区：建筑的高密度

社会心理学家对拥挤提出各种解释。感觉超负荷理论认为，人们处于过多刺激下会体验到感觉超负荷，人的感觉负荷量有个别差异；"密度—强化"理论认为，高密度可强化社会行为，不管行为是积极的还是消极的，如观众观看幽默电影，在高密度下比在低密度下鼓掌的人数多；失控理论认为，高密度使人感到对其行为失去控制，从而引起拥挤感。

处于同样密度条件下的人，如果使他感到他能对环境加以控制，则他的拥挤感会下降。一般说来，拥挤不一定造成消极结果，这与一系列其他条件有关。社会心理学家还研究诸如城市人口密度以及家庭、学校、监狱等环境中种种拥挤带来的影响和社会问题。

图 1.11　中国某些乡镇集市：人口的高密度与拥挤

（3）环境空间的结构和布局。

建筑结构和布局不仅影响生活和工作在其中的人，也影响外来访问的人。不同的住房设计引起不同的交往和友谊模式。高层公寓式建筑和四合院布局促使不同的人际关系产生，这已引起人们的注意。国外关于居住距离对于友谊模式的影响的研究不少。通常住所距离近的人交往频率高，容易建立友谊。

房间内部的安排和布置也影响人们的知觉和行为。颜色可使人产生冷暖的感觉，家具安排可使人产生开阔或挤压的感觉。家具的安排也影响人际交往。社会心理学家把家具安排区分为两类：一类称为亲社会空间，一类称为远社会空间。在前者的情况下，家具成行排列，如车站，因为在那里人们不希望进行亲密交往；在后者的情况下，家具成组安排，如家庭，因为在那里人们都希望进行亲密交往。

（4）个人空间。

个人空间是指个人在与他人交往中自己身体与他人身体保持的距离。1959年霍尔把人际交往的距离划分为 4 种：亲密距离，0～0.5 米，如爱人之间的距离；个人距离，0.5～1.2 米，如朋友之间的距离；社交距离，1.2～3.6 米，如开会时人们之间的距离；公众距离，3.6～7.5 米，如讲演者和听众之间的距离，人们虽然通常并不明确意识到这一点，但在行为上却往往遵循这些不成文的规则。破坏这些规则，往往引起反感。值得一提的是，东方人与西方人因文化与生活习俗不同，在个人空间的距离体验上略有不同。

（5）空气质量。

空气污染对身体健康的影响早已引起人们的注意，但其造成的心理后果却刚刚引起重视。1979年罗顿等人的研究表明，在某些条件下，空气污染可引起消极心情和侵犯行为。

有研究表明：自 21 世纪初期开始，空气污染的主要来源是化工与钢铁企业的废气排放，以及汽车数量剧增带来的城市高浓度尾气污染。由此产生的"雾霾"严重影响了广大人民群众的工作和生活。在"雾霾"持续的日子里，人们的情绪普遍易于焦躁，情感也倾向于消极。这对社会的和谐稳定有不利影响。

图 1.12 空气污染：雾霾

（6）温度。

一些研究表明，温度与暴力行为有关，夏日的高温可引起暴力行为增加。但是当温度达到一定点时再升高则不会导致暴力行为而会导致嗜睡。温度也与人际吸引有关，在高温环境的被试者比在常温环境的被试者易于对他人做出不友好的评价。

（7）环境认知。

人类只有在与环境适当地互动时才能生存。必须学习认清在环境中，所遭遇的不同物体的价值及其方位。这些物体（例如掠食者、同伴、食物、遮蔽处和危险）分布在不同的地点，所以必须具有认知和身体的技能才可以穿梭于这些地方，以避免或接近这些物体。根据研究指出，在过去的经验中建构出环境的影像，然后又唤起和检验这些影像以计划眼前。这些计划不只协助受众在环境中移动，而且深深地影响受众在环境中的情感经验，以及离开之后所能回想起的信息。简而言之，成功地预期下一步的能力，在演化史上来说是生存的关键。而这种能力完全依赖正确地贮存有关物理环境的信息的能力，空间记忆使受众得以生活在超乎目前感官所及的世界中。也有学者指出，在环境中找路是一种相当复杂的活动。它涉及了计划、决策和信息处理，这些都依赖了解和操弄环境的心智能力。这种能力通常被称为空间认知能力。

伊特森指出，个人是知觉系统的一部分，在知觉历程中有时很难将个人与环境分离，而且知觉是由个人在环境中所做的事所决定。知觉也是速度和正确性两者之间彼消我长的交易。知觉历程是环境行为的核心，因为它是所有环境信息的来源。环境可刺激感官，为个人提供多于其所能有效处理的信息。知觉与感觉不同，它可说是个人之过滤历程的结果。然而，它们都是知觉历程中所欲达到的目标。心理的知觉表征系统有助于软化这种必要的交易，也就是在透视点或概略的感觉信息改变时仍能辨认可能的物体。例如，假设你正开车经过一座农场，则任何在远处移动的大型深色物体都可能很快被辨认为牛、马或猪，因为这些刺激是在环境中可能出现的。因而在这种情形下，辨认速度通常不会影响其正确性。这种历程被研究模式辨认的认知心理学家称为由上而下处理，有时也称为概念所启动的处理。在由上而下处理时，辨认历程是由对特定环境中可能发现的物体的预期所驱使。如果只考虑某一小群体的刺激，则可有效地缩小搜寻符合输入模式的项目的范围。由上而下处理使受众在接收到感觉信息的同时寻找属于农场中的特定知觉，如马、牛、羊。虽然由上而下处理通常可加速知觉历程，但如果遇到不可能的刺激时，也会使之延缓。例如：在谷仓旁的章鱼就比牛更容易被误认或是要花费更长的时间才能辨认，因为受众原本具备环境认知，所以会对某种环境中不可能存在的生态产生怀疑的态度与想法。

图1.13 环境认知之一：迁徙的海龟

环境认知对于个体的重要性不言而喻，因为它是有机生命体得以在各地通行的基础。例如：绿海龟能从巴西横越一千多海里的海洋，游到南大西洋的一个小岛上产卵；候鸟在旅行中常利用各种线索，例如太阳、地理位置等，以便正确飞行至目的地；鲑鱼也可以利用气味和水温等线索作为穿越海洋的指引。有机生命体具有环境认知与探路的本能，因此才能做到。

（8）认知图。

多数研究者认为人们具备认知图的能力，环境信息被保留在大脑的记忆中，记忆会随着时间不断地修正。有关认知图研究指出，当受众首次体会一个新环境时，便会形成大略的记忆，继而转换为地理环境的经验。人们对大环境的认知图来源有：由地图而来的空间知识、个人经验和其他不同来源的信息。受众的认知图包括空间和语文/命题式两种讯息，例如，我住的房子，以及高度等其他特性，还有受众赋予地图上各位置的名称。地理位置通常用距离和方向加以描述，但有学者指出：美国东北部和加州市区的人常用行进时间来表示距离。也有学者发现，人们在为别人指引方向时常将距离、方向和估计的行进时间混在一起，这一点表明行进时间在某些人的认知图中占有重要的位置。人们在绘制其认知图的时候，常会特别描述最熟悉的地方之大小和细节，并且将它们置于图中央。

图 1.14 环境认知之二：迁徙的候鸟

环境心理学家凯文·林奇指出，都市的认知图有五个特点：道路、边缘、交点、地标及区域。

道路是地点间的路径，如乡镇街道、高速公路等。边缘是边界或是界线，如海岸线。交点是道路与道路之间、边缘与边缘之间的交汇点。地标是具有核心功能或共同利益的特定标志物，如浦东的"东方明珠塔"是上海市的城市地标，"埃菲尔铁塔"是巴黎的城市地标，"中银大厦"是香港重要的城市地标。区域为具有某种特殊含义和共同功能的地区，如商业区、工业区等。认知图有多种不同的研究方式，有些研究者要求被试画出其居住城市或邻近地区的简图；另外有些人则要求被试辨认环境中的地标或其他地点的图片，这些技术各有其弱点，因为它们会受到个人的绘图能力、接触地图的经验以及对其他试验程序的熟悉度的影响。尽管如此，通过这些方法却可以找出受众在建立认知图时所犯的错误。

有人认为建筑物的认知图可能会随着经验的累积而自动地发展出来，但相关研究却指出事实并不一定如此。学者莫瑟的研究集中于一幢令人混淆、不易识别的五层楼的医院。他比较出曾记诵建筑物楼板规划图的被试和在医院中工作两年的护士在构建认知图方面的能力差异。虽然护士可以在医院中找到路，但却未能形成有效的认知图，而被试在认知图的几个客观指标上的表现都优于护士，此研究指出：在复杂环境中，俯图的心理表征并不会自动地发展出来，而且它对在环境中正确地找路并不是必要的。

认知图是环境的心理表征，探路则是人们实际上在环境中通行的过程，学者将探路描述为需要利用贮藏的环境信息以进行的一系列问题解决作业。在探路时，人必须决定路径、运输方法和其他为完成旅程所必需的事项。人们在学习路径时所使用的策略很有弹性。大多数人偏好利用地标，当地标位于十字路口或其他选择点时则特别有效。有关探路的研究有希望应用在现实环境中，使得人们所使用的环境更令人感到舒适。它能使布景旅行或经由幻灯片所呈现的仿真旅游更为有效，在人们接触新环境之前提供初步的认知图，使得他们更熟悉新环境而不致感到被威胁。环境的预先勘查已被用来协助幼儿园小朋友适应学校、老兵适应新的护理之家，以及帮助老人寻找到购物中心的路。

图 1.15 世界各大城市的地标建筑：独特而醒目

认知图不仅帮助人们熟悉周围环境，也可帮助受众寻找解决问题的快捷方式和便利的环境资源。因为这是个体大脑的认知架构，所以也会受到个人好恶的影响。个体对于环境认知的能力也有所不同。例如：个体只记得自己喜欢去的地点的路线图，却不记得不喜欢或是很少去的地方。这是因为个人认知图的能力，不但会因为好恶而具有弹性，而且会随着经验而变化。当受众希望探索环境中的路径时，此环境信息就能轻易地进入受众的大脑中，成为该区域认知图的组成部分。

图 1.16 土地资源问题之一：城市的扩张

图 1.17　空气污染因素之一：工业废气排放

（9）环境与生态问题的解决。

环境污染和地球资源枯竭是未来十年内亟待解决的问题。环境心理学家正在研究可以改变破坏环境行为的方法。到目前为止发现，只靠环境建设是没有用的，提示只在有限的情况下发挥效果，用以加强个体的基础行为塑造是比较成功的，但在实施时可能因为价格昂贵而难以执行。

图 1.18　空气污染因素之二：汽车尾气排放

环境污染和资源管理的问题更加复杂，因为它涉及其他的经济和社会因素。空气和水污染以及资源枯竭的问题正严重地威胁着人类和地球的健康，必须尽快地处理。抑制空气污染的努力集中于汽车排气和工业废料所造成的都市空气污染。有关能源问题的研究集中于个人的行为，例如回收和节约能源。

环境问题已经非常明显，它最明显的特征就是如垃圾和恶意破坏所造成的美观问题。在都市中蔓延发展的人口构成一幅毁灭的景象，自然环境也被破坏。老旧市区败坏毁掉所有的美感。垃圾和恶意破坏所造成的景观污染是可避免的问题，相关单位虽然关心这方面的问题，但却没有采取有效的措施去妥善地解决问题。美国建国之初，土地管理的目的只是为了促进公有土地的开发。国家公园到 1916 年才成立，而且在 20 世纪末期才通过以保护和节约为目的的法律。经济发展和环境保护之间的矛盾难以避免，土地利用和资源开发的问题亟待解决。例如，滥砍滥伐不仅会破坏景观，而且会毁损土壤、污染水资源，产生温室效应。

一氧化碳是汽车尾气的主要成分，人体过多地吸入一氧化碳会导致自身注意力及学习能力下降，以及反应能力受损。噪音是现代许多国家普遍存在的问题，也是都市居民经常抱怨的问题。根据估计，每年约有三十万以上的美国人因为噪音而遭受听力损失；对企业工作人员和小区住户的调查结果也显示，长期受噪音侵扰，人的生理及心理会受到影响。除此之外，氟氯碳化物导致臭氧层被破坏的问题亦不可轻视。美国航空暨太空总署 1988 年的报告显示，全世界臭氧层的消减率大约是 5%。臭氧层被破坏，最终会导致皮肤和眼睛的癌症、白内障、免疫系统障碍、烟雾以及农作物和水生植物的损害，波及的范围相当大。臭氧层被破裂也会引发温室效应。温室效应会因为大量使用石油，以及大气中二氧化碳的增加而更加恶化。目前所知南北两极冰帽区的融化速度已经达到令人警觉的地步，如果温室效应持续，则地球的气候将会有较大的改变，海岸会被洪水淹没，而且出现广大的沙漠。

（10）行为技术。

行为技术指影响人类社会行为的科学、艺术、技能或工艺等。行为技术之目的与环境的关联在于强化环境保护的行为，例如回收、清理垃圾和节约能源，并且减少环境破坏的行为。一些学者研究指出这种技术又可分为三类：环境建设、提醒和强化技术。环境教育和提醒的使用通常是所谓的事前预防策略，因为它们用于相关行为发生之前，其目的是促进或防止行为的发生。事后策略为强化技术，结果是使目标行为导致愉快或不愉快。一般而言，研究结果显示事后策略更有效，而环境建设是效果最差的，这些依然是值得研究者去进一步研究与探讨的问题。

图 1.19　环境教育：垃圾分类回收

二、环境设计师的心理规律与环境设计

环境设计师既是普通人，又是具有职业心理特性的人。因此，他应该既具有普通人的心

理规律和行为规律，同时又有职业上特殊的心理活动特点。结合众多成功设计师的经验和理论，得出以下几条设计师心理活动规律：

第一，设计师的自信心理与业务接洽。强烈的自信是一名设计师优秀的专业修为和能力的综合体现，但是也有一些设计师在业务接洽中，常会遇到自信心不足的情况。一旦出现自信心不足的情况，会直接影响设计师的口头表达与专业表现。这会对业务接洽产生不利影响。增强设计师自信心的方法有以下几种：不间断的学习、增强专业技能、增加社会经验、拓展人际交往的范围、增加见闻、多看多练。

第二，设计师的创新心理与方案设计。设计师的创新心理受到许多元素的影响。总体上说，创造性思维是核心。设计师的创新性思维强，则设计方案有新意，容易成功。相反，如果设计师创造力较弱、因循守旧，则设计方案缺乏新意，难以引起关注。

第三，设计师的求胜心理与设计施工。好胜心是设计师在事业上能更上一层楼的必要条件。俗话说：不想当将军的士兵不是好士兵。不想出名的设计师也同样不是好设计师。设计师的名气越大则越有可能做出影响力大的作品，能更好地为人们的生活提供服务。

第四，设计师的不满与设计评价。设计师对自己设计工作的不满，或者对环境现状的不满能为新的设计项目和设计命题提供指引。如果设计师一直满足于现状，则设计界就不可能发生大的改变。

本章小结

本章首先阐述了环境设计心理学的内涵，之后介绍了几种常见的心理学研究方法，最后论述了心理现象与心理活动规律对环境设计的影响。

第二章　感知觉与环境设计理解

　　感知觉是人类最为基础的心理活动，在环境受众使用环境空间时最先起作用。设计师只有把握住受众的感知觉规律，才能在设计中占尽先机。过往的环境心理学及环境行为学研究都是围绕着人类的感知觉展开的。"刺激—反应"研究模式对于感知觉系统研究与开发是非常适用的。

第一节　受众的感觉与环境认读

　　人类有五大感官：眼、耳、鼻、舌、皮肤。它们分别主管着人类的五大感觉：视觉、听觉、嗅觉、味觉和触觉。

一、眼睛：视觉

　　视觉（vision），指物体的影像刺激眼睛所产生的感觉。它是一个生理学词汇。光作用于视觉器官——眼睛，使其感受细胞兴奋，其信息经视觉神经系统加工后便产生视觉。人和动物通过视觉感知外界物体的大小、明暗、颜色、动静，获得对机体生存具有重要意义的各种信息，至少有 80%以上的外界信息经视觉获得。由此可见，视觉

图 2.1　视觉器官：眼睛

是人和动物最重要的感觉。如今，人类发明了许多设备来辅助人类进行观察。这些设备中最常见的就是：照相机与摄像机。

　　视觉的形成过程如下所示：

　　光线→角膜→瞳孔→晶状体（折射光线）→玻璃体（固定眼球）→视网膜（形成物像）→视神经（传导视觉信息）→大脑视觉中枢（形成视觉）

　　视觉的要素包括以下几种：

图 2.2　视觉的延伸器之一：照相机

1. 视力

　　视力指视觉器官对物体形态的精细辨别能力。视力的强弱会直接影响受众对环境空间形

态的全面感知。近视或远视都对空间的观察不利。

2. 视野

视野是指单眼注视前方一点不动时所看到的范围。临床检查视野对诊断某些视网膜、视神经方面的病变有一定意义。一般情况下，人类的视野都在特定的范围内。在一些特定环境中，设计师会借助仪器或特殊技巧把人们的视野扩大。如巨幕影院、鱼眼镜头等。

图2.3 视觉的延伸器之二：摄像机

3. 视点与视角

视点本是绘画方面的概念，西洋画（立体画）把观察者所处的位置定为视点。其他物体的主线都以此为依据进行排布，不同的角度大小叫视角。某一视角内视线所涵盖的范围叫作视野。后来这些概念被其他学科广泛引用。在环境设计领域，视点就是指环境受众观察环境时所处的位置。环境空间中的被观察物都以此为中心进行排布，而观察时不同的角度大小叫视角。在环境设计案例的前期分析中，有一项重要的分析就是视线分析。环境设计师会依据视点、视角和视野范围的相关数据绘制视线分析图。

4. 视距

视距一般是指观察者距离物体的距离。距离近时看得清楚，距离远则较模糊。视距的计算方法是：以地球为圆心，地球半径为 R，在地球上的两点，高度分别为 h 和 h_1，把（R+h）和（R+h_1）两点连线，和地球弧面相切，所得切线的长度就是视距。

5. 暗适应和明适应

当人从亮处进入暗室时，最初任何东西都看不清楚，经过一定时间，逐渐恢复了暗处的视力，称为暗适应。相反，从暗处到强光下时，最

图2.4 视觉的明适应

初感到一片耀眼的光亮，不能视物，只能稍等片刻，才能恢复视觉，这称为明适应。暗适应的产生与视网膜中感光色素再合成增强、绝对量增多有关。从暗处到强光下，所引起的耀眼光感是由于在暗处所蓄积的视紫红质在亮光下迅速分解所致，以后视物的恢复说明视锥细胞恢复了感光功能。

6. 色觉

色觉是视觉的另一个重要方面。对于色彩的感知是眼睛的基本功能之一。而色彩的产生与光线密不可分。无论多么艳丽的色彩，在昏暗的光线下都展现不出来。而且同一件物品在自然光下与它在环境灯光下所呈现的色彩也是有差别的。光色的相互作用在环境设计中是需要引起注意的。

图2.5 三棱镜的色散现象：无色的阳光经过三棱镜后散发成七色的光线

值得注意的是，相关的视觉欺骗试验提示，人所看到的内容，和其本身想看到的内容有关。

在人们感知环境的过程中，视觉的作用是首要的。空间的形态、光影、色彩、轨迹等都需要依靠视觉来捕捉。环境设计师都非常重视环境空间的视觉设计。在设计过程中，设计师一般都会对空间中所有的视觉元素进行反复推敲。

二、耳朵：听觉

听觉是听觉器官对声音的感受，使其感受细胞兴奋并引起听神经的冲动发放传入信息，经各级听觉中枢分析后引起的感觉。

听觉的形成过程如下所示：

声源→耳郭（收集声波）→外耳道（使声波通过）→鼓膜（将声波转换成振动）→耳蜗（将振动转换成神经冲动）→听神经（传递冲动）→大脑听觉中枢（形成听觉）。

外界声波通过介质传到外耳道，再传到鼓膜。鼓膜振动，通过听小骨传到内耳，刺激耳蜗内的毛细胞而产生神经冲动。神经冲动沿着听神经传到大脑皮层的听觉中枢，形成听觉。声波经外耳道传到鼓膜，引起鼓膜振动，再经过听骨链的传递而作用于前庭窗，引起前庭界外淋巴的振动，继而振动窝管中的内淋巴，因而震动了基底膜和螺旋器。基底膜的振动以行波方式由基底膜底部向其顶

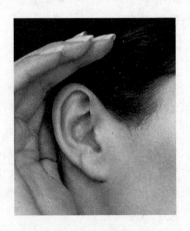

图2.6 听觉器官：耳朵

图2.7 听觉延伸器：录音笔

部传播，使该处螺旋器的毛细胞与盖膜之间的相对位置发生变化，从而使毛细胞受刺激而产生微音器电位。后者激发而窝神经产生动作电位，并经听神经传入大脑皮层颞叶听觉中枢，产生听觉。

声音传导除通过声波振动经外耳、中耳的气传导外，还可以通过颅骨的振动，引起颞骨骨质中的耳蜗内淋巴发生振动，引起听觉，称为骨传导。骨传导极不敏感，正常人对声音的感受主要靠气传导。

外耳和中耳担负传导声波的作用，这些部位发生病变引起的听力减退，称为传导性耳聋，如慢性中耳炎所引起的听力减退。内耳及听神经部位发生病变所引起的听力减退，称为神经性耳聋。某些药物如链霉素可损伤听觉神经而引起耳鸣、耳聋，故使用这些药物时要慎重。

听觉现象包括以下内容：

1. 声音的属性

空气振动传导的声波作用于人的耳朵产生了听觉。人们所听到的声音具有三个属性，称为感觉特性，即音强、音高和音色。音强指声音的大小，由声波的物理特性振幅，即振动的大小所决定。音强的单位称分贝，缩写为"dB"。0分贝指正常听觉下可觉察的最小的声音。音高指声音的高低，由声波的频率，即每秒振动次数决定，常人听觉的音高范围很广。可以由最低20赫兹到20000赫兹。日常所说的长波指频率低的声音，短波指频率高的声音。由单一频率的正弦波引起的声音是纯音，但大多数声音是许多频率与振幅的混合物。混合音的复合程序与组成形式构成声音的质量特征，称音色。音色是人能够区分发自不同声源的同一个音高的主要依据，如男声、女声、钢琴声、小提琴声，听起来各不相同。

2. 听觉的适应与疲劳

听觉适应所需时间很短，恢复也很快。听觉适应有选择性，即仅对作用于耳的那一频率的声音发生适应，对其他未作用的声音并不产生适应现象。如果声音持续时间较长（如数小时），就会引起听觉感受性的显著降低，这种现象被称作听觉疲劳。听觉疲劳和听觉适应不同，它在声音停止作用后还需很长一段时间才能恢复。如果这一疲劳经常性地发生，会造成听力减退甚至耳聋。如果只是对小部分频率的声音丧失听觉，叫作音隙。若对较大一部分声音丧失听觉叫作音岛。再严重就会完全失聪。

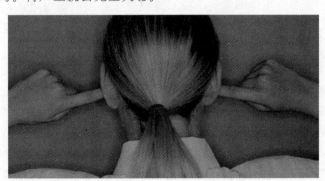

图2.8　听觉疲劳的适应性动作：堵住耳朵

3. 声音的混合与掩蔽

当两个声音同时到达耳朵，就会在耳中进行混合。由于两个声音的频率、振幅的差距不同，其混合的结果也不相同。如果两个声音强度大致相同，频率相差较大，就会产生混合音。若两个声音强度相差不大，频率也很接近，则会听到以两个声音频率的差数为频率的声音起伏，这种现象叫作拍音。如果两个声音强度相差较大，则只能感受到其中的一个较强的声音，这种现象叫作声音的掩蔽。声音的掩蔽受到频率和强度的影响。如果掩蔽音和被掩蔽音都是纯音，那么两个声音频率越接近，掩蔽作用越大，低频音对高频音的掩蔽作用比高频音对低频音的掩蔽作用大。掩蔽音强度提高，掩蔽作用增强，覆盖的频率范围也相应扩大；掩蔽音强度减小，掩蔽作用覆盖的频率范围也减小。来自两个不同方向或不同距离的相同声音，如果有时间的差异，当时间差小到一定程度，听觉神经所感受到的声源位置，由先到达信号决定，这种现象被称为哈斯效应。

在环境设计中，必须充分考虑声音和听觉因素。环境行为学中有专门的针对噪音、音效等课题的研究。这些都是环境设计师关注的问题。在许多空间设计案例中都包含了对声音的有效控制和应用。最典型的案例就是影剧院、演播大厅等空间设计，既要注意声音的可识别性，也要注意噪音的干扰等。

三、鼻子：嗅觉

嗅觉也是一种重要的感觉。它由两种感觉系统参与，即嗅神经系统和鼻三叉神经系统。嗅觉是一种难以言说和描绘的感觉。因为它无形也无声，所以不能在画面中进行表现。但它在人类世界中又是无处不在的，所以必须在设计过程中进行充分的考虑。

嗅觉是一种远感，嗅觉器官可以长距离地感受化学刺激。相比之下，味觉则是一种近感。嗅觉常与味觉紧密相联，是动物进化中最古老的感觉之一。

人类的嗅觉很敏感，可嗅出每升空气中 4×10 的负 5 次方毫克的人造麝香，并能辨别 2000～4000 种不同物质的气味。某些疾病如感冒会降低嗅觉的敏感性，肾上腺功能低下者则出现嗅觉过敏。动物的嗅觉与觅食行为、性行为、攻击行为、定向活动以及各种通信行为关系密切，故敏感性亦相当高。嗅觉和味觉会整合和互相作用。嗅觉是外激素通信实现的前提。

脊椎动物的嗅觉感受器通常位于鼻腔内，它们集中在由支持细胞、嗅细胞和基细胞组成的嗅上皮中。在嗅上皮中，嗅觉细胞的轴突形成嗅神经。嗅束膨大呈球状，位于每侧脑半球额叶的下面；嗅神经进入嗅球。嗅球和端脑是嗅觉中枢。外界气味分子接触到嗅感受器，引发一系列的酶级联反应，实现传导。

嗅觉其实是挥发性物质作用于嗅觉器官而产生的感觉。一般都用引起嗅觉的物质的名称来描述气味，如水果香、花香、焦臭等等。对气味的分类有许多种方法，H.亨宁的嗅觉柱是最好的一种。嗅觉柱是一个中空的三棱柱，它正面的四个角分别是花香气、水果气、树脂气和香料气。与这四种气味相似的气味，按其相似的程度，顺序排列在四条边上。但这四个角并不代表基本的气味，而是按气味相似程度顺序排列的整个系列上的四个转折点。有些气味按其性质不能排列在这四条边上，如侧柏的气味与这四种气味相似的程度一样，因此就把它放在这个面的当中。腐烂气和焦臭是与上述各种气味在性质上都不同的另外两类气味，它们处在另外一条边上。这样，整个嗅觉柱就形成了 3 个面，如花腐焦香面、果树焦腐面等，各个面上所包含的气味的性质是各不相同的。

空气的温度和湿度对嗅觉感受性有很大影响，因为这两个因素影响到气味分子的振动和传播。由于嗅觉中枢与间脑及中脑的许多中枢相联系，因而嗅觉的感受性和植物性神经系统的活动以及内分泌腺的活动有密切的关系。饥饿可使嗅觉感受性提高；妇女月经周期的变化也会导致嗅觉感受性，特别是对某些与性激素有关的物质气味的感受性的变化。像色盲、味盲那样，有些人也会丧失对某种特殊气味的感受性。除去鼻腔的器质性病变，嗅觉缺失通常是暂时的。

适应是嗅觉极为显著的特点，对一种气味的适应并不只是感受性降低，有时甚至感觉不到气味的存在。气味的相互作用有许多不同的情况，当一种气味的强度大大超过另一种气味的强度时，就有气味的掩蔽现象；当两种气味的强度适宜时，出现气味的混合；两种气味彼此越相似，就越容易混合。相近的混合气味人类是难以区分的。

对嗅觉细胞及嗅神经纤维的电生理研究表明，每一个感受器可以对许许多多的气味刺激而不是只对某一特定性质的气味刺激起反应。因而人们推测，由大量的嗅感受器发出的不同神经冲动模式可能是确认气味性质和辨别气味的基础。

气味在环境设计中有着意想不到的作用。比如环境空间中的餐饮空间、购物空间、休闲空间等都与嗅觉或气味直接有关；而室外环境设计中的花园设计、动物园设计等也与嗅觉紧密相关。处理这些环境设计方案时，需要把握好气味的控制与嗅觉的开启与封闭。

四、舌头：味觉

味觉是指食物在人的口腔内对味觉器官化学感受系统的刺激并产生的一种感觉。从味觉的生理角度分类，它由甜、咸、苦、酸组成。味觉标志能够感受物质味道的能力，包括食物、某些矿物质以及有毒物质的味道，与同属于化学诱发感觉的嗅觉相比是一种近觉。

在西方文化中，存在基本味道的概念最早可以追溯到亚里士多德，他认为味道是由甜、苦、美味多汁的、咸、辣、糙、辛和酸中的两种巧妙组合而成的。而古代中国的五元素哲学思想则列出了稍微不

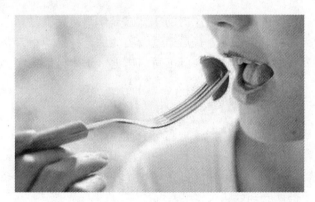

图2.9 味觉的主要来源：食物

同的五种基本味道：苦、咸、酸、甜和辛，实际上这更常见于中医理论中，一般谈论食物时会用辣代替辛，而日本和印度文化则增加了他们自己的第六种味道。

西方的心理物理学一直认为存在四种基本的味道：甜、苦、酸和咸。1908年，鲜味被第一次提出来，直到2002年，科学家们成功复制出一种专门识别氨基酸的感受细胞，鲜味才被认定为第五种基本的味道，因为鲜味可以通过某些自由氨基酸，例如谷氨酸单钠盐（味精的主要成分）引起的非咸味感觉而得到验证。

21世纪初，研究者已经识别出几乎所有基本味道的感受器。其中酸和咸是由感受器的离子通道接收的，而甜、苦、鲜味则属于一种G蛋白耦合受体。

1. 味觉的生理基础

口腔内感受味觉的主要器官是味蕾，其次是自由神经末梢，婴儿有 10 000 个味蕾，成人有几千个味蕾，味蕾数量随年龄的增大而减少，对呈味物质的敏感性也随年龄增长而降低。

味蕾大部分分布在舌头表面的乳状突起中。一般人的舌尖和边缘对咸味比较敏感，舌的前部对甜味比较敏感，舌头靠近腮腺的两侧对酸味比较敏感，而舌根对苦、辣味比较敏感。味觉从呈味物质刺激到感受到滋味仅需 1.5~4.0 秒，比视觉、听觉和触觉都快。

不同化合物在不同区域有着轻微敏感度差别的情况确实存在，但这是不容易被察觉出来的，并且和这种所谓的味觉图是否完全一致并没有得到确认。实际上，每一个味蕾（包含大约 100 个味觉感觉细胞），通常对化合物所引起的五种基本味道都能产生反应。

科学家所描述的酸、咸、苦、甜、鲜这五种味道，只是人们对口中食物认知的一部分。除此以外还包括由鼻子中的嗅上皮细胞所得到的嗅觉味道，由机械感受器得到的口感，以及由温度感受器得到的温度。其中，舌头尝到的和鼻子闻到的，被研究者归纳组合成味道。

味觉可以通过 3 种不同的头部神经到达大脑：

（1）舌头前三分之二的面神经；

（2）舌头后三分之一的舌咽神经；

（3）会厌中局部区域中的迷走神经。

2. 味觉产生过程

呈味物质刺激口腔内的味觉感受体，然后通过一个收集和传递信息的神经感觉系统传导到大脑的味觉中枢，最后通过大脑的综合神经中枢系统的分析，从而产生味觉。不同的味觉感受体所产生的味觉有所不同，味觉感受体与呈味物质之间的作用力也不相同。

3. 基本味道

长期以来，人们通常都接受存在有限的基本味道，这些味道组成了所有食物的味道，并且可以对此进行分组分类。和基础颜色一样，这些基本味道只对应人类的感受器，比如舌头可以识别不同类型的味道，目前（21 世纪初）被广泛接受的基本味道有以下四种：苦味、咸味、酸味和甜味。

舌头可以获得有关食物的其他感觉，而不是仅仅局限于化学引起的味道，甚至仅局限于四种基本味道。还有很多舌头感受到的味觉是和触觉系统有关的。比如：油腻、钙味、涩味、金属味、辣——痛楚感、清凉、麻、醇厚等，而温度觉是人类对味觉感受的一种关键元素。某些文化中，食物及饮品在温热时会被认为是美味的，而凉了之后则会被认为不再美味，而另一些文化可能恰好相反。

五、身体：触觉

在环境设计中，对于受众的触觉体验应当非常重视。不仅要考虑设计元素的材质、肌理带来的触觉感受，还要考虑温度、湿度等皮肤知觉。比如：在潮湿的环境中受众的健康容易受到损坏。环境空间温度过高或过低都会影响受众的情绪。

触觉是指分布于全身皮肤上的神经细胞接受来自外界的温度、湿度、疼痛、压力、振动等方面的感觉。多数动物的触觉器是遍布全身的，像人的皮肤位于人的体表，依靠表皮的游离神经末梢能感受温度。痛觉、触觉等多种感觉。狭义的触觉，指刺激轻轻接触皮肤触觉感受器所引起的肤觉。广义的触觉，还包括增加压力使皮肤部分变形所引起的肤觉，即压觉。一般统称为"触压觉"。

图2.10　触觉器官之一：手

人体神经中的触觉小体分布在皮肤真皮乳头内，以手指、足趾的掌侧的皮肤居多，感受触觉，其数量可随年龄增长而减少。触觉小体呈卵圆形，长轴与皮肤表面垂直，外包有结缔组织囊，小体内有许多横列的扁平细胞。骨髓神经纤维进入小体时失去髓鞘，轴突分成细支盘绕在扁平细胞间。

触觉的产生想必是生命进化过程中无比重大的事件。当多细胞的生命体变得越来越复杂的时候，生命体表面的一些细胞便开始拥有了特殊的功能。当外界的物体触及了它们，它们就立刻产生了化学反应。触觉往往是动物重要的定位手段，这可从除掉触须的猫和鼠的莽撞行为中显示出来。

正常皮肤内分布有感觉神经及运动神经，它们的神经末梢和特殊感受器广泛地分布在表皮、真皮及皮下组织内，以感知体内外的各种刺激，引起相应的神经反射，维持机体的健康。因此皮肤有六种基本感觉，即触觉、痛觉、冷觉、温觉、压觉及痒觉。

图2.11　触觉器官之二：皮肤

触觉是皮肤基本感觉之一。皮肤表面散布触点，触点的大小是不同的，有的直径可以达到 0.5 mm，其分布也不规则，一般指腹处最多，其次是头部，而小腿及背部最少。所以指腹的触觉最为敏感，而小腿及背部最为迟钝。

触觉，是人类的第五感官，也是最复杂的感官。触觉中包含有至少十一种截然不同的感觉。皮肤上有数百万计的感觉末梢。每一小块皮肤都与另一小块皮肤不同。每一小块皮肤上感觉器官分布的数量也不同，因此，对于疼痛、冷、热以及其他的感觉也不相同。如果两个手指并成一对或两指同时按在一个人的后背上，他或许不能断定别人是放了一个手指还是两个手指。人的背部的轻度触觉末梢器官要比分布在皮肤其他部位上的数量少。病人对于背部疼痛的确切位置常常说不清楚就基于此。但奇怪的是，这块缺少触觉末梢的区域，反而特别容易收到心理上的效果。人的直觉的反射产生于背部的肩胛骨之间，预感产生于肩峰。

在人体的感觉中，触觉是人们很少探索和研究的科目。然而，触觉对于人体健康却十分重要。人的神经系统和皮肤之间有着十分密切的联系。皮肤可以被看作人脑的外层，或是人脑的延伸部分。皮肤里丰富的感觉感受器就是有力的证明。在外皮与内皮（黏膜）会合的区域，触觉器官的分布极为丰富，如嘴唇和鼻腔内部。手指尖的可触知末梢器官也极其丰富。人的双手不但灵巧，而且是人类与物质世界保持切实接触的主要媒介。在古埃及时期，手就用于治疗疾病。法老用自己的指尖在病人背部上下垂直移动，达到治病的目的。这就是早期的按摩疗法。正骨医生在受伤的脊柱周围用很轻的手法对病人进行治疗。在现实生活中，运用触觉治病和利用触觉诊病出于同一种方法。

触觉是皮肤觉中的一种，是轻微的机械刺激使皮肤浅层感受器兴奋而引起的感觉。触觉感受器在头面、嘴唇、舌和手指等部位的分布都极为丰富，尤其是手指尖。人们自身的触觉对机体是有益的，如经常伸伸懒腰、半躺在摇椅上前后摇摆，这些动作都可以松弛神经系统；经常进行桑拿浴、淋浴、擦身和按摩，可以使痉挛的肌肉放松下来。

触觉还有着更为神奇的作用，即用来表示亲密、善意、温柔与体贴之情，是启迪人们心灵的一个窗口。如医生的手触摸病人，病人会为此感到欣慰；手搭肩，可以使人振奋，给人以勇气，也可以缓解紧张和焦虑不安的情绪；身体接触还可以使人的肌肉放松而感到轻松；当朋友之间满怀热情地紧紧握手时，人会觉得更亲切，当人们哭泣

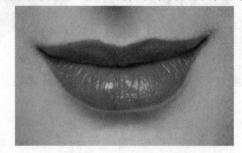

图 2.12　触觉器官之三：嘴唇

时，为他们擦去眼泪，会令人感到无比安慰。恋人或夫妻之间除了需要经常进行思想和情感交流之外，还需要相互拥抱和夫妻间的相互亲热，它会使爱情的暖流默默地注入双方的心田，使双方感受到爱意和关怀，使生活永远甜蜜。

研究发现，父母的拥抱和亲吻可以给受惊吓的孩子带来安全感。有研究者认为：没有"触觉"的社会是一种病态的社会，因为它忽视了人的肉体和感情系统的需要。但并不是说人们可以毫无禁忌地到处触摸所有的人，而应在修养、内涵、气质以及自尊自爱的基础上，遵循社会道德规范，把握好距离与尺度。

触觉在环境设计中的作用也是不容忽视的。但在心理学领域此类研究还处于起步阶段。过去，环境行为学的研究者们在环境设计方面做了一些触觉心理研究，比如桌椅等家具的材质肌理对受众心理的影响。但在室外环境设计中，此类研究还比较少见。

环境界面与家具物品的材质设计与触觉心理的关系最为紧密。在设计过程中，需要把握两者之间的内在关联。一般情况下，光滑表面触觉舒适，粗糙表面易引起紧张感。

图 2.13　触觉设计之一：触屏按钮　　图 2.14　触觉设计之二：　　图 2.15　触觉设计之三：
　　　　　　　　　　　　　　　　　　　触摸式玩具　　　　　　　触摸式手表

第二节 受众的知觉与环境识别

知觉是大脑对当前直接作用于感觉器官的客观事物的整体反映。当一个客观事物的某一种属性对有关的感觉器官发生作用时，通过一系列传导神经，把这一感觉信息传入大脑相应的感觉中枢，引起相关的一个感觉信息组合的活动，因而得以反映该事物的存在。也就是说，在大脑中出现了这个事物的整体映像。

一、知觉的选择性

知觉选择性是指个体根据自己的需要与兴趣，有目的地把某些刺激信息或刺激的某些方面作为知觉对象而把其他事物作为背景进行组织加工的过程。

图 2.16 知觉的选择性：先看到风景还是先看到人物?

知觉选择性作用于人的客观事物是纷繁多样的，人不可能在瞬间全部清楚地感知到；但可以按照某种需要和目的，主动而有意地选择少数事物（或事物的某一部分）作为知觉的对象，或无意识地被某种事物所吸引，以它作为知觉对象，对它产生鲜明、清晰的知觉印象，而把周围其余的事物当成知觉的背景，只产生比较模糊的知觉映象。知觉的选择性既受知觉对象特点的影响，又受知觉者本人主观因素的影响，如兴趣、态度、爱好、情绪、知识经验、观察能力或分析能力等。知觉的选择性与知觉的其他特性是密不可分的，被选择的知觉对象通常是完整的、相对稳定的和可以理解的。

人在知觉事物时，首先要从复杂的刺激环境中将一些有关内容抽象出来组织成知觉对象，而其他部分则留为背景，这种根据当前需要，对外来刺激物有选择的作为知觉对象进行组织加工的特征就是知觉的选择性。

由于人每时每刻所接触到的客观事物众多，因此不会，也不可能对同时作用于感觉器官的所有刺激信息进行反映，而是主动地挑选某些刺激信息进行加工处理，从而排除其他信息的干扰，以形成清晰的知觉，并迅速而有效地感知客观事物来适应环境。

所以，人们总是有选择地将对自己有重要意义的刺激物作为知觉的对象。知觉的对象能够得到清晰的反映，而背景只能得到比较模糊的反映，这样，受众就可以游刃有余地清晰地感知一定的事物与对象。例如，在课堂上，学生把黑板上的文字当作知觉的对象，而周围环境中的其他东西，比如头顶的电扇、墙上的标语、同学的面孔等便成了知觉的背景。

当注意指向某个事物时，该事物便成为知觉的图形，而其他事物便成为知觉的背景。当注意从一个图形转向另一个图形时，新的图形就会"突出"而成为前景，原来的知觉图形就退化成为背景。因此，支配注意选择性的规律，也决定着知觉图形如何从背景中分离出来。

知觉的选择性有以下特点：

（1）受客观刺激物的特点的影响。

第一，刺激物强度大、对比明显、颜色鲜艳时容易成为知觉的对象。

光线强、声音响、轮廓分明的刺激物容易成为知觉对象而被加工。反之，光线暗淡、声音微弱、轮廓模糊的刺激物不容易成为知觉的对象。

第二，刺激物在空间上接近、连续，或形状相似时容易成为知觉的对象。

符合知觉组织的原则，当其他条件相同时，空间上彼此相邻或接近的刺激物，或者具有连续性的刺激物、在视野中相似的刺激物等，都容易组成图形而从背景中突显出来被知觉加工和处理。

第三，刺激物符合"良好图形"原则，即图形具有简明性、对称性时，容易成为知觉的对象。

在视野中，对称部分、具有良好连续的部分、存在简单结构的部分等容易组织为图形而成为知觉的对象。

第四，刺激物轮廓封闭或趋于闭合时容易成为知觉的对象。

（2）视野中封闭或趋于闭合的部分容易组组织为图形而成为知觉的对象，它符合知觉组织的闭合原则。

（3）知觉选择性受人的主观因素的影响。人的主观因素包括：人的知觉经验、知识结构、精神状态、情绪等等。

（4）人的知觉选择性不仅依赖客观刺激物的物理特性，还与知觉者的需要和动机、兴趣和爱好、目的和任务、已有的知识经验以及刺激物对个体的意义等主观因素密切相关。

右图名叫"鲁宾杯"，是一幅说明知觉选择性即知觉中对象与背景关系的两歧图。这幅图是在 1915 年由丹麦心理学家埃德加·鲁宾绘制出来的。所谓的"两歧"，既指从画面中一部分受众可以看到一只杯子，而另一些受众会看到两张人脸。如果受众盯着图

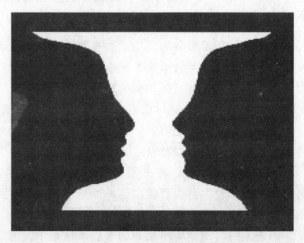

图 2.17　两歧图—鲁宾杯

中白色部分看就会看到一只杯子，那么图中的白色部分（杯子）就是知觉对象，黑色部分（人脸）就会成为知觉的背景；如果受众盯着黑色部分看就会看到两张人脸，那么图中黑色部分（人脸）就是知觉对象，白色部分（杯子）就会成为知觉背景。

图2.18　苏州博物馆新馆中的落地玻璃窗　　　　　图2.19　苏州园林中的月亮门

事实上，在现实生活中人们经常会用到知觉的选择性。在环境设计方面，设计师可以充分利用这种知觉的选择性进行创作。在中国古典园林的设计中，常使用的"漏窗""月亮门""借景"等手法，其实就是应用知觉选择性来进行环境设计的例子。当代设计师也有许多相关的设计案例，比如：贝聿铭设计的苏州博物馆新馆。

二、知觉恒常性

当客观条件在一定范围内改变时，受众的知觉印象在相当程度上却保持着它的稳定性，即知觉恒常性。知觉的恒常性对环境设计师和环境受众的影响都是巨大的。知觉的恒常性包括以下几种：大小恒常性（例如远处的一个人向你走近时，他在你视网膜中的图像会越来越大，但你感知到他的身材却没有什么变化）、形状恒常性、方向恒常性、明度（或视亮度）恒常性和颜色恒常性（例如绿色的东西无论在红光条件下还是绿光条件下或者白光条件下，你眼中的它都是绿色的）。

1. 大小恒常性

大小恒常性是指在一定范围内，个体对物体大小的知觉不完全随距离变化而变化，也不随视网膜上视像大小的变化，其知觉印象仍按实际大小知觉的特征。

根据光学原理，同样一个物体，在视网膜上成像的大小随观察者距离的改变而变化，距离越远，物体在视网膜上的成像越小。反之，距离越近，物体在视网膜上的成像越大。人在知觉物体的大小时，尽管观察距离不同，但形成的知觉大小都与物体实际大小相近，这主要是过去经验的作用以及对观察者距离等刺激条件的主观加工造成的，也为学习和实践的结果。在知觉物体大小时，个体学会了把物体与观察者的距离因素考虑在内，当自己处于不同距离位置知觉同一物体大小时，知觉的结果经常是一致的。

当刺激条件越趋复杂，则越表现出恒常性，而刺激条件减少则恒常性也减少；距离很远时，大小恒常性便消失；水平观察时其恒常性表现大，而垂直观察时，恒常性则表现小。

大小知觉恒常性与距离、经验与环境线索之间的关系密切，如果在知觉某事物时距离等因素发生偏差，就会对该物体的大小感到困惑而难以知觉。

2. 形状恒常性

形状恒常性是指个体在观察熟悉物体时，当其观察角度发生变化而导致在视网膜的影像发生改变时，其原本的形状知觉保持相对不变的知觉特征。

比如：在观察一本书时，不管你从正上方看还是从斜上方看，看起来都是长方形的；站在房间的不同角度观察同一扇门，以及门从完全关闭到完全打开的过程中，门在观察者视网膜中的成像是不一样的，但观察者的知觉会认为门始终是相同的长方形。

3. 方向恒常性

方向恒常性是指个体不随身体部位或视像方向改变而感知物体实际方位的知觉特征。

人身体各部位的相对位置时刻在发生变化，弯腰时，侧卧时、侧头时、倒立时等，当身体部位一旦改变，与之相应的环境中的事物的上下左右关系也随之变化，但人对环境中的知觉对象的方位的知觉仍保持相对稳定，并不会因为身体部位的改变而变化。

不同个体对视觉信息和前庭觉信息的运用存在着个体差异，特别是当这两者信息相互矛盾时，差异就更加明显。表现在当两者信息相互发生矛盾的时候，有的人更多地依赖外部环境中的视觉信息进行方位判断和推理，有人则更多地依赖自己内部前庭觉信息进行方位判断和推理。

方向恒常性与个体的先前经验和已有的知识多寡密切相关。在熟悉的环境中，个体原有的经验会提供某物体朝向的附加信息。遇到自己不熟悉的、复杂的环境，像进入了茂密树林中时，就不容易识别出方向。在看一些不熟悉国家的地图时，可能不清楚其所处的地理位置。

4. 明度恒常性

明度恒常性是指当照明条件改变时，人知觉到的物体的相对明度保持不变的知觉特征。

如将黑、白两匹布，一半置于亮处，一半置于暗处，虽然每匹布的两半部分亮度存在差异，但受众仍会把它们知觉为一匹黑布和一匹白布，而不会知觉为是两段明暗不同的布料。

5. 颜色恒常性

颜色恒常性是指个体对熟悉的物体，当其颜色由于照明等条件的改变而改变时，颜色知觉趋于保持相对不变的知觉特征。从物理特性和生理角度看，当色光照射到物体表面时，由于色光混合原理的作用，其色调会发生变化，但人对物体颜色的知觉并不受照射到物体表面色光的影响，仍把物体知觉为其固有的颜色。

比如：在不同色光照明下，室内环境中的家具在视网膜中的色彩成像会发生变化，但受众对家具比较熟悉，所以会依据过往经验而对家具的颜色知觉保持相对不变。在室外飘扬的一面红旗，不管是在阳光照射下还是在路灯照射下，受众都会把它知觉为红色。

三、知觉的偏见

所谓知觉偏见，是指个人对某一群体或该群体成员所持有的缺乏充分事实为根据的态度。偏见可成为最具破坏性的社会态度。偏见影响了受众对其他人或他人行为的认知及理解，甚至影响到受众的态度和行为。一般来说，偏见是有害的，设计师和受众都应该掌握偏见的特性，并努力克服它。

知觉偏见是人们在感知事物的时候，由于特殊的主观动机或外界刺激，对事物产生一种片面或歪曲印象的心理过程。常见的产生知觉偏见的原因有以下几个方面：

1. 首因效应

首因效应，即第一印象的强烈影响。事物给人最先留下的印象往往有强烈的作用，左右着人们对事物的整体判断，影响着人们对事物以后发展的长期看法。第一印象一旦形成就比较难以消除。因此，在设计工作中要十分注意信息传播中的首因效应。无论是人、环境场所、环境，还是组织行为，都要尽可能给公众留下良好的第一印象，避免因为不良的第一印象而造成知觉的片面性。

2. 近因效应

近因效应，就是最近或最后印象的强烈影响。事物给人留下的最后印象往往非常深刻，难以消失。对一件事物或对一个人接触的时间延长以后，该事物或人的新信息、最近的信息就会对认识和看法产生新的影响，甚至会改变原来的第一印象。信息传播工作亦要注意这种近因效应，注意用新信息去巩固、刷新公众心目中原有的良好印象，或尽力改变原来的不良印象。

3. 晕轮效应

晕轮效应，即一种片面的知觉，是指当认知者对一个人的某些特征形成好或坏的印象后，他还倾向于据此推论该人其他方面的特征。设计师可以适当利用这种晕轮效应来扩大组织或环境场所的影响，美化组织或环境场所的形象，如"名人环境""名流公关"；同时也要避免因为滥用这种晕轮效应，使公众反感甚至讨厌；更要反对利用晕轮效应来蒙骗公众。

4. 刻板效应

刻板效应，也称"刻板印象""定型作用"，即固定僵化的印象对人知觉的影响。比如：商业场所的受众普遍认为商人是唯利是图的，还有些受众认为国营商店的环境场所质量一定是可靠的。这些知觉印象一旦定型，就会造成"先入为主"的成见，势必妨碍正常的沟通以及受众对事物的正常判断。环境设计师应对刻板印象的策略主要包括两个方面：一方面要研究和顺应公众的某些具有积极意义刻板印象，使自身的形象与公众的经验相吻合；另一方面要努力传播新观点、新知识、新经验，以改变公众某些消极的成见、偏见和误解。

以上几种常见的知觉偏见及知觉现象也被归为"心理定势"。心理定势是人的认知和思维的惯性、倾向性，即按照一种固定了的倾向去认识事物、判断事物、思考问题，表现出心理活动的趋向性和专注性。它既有积极的作用，也有消极的作用。研究公众的各种心理定势，是影响公众的态度和行为的重要依据。

在环境设计与环境识别过程中，设计师和环境受众都有可能遭遇知觉偏见。有些偏见是不利于环境认知的，需要设计师去做出正确的应对与规避。而有些偏见是利于环境认知的，需要设计师有目的地引导。此时设计师的工作重点应是了解偏见产生的原因，选择和采用与偏见相对应的心理策略。在运用偏见规律时，要尽量利用和引导受众的知觉偏见，并使受众做出积极的、合理的、正确的环境认知。设计师如果想规避知觉偏见的消极作用，就应该经常与受众保持沟通，逐步消除已经形成的偏见，并尽可能防止新的知觉偏见的出现。

第三节　错觉与环境设计

一、错觉的概念

错觉是人们观察物体时，由于物体受到形、光、色的干扰，加上人们的生理、心理原因而误认物象，产生与实际不符的判断性的视觉误差。

错觉是在特定条件下产生的对客观事物的歪曲知觉。错觉又叫错误知觉，是指不符合客观实际的知觉，包括几何图形错觉（高估错觉、对比错觉、线条干扰错觉）、时间错觉、运动错觉、空间错觉以及光渗错觉、整体影响部分的错觉、声音方位错觉、形重错觉、触觉错觉等。

错觉是对客观事物的一种不正确的、歪曲的知觉。产生错觉的原因多种多样。

错觉可以发生在视觉方面，也可以发生在其他知觉方面。比如：当被试掂量一公斤棉花和一公斤铁块时，受众一般会感到铁块更重。这就是形重错觉。当被试坐在行驶的火车上观察车窗外的树木时，会以为树木在移动，这就是运动错觉。诸如此类的错觉案例还有很多。

在设计领域，错觉的运用范围很广泛，既包括电影制作、动画制作、广告设计，也包括空间设计、装饰设计、景观设计和环境氛围营造等。

二、错觉的分类

错觉的种类较多，可以按错觉的产生来源来进行分类。主要分为：心因性错觉、生理性错觉和病理性错觉。

1. 心因性错觉

由心理因素引起的错觉，叫作心因性错觉。电影《红楼梦》中的紫鹃丫环，见贾宝玉和林黛玉两个人总是时吵时好，她不清楚宝玉待黛玉究竟是不是真心，于是编造了一个"明春家里来接姑娘"的谎言试探贾宝玉。宝玉听后信以为真，顿时傻了眼，还将花园湖中的石舫错当成是来接林妹妹的船，于是大呼："把船开回去，把船开回去。"将不会移动的石舫，错当成接林黛玉的船，这种错觉带有明显的心理因素，所以是心因性错觉。

一对热恋中的人，在人群中走失。俩人互相找寻却迟迟未能找到。此时心中越发焦急。华灯初上，光线昏暗，他们很容易将某个匆匆行走的路人错当成是自己的恋人而追上去打招呼，这也是心因性错觉。

2. 生理性错觉

生理性错觉，是错觉地感知了体内某种生理性活动。例如：一位婚后三年未孕却又迫切希望怀孕的妇女，服了许多"送子丸""赐子汤"等秘方后，有一个月的"例假"超期数日未来，她以为怀孕了，十分高兴。丈夫、公婆也自然很兴奋。婆婆问她是否想吃酸食，有没有恶心。果然，次日起床刷牙时出现了恶心症状，看见油腻食品不想吃，喜欢吃"话梅"，还出现了偏食症状。她不仅体重增加，而且还感到了胎动，于是来到妇产科医院检查。奇怪的是，医生经过多重检查后证实她并没有怀孕，而是得了一种叫"精神性怀孕"的疾患。精神性怀孕就是假孕症。由于精神因素，导致了功能性闭经。在别人的暗示和自我暗示下，心理矛盾变成了躯体症状，出现了生理性错觉，将早晨刷牙时咽喉部受到刺激出现的恶心当成了妊娠反应。在别人提示"是否想吃酸食"的暗示下，出现了"爱吃话梅"的现象，将生理性的肠蠕动错当成胎动；将肥胖错当成"子宫增大、腹隆"，这一切都是生理性错觉。

3. 病理性错觉

一个人在生病的时候也会出现错觉，这是病理性错觉。病理性错觉多在高热谵妄、意识模糊的情况下出现。例如，病人可将正在输液的盐水皮条错看成毒蛇；将床边柜上的花瓶错视为骷髅；错将吊灯看成可怕的巨蟒……病理性错觉常常带有可怕的成分，所以患者情绪常常是惊恐万分。当体温降低并非处于高热中，意识程度转为清晰时，病理性错觉也就不药而愈了。

三、视错觉的具体类型

视错觉，也叫作错视。所谓"视错觉"是指人们在认识事物时，对事物存在状态，所感觉到的客观真实与事物本质的客观真实不相同的知觉形象。错觉的出现有生理原因，也有心理原因。光波传到眼睛里，然后把感光元投进视网膜，这些视网膜图像无论是来自二维图形还是来自受众的三维世界，都会在一个曲面上变成半平面形状。因此，视网膜在输入图像时存在着与生俱来的歧义。当图像中没有足够的信息来消除歧义，错觉就随之产生。

如成语中所说"杯弓蛇影"；如把挂在衣架上的大衣看成躲在门后的人；如将一个安装在天花板上的吸顶灯看成挂在天花板上的人头，等等。这些都是视错觉的例子。另外还有一种特殊的错觉是幻想性错觉，意思是病人把实际存在的事物，通过病人自己的主观想象作用，错误地感知为与原事物完全不同的一种形象，如病人把天上的彩云，通过想象感知为飞舞的仙女的形象；有的病人把墙上的裂纹，通过想象错误地感知为一些美丽的图案或张牙舞爪、面目狰狞的凶恶怪兽。这些错视一般通过主观再认知都是可以克服的。除错视外，还有错味、错触、错嗅、错听和内感性错觉。

视错觉的常见类型包括以下几种：

（1）缪勒-莱耶尔错觉。

缪勒-莱耶尔错觉又叫箭形错觉。研究者用透视恒常性理论的观点来解释这一错觉，他们认为：图中箭头等特定的刺激特性是显见距离的一种标志物。这个解释虽然没有涉及大脑的微观机理，但应该是基本正确的（见图2.20）。

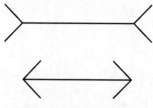

图2.20　缪勒-莱耶尔错觉

（2）月亮错觉。

月亮错觉就是虽然接近地面平视的圆月和当空仰视的圆月面积相等，而且在视网膜上形成的影也大小相同，但一般人总是觉得接近地面时的面积要大出30%～50%。《列子·汤问》中有一篇《两小儿辩日》的文章，讲述的就是这种错觉。原文如下：孔子东游，见两小儿辩斗，问其故。一儿曰："我以日始出时去人近，而日中时远也。"一儿以日初出远，而日中时近也。一儿曰："日初出大如车盖，及日中则如盘盂，此不为远者小而近者大乎？"一儿曰："日初出沧沧凉凉，及其日中如探汤，此不为近者热而远者凉乎？"孔子不能决也。

两小儿笑曰："孰为汝多知乎？"这种现象大家在日常生活中经常能遇到，就是太阳早上看起来往往比中午的时候大一些。这种现象被定义为月亮错觉。

（3）奥尔比逊错觉（Orbison illusion）。

奥尔比逊错觉又叫形状错觉。由美国心理学家奥尔比逊提出。将一正方形放在有多个同心圆的背景上，其对角线交叉点与圆心重合，看起来这个正方形的四条边向内弯曲（见图2.21）。他曾分别将不同的几何形状（如圆形、方形、三角形等）放在线条背景上，结果发现这些形状看上去均会变形而出现形状错觉。

（4）松奈错觉。

当数条平行线各自被不同方向斜线所截时，看起来即产生两种错觉：其一是平行线失去了原来的平行；其二是不同方向截线的黑色深度似不相同（见图2.22）。

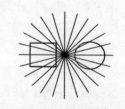

图2.21　奥尔比逊错觉

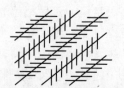

图2.22　松奈错觉

（5）编索错觉。

此图像盘起来的编索，呈螺旋状。实则是由多个同心圆所组成，读者可选任一圆上一点循其线路进行检验（见图2.23）。

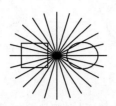

图2.23　编索错觉

（6）桑德错觉。

看看这张图，你会发现左边较大平行四边形的对角线看起来明显比右边小平行四边形的对角线长，但实际上两者等长（见图2.24）。

（7）德勃夫错觉。

左图内的小圆与右图的圆相等，但两者看似不等，居右者看来较小（见图2.25）。

图2.24　桑德错觉

图2.25　德勃夫错觉

（8）阶梯错觉。

注视此一图形数秒钟，可发现有两种透视感；有时看似正放的楼梯，有时看似倒放的楼梯（见图2.26）。

（9）黑林错觉。

两平行线为多方向的直线所截时，看起来失去了原来平行线的特征（见图2.27）。

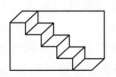

图2.26　阶梯错觉

图2.27　黑林错觉

四、错觉的成因

图为人的视觉成像经过。当外界物体反射来的光线带着物体表面的信息经过角膜、房水，由瞳孔进入眼球内部，经聚焦在视网膜上形成物象（见图2.28（一））。物象刺激了视网膜上的感光细胞，这些感光细胞产生的神经冲动，沿着视神经传入到大脑皮层的视觉中枢，即大脑皮层的枕叶部位，在这里把神经冲动转换成大脑中认识的景象（见图2.28（二））。这些景象的生成已经经过了加工，是"角度感""形象感""立体感"等协同工作，并把图像根据摄入的信息在大脑虚拟空间中还原，还原等于把图像往外又投了出去（见图2.28（三））。

虚拟位置能大致与原实物位置对准，这才是受众所见到的景物（见图 2.28（四））。当受众看某个物体时，大脑究竟是如何工作的呢？

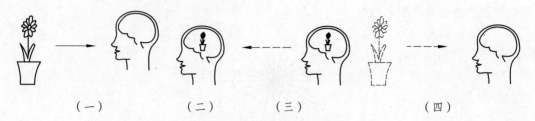

（一）　　　　　（二）　　　　　（三）　　　　　（四）

图 2.28　人的视觉成像过程

尽管视觉系统的知识量很庞大，包括视觉心理学、视觉生理学和视觉分子及细胞生物学等学科，但对如何看东西研究者确实还没有清楚的想法，对视觉过程仍然缺乏清晰、科学的了解。

你可能对自己如何看东西有了一个粗略的想法。比如认为每只眼睛就像一部微型电视摄像机，把外界景象聚焦到眼后一个特殊的视网膜屏幕上，每个视网膜有无数的光感受器，对进入眼睛的光子进行响应。然后，把由双眼进入大脑的图像整合到一起，这样就可以看东西了。但实际上，这把如何看东西想得太简单了，甚至在许多情况下完全错了。

为了研究"看"这个问题，研究者必须了解看所涉及的任务及头脑内完成该任务的生物装置。

动物需要通过视觉系统去寻觅食物、躲避天敌和其他危险，交配、抚养后代等也离不开视觉系统。进入眼睛的光子仅能告诉研究者视野中某个部分的亮度和某些波长信息，但研究者需要知道的是那里有什么东西，它正在做什么和可能去做什么。换句话说，受众需要看物体、物体的运动和它们的"含义"。但仅仅是这些还不够，受众还必须做到"实时"，在这些信息过时之前，足够迅速地采取行动。所以，必须尽快地提取生动的信息。因此，眼和大脑必须分析进入眼睛的光信息，以便获得所有这些重要的信息。

对于视错觉的形成，迄今仍未有确切的解释。关于视错觉，克里克曾给出三点评述：第一，人类很容易被自己的视觉系统所欺骗；第二，眼睛提供的视觉信息可能是模棱两可的；第三，"看"是一个构建过程。

通常认为人类能以同样的清晰度看清楚视野内的任何东西，但如果眼睛在短时间内保持不动，就会发现这是错误的。只有接近注视中心的物体，才能被看到细节；越偏离视觉中心，细节的分辨度就越差；到了视野的最外围，甚至连辨别物体都困难。在日常生活中这一点之所以不明显，是由于眼睛总是在不断移动，从而使人类产生了各处物体同样清晰的错觉。

眼睛提供的任何一种视觉信息通常都是模棱两可的。这些信息不足以使受众对现实世界中的物体给出一个确定的解释。对于同一组信息，经常会有多种解释。但值得注意的是，某一时刻只能有一种解释，不会出现几种解释混合的奇特情况。对视觉图像的不同解释是数学上称为"不适定问题"的例证。对任何一个不适定问题都有多种可能的解，在不附加任何信息的条件下，它们同样都合理。为了得到真实的解，需要使用数学上所谓的"约束条件"。视觉系统必须得到如何最好解释输入信息的固有假设。受众通常看东西时之所以并不存在不确定性，是由于大脑把由视觉景象的形状、颜色、运动等许多显著特征所提供的信息组合在一起，并对所有这些不同视觉线索综合考虑后提出了最为合理的解释。

"看"是一个构建过程，大脑并非是被动地记录进入眼睛的视觉信息，而是主动地寻求对这些信息的解释。一个突出的例子就是"填充"过程，如和盲点有关的填充现象。盲点是因为连接眼和脑的视神经纤维需要从某点离开眼睛，因此在视网膜的一个小区域内便没有光感受器。但是，尽管存在盲区，受众的视野中却没有明显的洞。这说明大脑试图用准确的推测填补盲点处应该有的东西。

俗话说"眼见为实"，按照通常的理解，它的意思是指：眼睛看到某件东西，就该相信它确实存在。然而克里克对此给出了完全不同的解释：看见的东西并不一定存在，而是大脑认为它存在。在很多情况下，实际情况确实与视觉世界的特性相符合；但有时，盲目的相信眼中所见可能导致错误。"看"其实是一个主动的构建过程，大脑会根据先前的经验和眼睛提供的有限而又模糊的信息做出最好的解释。心理学家之所以热衷于研究视错觉，就是因为视觉系统的部分功能缺陷恰恰能为揭示该系统的组织方式提供某些有用的线索。

人类的大脑可以轻易地识别出一幅图像中的某一具体物体，比如在千万个人中识别出一副面孔。大脑不可能只是一群仅仅表示在什么地方具有光强类别的细胞集合，它必须产生一个较高层次上的符号描述。这不是一步到位的事情，因为它必须借助以往的经验找到视觉信号的最佳解释。因此，大脑需要构建的是外界视觉景象的多维度解释，通常按物体、事件及其含义进行解释。由于一个物体（比如面孔）通常是由各个部分（如眼、鼻、嘴等）组成，而这些部分又是由各个子部分组成，所以符号解释很可能发生在若干个层次上。

这些较高层次的解释已经隐含在视网膜上的光模式之中。但这还不够，大脑必须使这些解释更明晰。一个物体的明晰表象是符号化的，无需进一步加工。隐含的表象已经包含了这些信息，但必须进行深入的加工使其明晰化。一旦某个事物以明晰的形式符号化之后，该信息就很容易成为通用的信息。它既可以用于进一步加工，又可以用于某个动作。用神经术语来说，"明晰"就是指神经细胞的发放必须能较为直接地表征这种信息。因此，要"看"景物，受众就需要它的明晰的、多层次的符号化解释。

对很多人而言，说大家看到的只是世界的一种符号化解释是难以接受的。因为所有的一切似乎都是"真实的东西"，其实，受众不具备周围世界各种物体的直接知识。这只不过是高效率的视觉系统所产生的幻觉而已，因为研究者的解释偶尔也会出错。

五、错觉理论

眼动理论。受众在知觉几何图形时，眼睛总在沿着图形的轮廓或线条作有规律的扫描运动。当人们扫视图形的某些部分时，由于周围轮廓的影响，改变了眼动的方向和范围，造成取样的误差，因而产生各种知觉的错误。但是，近年来的一些实验证明了眼动不是造成错觉的真正原因。

神经抑制作用理论。这是从神经生理学水平解释错觉的一种理论。该理论认为：当两个轮廓彼此接近时，网膜内的侧抑制过程改变了由轮廓所刺激的细胞活动，因而使神经兴奋分布的中心发生变化，结果引起几何形状和方向的错觉。也有研究者认为：该理论忽略了错觉现象和神经中枢的融合机制的关系。

深度加工和常性误用理论。错觉具有认知方面的根源，人们在知觉三维空间物体的大小时，总把距离估计在内，这是保持物体大小恒常性的重要条件。当人们把知觉三维世界的这一特点，自觉、不自觉地应用于知觉平面物体时，就会引起错觉。可以说错觉是知觉恒常性的一种例外。

六、错觉在环境设计中的用途

1. 视错觉

在日常生活中，受众所遇到的视错觉的例子有很多：

（1）在歌舞厅环境设计中，通常是明亮的灯光与昏暗的灯光交相闪烁，音乐声震耳欲聋，舞台在旋转，场所中的人必然会感到眩晕与兴奋，歌舞者的行为也会特别活跃。

（2）两个有盖的桶装上沙子，一个小桶装满了沙，另一个大桶装的沙和小桶的一样多。当人们不知道里面的沙子有多少时，大多数人拎起两个桶时都会说小桶重得多。他们之所以判断错误，是看见小桶较小，想来该轻一些，谁知一拎起来竟那么重，于是过高估计了它的重量。

（3）法国的国旗给人的感觉是三种颜色面积相等。其实红、白、蓝三色的比例为 35：33：37。产生"色彩平均"这种错觉的原因是白色给人膨胀的感觉，而蓝色给人收缩的感觉。设计师掌握了这种错觉的原理，为了达到视觉上的等分，实际上采用的数字是不等分的。

2. 如何利用视错觉？

光学错觉一般可以分为彩色图像的错觉和妄想。图像错觉包括：线段错觉、线段长度、幻觉面积、残像大小等。在人们的视觉中，同时出现的等长的水平线和垂直线，水平线往往比垂直线显得短。如果在这些线段上有相等长度的附件，水平线和垂直线的附件也显得不相等。附加物经常引诱视力，影响的不仅是长度，而且是大小不等的角度。两个相同面积的正方形，分别用水平线和垂直线填充后，它们将在视觉中呈现出面积不相等的感觉。另外，人眼的视觉残留特性使得人们的注意力从一个对象到另一个对象的时间受到影响。

颜色错觉的研究属于色彩心理学的范畴。色彩具有三个基本特征，即饱和度、亮度和色相。在环境设计时，总将光源、物象表面、空间背景、色彩和残影颜色等与视觉创造的假象结合起来使用。在一般情况下，颜色的变化依赖于光照，但平滑或粗糙的表面也可以引起颜色错觉的变化程度。在黑暗与光明之间的转换过程中也存在色彩幻象。

（1）局部抬高。这是最常用的一种视错觉的环境设计方法。该方法是将公共空间的房间，其中一部分抬高，而另一部分不这样做，整体空间就会有下沉感。

（2）虚实对比。空间中大量使用条带或包裹镜面玻璃，可以创建虚拟空间，在视觉上能起到扩展空间的作用。使用这种虚实结合的光学幻觉，是环境设计师常用的空间处理手段。

（3）色调的冷暖。这在本质上属于色彩心理学范畴的知识，但它也是一种可以使用的视错觉原理。例如，在厨房里大面积使用黑色，会使人感觉温度下降了 2～3 度。而在卧室大面积使用橙色和红色，会使人心理上觉得温暖。

（4）材质的变化对空间的影响。在实木地板或瓷砖边缘，使用一些粗糙材料，如复古砖和鹅卵石，会将实木地板材料的光滑质感表现得更充分。

3. 视错觉在室内设计中的利用

随着社会形态的变化，经济和社会的发展，人们的生活质量也越来越高，环境设计色彩和谐，布局合理，简洁优雅的装饰，总能给人带来好心情，环境设计需要使用到视错觉。只有这样，才能使小空间的视觉空间感较大，也可使矮空间在视觉上变高。

图 2.29　空间设计中运用线条的视错觉

（1）利用线条的视错觉使空间得到扩展。

为了增加空间的高度，可以选择重复的竖线，比如在选择墙纸的时候可以选择垂直线或细分的模式，这样就可以使空间显得更高。为了增加空间的宽度，可以选择水平线的图案，这会使空间看起来变宽了。选择暗色落地式窗帘可以使空间纵向延伸，形成更深远的空间错觉。地板可涂窗帘的相同颜色，使房间面积在视觉上得以扩展。

在处理狭窄的过道或更小的空间时，设计师通常会使用镜子来调节人的视觉体验。通过镜面反射的虚空间，原来狭窄的过道在视觉上变宽了。原本压抑的空间感觉也减弱了很多。

图 2.30　空间设计中运用色彩的视错觉

（2）利用色彩调解空间感。

内饰颜色是值得设计师很好地利用的环境设计元素。在冬季，更多的空间使用温暖的色调和软装饰，如窗帘、沙发套，会让人更加温馨。与此相反，在夏季，装饰色彩选用冷色调会使人感到凉爽。

（3）利用材质调节空间感。

为了改善空间的效果，可以利用材料的质感。一般情况下，如果空间界面的表面粗糙，会给人前靠的感觉。如果界面比较光滑，会给人后退的感觉。如果家具的材料是透明的，则会使环境的空间显得更开阔。

图 2.31　空间设计中运用材质调节空间感受

（4）利用灯光的视差来调节空间。

在环境设计过程中，为了调节空间的大小，可以充分地利用灯具造型或者灯光效果。为了使棚顶有往上提的感觉，可以利用吸顶灯或者嵌入灯。枝形吊灯会让人感觉房顶的高度往下降。直接照明的灯光会在感觉上缩小环境的空间尺度，间接照明的灯光能够在感觉上扩大环境的空间尺度。流畅的灯具造型会改善空间呆板的形象，让整个环境空间看起来充满活力。

图 2.32　空间设计中运用灯光的视错觉

在许多环境设计案例中，因为色彩柔和而丰富，显得空间层次感很强，空间变得很有景深感，进而在视觉心理上扩大了环境空间。如果在整面墙壁上绘制风景画，就会让空间看起来更加开放，空间面积也显得更大。另外，横向构图的图片张贴在适当的地方，也可以增加环境空间的视觉宽度。

通常需要扩大空间在心理上的体积的地方包括剧院、电影院、礼堂等大型建筑，如设置让人感觉两层通高的空间设计就是设计师非常重要的一项工作。设计师在此时会使用一些常规方法。在对使用空间上部进行特殊处理时，会非常注意顶棚材料的选择；同时，顶棚造型的大小尺度设计也会造成环境不同的感觉；为了扩大空间体积，可以使用低矮的家具；采用半封闭的墙壁设计，会让人觉得屋顶很高。这些设计手法都能有效地减少压抑沉闷的空间气氛，让环境的空间感变得宽敞高大。

总之，形成视错觉的原因有多种，可以是快中见慢、大中见小、重中见轻、虚中见实或者深中见浅。设计师应用环境错觉，都是为了使受众形成设计者主观设定的空间判断和空间感知结果。在环境设计中有效利用视错觉，针对不同的空间做出相应的改善措施，有利于环境设计师创造独特的空间效果。

在环境设计中，使用视错觉，应让受众对处理后的空间有正确的认识。设计师要让受众知道空间是经过处理的，而受众知晓后又不会影响感观的享受。这就是使用视错觉的关键问题。例如设计师在制造虚拟空间的镜子前面，做一个竖向或横向的木格加以切割，这样就可以大大减轻对视觉的扭曲。

在环境设计中，设计师通常可以利用视错觉产生特殊的效果，避免某种空间缺陷，进而提高空间的利用率。但应该指出的是，光错觉不能滥用，过量使用可能造成视幻现象。例如，一间使用了很多镜子的客厅，相对的两面墙上分别镶嵌着镜子，其中一面镜子被分为大小不同的各种形状。而过度的视线交错容易使人出现视错觉，并且会扭曲人们的知觉判断，甚至会混淆空间位置，出现视幻现象。人们如果长期停留在这样过度的幻视环境中，会导致身心健康出现问题。

六、错觉在环境设计中的典型案例

1. 视错觉与陈列设计

利用空间错觉，丰富环境场所陈列，降低经营成本。一位行人路过一家房顶悬挂各种灯具的商店，各式各样的灯具连成一片，璀璨夺目，他不由自主地走了进去，进去后才发现这个商店其实并不大，只是由于周围全镶上了镜子，从房顶映下来，使整个店堂好像增加了一倍的面积。由于镜面的折射和增加景深的作用，使得屋顶上悬挂的灯具显得丰盛繁多，给人以目不暇接之感。这就是空间错觉在商业中的妙用。在寸土寸金的商场中，如何进行环境场所的陈列布局，直接关系到环境场所的销售效果。在环境场所的陈列中充分利用镜子、灯光之类的手段，不仅能使环境场所显得丰富多彩，而且能减少陈列环境场所的面积，降低环境场所损耗和经营成本。在一些空间较小的区域，利用镜子、灯光等手段使空间显大，不仅能调节受众的心情，而且也能使销售人员以好的心情为受众服务，避免由于心情不好而造成主顾间的矛盾冲突。

2. 错觉与餐厅设计

利用运动错觉，调整服务手段。浙江黄岩市长潭水库大坝的码头附近有一家切糕摊，店老板卖糕时，故意少切一点儿，过秤后见分量不足，切一点添上，再称一下，还是分量不足，又切下一点添上，最终使秤杆尾巴翘得高高的。如果你是一位顾客，亲眼见到这一幕，就会感到确实量足秤实，心中也踏实，对卖糕人很信任。如果卖糕人不这样做，而是切一大块上秤，再一下二下往下切，直到秤足你所要的分量时，你的感觉就会大不一样，眼见被一再切小的糕，总会有一种吃亏的感觉——这就是运动错觉对顾客的影响效果。聪明的卖糕人正是巧妙地利用了顾客的这种极其微妙的心理活动变化，并实实在在地做到了童叟无欺，使糕摊处地利、人和之优而终日生意红火。可见，总是"一刀准""一抓准"也不见得就是好事，不见得就是良好服务的标志。在服务行业，服务人员需要经常出现在顾客眼前，但又不能影响进餐氛围。因此，在设计时要充分考虑这一特点。总之，餐桌旁有殷勤的服务人员的餐厅比让人感觉受冷落的餐厅更让受众满意。

3. 错觉与商场物品价格

利用对比错觉，科学制定商场中商品的价格。价格是商业设计中极为敏感的要素，价格学中有两个重要概念：比价和差价。所谓比价就是指商品之间价格的对比。其实质就是受众对商品价格的错觉。所以，充分利用商品比价进行商品陈列，促进商业空间的商品销售，是营销人员需要好好研究的重要课题。所谓差价就是指相同环境场所之间价格上的差异。现代营销学研究表明，商业场所设计针对的受众大多为非专家体验。由于他们大都缺乏商品知识和专业知识，因此，往往通过商品价格来衡量和判断商品的质量和价值，所谓"一分钱一分货""好货不便宜，便宜没好货"说的就是这个意思。说到价格错觉，还有两种有趣的现象：奇数定价比偶数定价使受众觉得便宜；99 元是不到 100 元的价格，便宜；101 元是 100 多元的价格，贵。——其实只差 2 元钱。作为受众，总是希望以最小的支出换取最大的满足，也就是说，两种商品质量相同，功能相当，受众总是选择价格较低的那种。因此，根据企业目标销售和发展战略，充分利用受众的价格错觉进行科学合理的定价是十分必要的。

4. 错觉与房地产销售设计

利用形重错觉，促进房地产的销售。一斤棉花和一斤铁哪一个重？铁重——这就是形重错觉。有这样一个笑话令人深受启发：一位老太太领着孙子去买拖鞋，结果，买了一双"大"拖鞋回来。孩子穿着不合适，挂不住脚，老太太却兴奋地说：大拖鞋与小拖鞋价格一样，当然买大的了，划算——这就是形重错觉产生的销售效果。有些房地产把大小（包括面积、结构、地段、装修等）不一，但将价格相等的房源放到一起销售，人们就会觉得买大的比买小的合适，买精装修的比买清水房划算。这样，商家的"愚蠢"就使受众"占了便宜"，从而也就促进了房地产的销售。

5. 色彩错觉与品质设计

利用颜色对比错觉，提高经济效益。日本三叶咖啡店的老板发现不同颜色会使人产生不同的感觉，但选用什么颜色的咖啡杯最好呢？于是他做了一个有趣的实验：邀请了 30 多人，每人各喝四杯浓度相同的咖啡，但四个咖啡杯分别是红色、咖啡色、黄色和青色。最后得出结论：几乎所有的人都认为红色杯子里的咖啡调得太浓了；认为咖啡色杯子里的咖啡太浓的人数约有三分之二；认为黄色杯子里的咖啡的浓度正好；认为青色杯子里的咖啡味道太淡了。从此以后，三叶咖啡店一律改用红色杯子盛咖啡，既节约了成本，又使顾客对咖啡质量和口味感到满意。在进行空间设计时，色彩所起的展现品质的作用也是巨大的。一般情况下，黑白灰的色彩搭配给人的感觉是现代气息较浓，有高端而大气的品质感。而红黄蓝等高彩度的色彩给人以愉悦感，在空间设计中运用红黄蓝等色能调动人的活力与激情。

6. 图案错觉与空间形态设计

利用几何图形错觉等提供有针对性的服务，获得更好的服务效果。阿根廷足球队的竖条斑马线队服是世界各国足球队队服中比较有特色的。队员们穿着这样的队服显得十分潇洒，身材更令人羡慕不已。横向的线条，把人的目光引向左右，使人的身材显得更丰满；竖向的线条，把人的目光引向上下，使人的身材显得更苗条——这就是高估错觉的效果。因此，在为受众提供服务时，巧妙利用几何图形错觉，往往能收到极佳的服务效果。如为矮胖的人推荐竖条服装，劝阻其体验横条服饰、较宽的腰带、低领衬衫等，以使其显得苗条；为瘦人推荐横条服装，以使其显得丰满。

7. 视错觉与舞台美术设计

事实上，舞台美术设计的主要工作就是利用人们的视错觉来完成戏剧空间造型的创造。舞台设计师常利用戏剧布景、服装设计、舞台灯光、演员化妆等方面的视错觉来增强知觉形象的鲜明性。舞台美术设计是视觉语言的表述技法，需建立在研究、利用、诱导视错觉的基础上，才能充分有效地传达艺术家们的创作意图，让观众相信眼前事物形态的真实性。那么，如何将视错觉现象运用于舞台美术设计之中呢？在舞台美术设计中恰如其分地运用视错觉现象，就要探索、研究引起视错觉的原因。人们产生视错觉的原因有事物间的对比，人对事物观察时的知觉预测等各种因素，其中对比是引导视错觉的主要因素之一。事物差别所形成的对比现象是事物相矛盾的元素产生相互干扰，从而使得相矛盾的双方产生强的更强，弱的更弱的反向诱导现象。

8. 形态对比与环境设计

造成错觉的对比主要有两种：形态对比和色彩对比。

将不同形态进行对比时，在视觉形态外部轮廓特征上所展现出的差异，这种差异在视知觉中存在着很多歧义，比如相同的形态放置在不同环境中时，就给人们不同的知觉印象。

首先，当同一形态的事物被形态比它小的事物包围时，就会让人感觉它比实际的要大一些；当它被形态比它大的事物包围时，就会让人感觉它比实际的要小一些。把这种视错觉现象运用于空间设计往往会取得很好的表现效果。其次，事物之间的远近对比也是重要的空间构成因素。在有限的空间里，运用远小近大、远虚近实的特点，塑造空间的远近关系，充分调动视错觉，同时，分析空间深度所存在的特殊性，这决定了设计人员对空间设计的基本要素处理原则，可用的方法有透视法、重叠法等。透视法原本是画家使客观事物在平面上具有立体感和空间层次感地表现出来的方法，但环境设计者也可以通过多种方法对环境空间透视进行充分把握和演绎，在空间有限的场所营造出无限的空间效果。设计师可以运用近大远小、近实远虚的方法，构成纵深的空间，营造很好的视觉效果。

重叠法则是基于人眼的错觉，通过空间陈设物的重叠构成空间。视觉经验告诉受众，两个事物部分重叠时，虽然位于后面的部分被遮挡住，但受众心目中仍然可以联想到它的完整形象。如中国传统的砖雕与木雕，在方寸之间，人物、动物、景物均为重叠制作。工匠们运用精巧而细腻的造型手法，利用光影的铺设使观者通过视觉联想把作品知觉为一个完整的艺术形象。另外，造型相同而大小各异的空间陈设，也可以通过重叠法来构成空间的错觉景深。

9. 色彩对比与环境设计

各种色彩在构图中的面积形状、位置以及色相、纯度、明度等心理刺激的差别构成了色彩之间的对比。当同一色彩被放置于不同色彩环境中时，可以给人不同的色彩知觉印象。当一种小面积的色彩被另一种大面积色彩包围时，双方的色彩特征更为鲜明，对比更加强烈。大面积色彩与小面积色彩的相互排斥，使得小面积色彩在明亮度、色相纯度、冷暖等方面给人更为强烈的错觉现象。

在物理特性上，色与光是不可分割的。借助于现代灯光和调控手段，设计师可以把五颜六色的光投射到环境空间的每一个角落，用来创造环境、渲染气氛、解释场所特性。人们的视觉习惯是先注意光和色后注意形态，同样是自然色，在不同的光线映照下会呈现出许多变化来，所以每一种光都有冷暖、强弱之分，灯光设计需要把握色彩铺设的合理性，在环境空间内组织不同性质、不同层次的视觉信息。在色彩选择时，要以实际生活内容为依据，以情境与场景设置的需求互补光色。比如：在塑造夜景时，蓝色光和绿色光重于其他色光。如果为了追求色彩的冷暖关系而违背实际生活规律，不考虑场景的需求，随意设置色彩，就会给受众的视觉造成消极错觉。

除了形态及色彩上的对比以外，受众对视知觉的预测也会引起错觉。预测属于心理范畴，因此它所引起的视错觉来源于人们的视觉经验和潜意识。人们凭经验就可以感知对象，有时受众即使没有看清楚环境空间的细节也能体会到空间环境的氛围，就是因为视觉预测所接受到的内容已"暗示"了受众。暗示的歧义越大，造成的错觉成分越强烈，受众通过各自的视觉经验和潜意识，通过一个地名、一段文字、一个外轮廓就能产生无限的遐想和预测。设计师在工作中应仔细分析受众的预测趋向，充分调动这种预测力，营造空间气氛。总之，在环境空间设计的实际工作中，可以巧妙地利用视错觉，使受众在环境空间形象的形态和色彩关系中构成感受到环境空间艺术的无穷魅力。

七、错觉与幻觉

在社会生活中，人们通常容易把错觉与幻觉混淆起来。

所谓幻觉，是在没有现实刺激作用于感觉器官的情况下所出现的知觉体验。幻觉，是一种虚幻的知觉，是在当事人过去生活实践基础上所产生的。幻觉和错觉的主要区别，在于幻觉产生时，并没有客观刺激物作用于当事人的感觉器官；而错觉的产生，不仅当时必须要有客观刺激物作用于当事人的感觉器上，而且知觉的映象性质与刺激物是一致的。一言以蔽之，就是"错觉是一种错误的感知觉"，而幻觉则是"一种虚幻的不存在的感知觉"。在通常的情况下，错觉多见于正常人，而幻觉则多见于精神病人，因而幻觉是一种严重的知觉障碍。

幻觉指视觉、听觉、触觉等方面，在没有外在刺激的情况下出现的虚假的感觉。患有某种精神病或在催眠状态中的人常出现幻觉。幻觉是一种虚幻的表象，本来并不存在的某种事物，病人却能感知它的存在。正常人偶尔也可能出现幻觉，比如在焦虑地等待某人到来时，忽然听到敲门声，实际却没有人来。这种幻听的出现与期待的心理有密切关系。此外，在突然受到强烈的刺激的情况下亦可出现幻觉。正常人在殷切盼望、强烈期待、高度紧张情绪的影响下，也可出现某种片断而瞬逝的幻觉。这种幻觉往往持续时间不会太长，随着心情的好转，加之适当的治疗，便会痊愈。

幻觉具有两个主要特点：第一，幻觉是一种感受，由于缺乏相应的现实刺激，所以客观检验结果证明这种感受是虚幻的，但就患者自身体验而言，却并不感到虚幻。第二，虽然幻觉源于主观体验，没有客观现实根源，但某些患者坚信其感受来自客观现实。幻觉可分为真性幻觉、假性幻觉和残留性幻觉三类。产生真性幻觉时，大脑皮层感受区的自发性兴奋使以往映象活跃化而重现出来，此即表象。由于表象特别强烈、鲜明、生动、详尽而"投射"到外部客观世界。"投射"是指当表象活化的强度大到与现实刺激产生映象的同样程度时，在人的意识中就无法与现实刺激映象相区别，而是按照生活惯例习以为常地认为它是来自客观空间，所以这是一种自然而然的向外投射过程。如果映象痕迹的重现只是达到相当于表象的程度，不那么鲜明、生动、详尽，只活跃于脑海之中，不向客观世界"投射"，且是随意产生，则为假性幻觉。另外，一种持续时间较长，与心情无密切关系的幻觉，往往见于精神分裂症患者。出现幻觉，应及时找医生进行心理咨询或治疗，当幻觉出现时，主动转移注意力，丰富日常生活，这种幻觉是会消失的。

在环境设计领域，对于幻觉与错觉要做出明确的区分。通常情况下空间错觉是可以被设计利用的，而空间幻觉则是难以驾驭的一种处理手法，在设计案例中需要谨慎使用。

空间幻觉设计的实例多集中在宗教建筑与展演建筑中。闻名于世的古罗马万神殿就能利用光影效果使人产生类似于"天国圣地"的幻觉。

第四节　阈下知觉与潜意识劝诱

一、阈下知觉：绝对阈限与差别阈限

阈下知觉（subliminal perception）是低于阈限的刺激所引起的行为反应。作用于各种感受器的适宜刺激，必须达到一定的强度才能引起感受。那种刚刚引起感受的最小刺激量，称为绝对感觉阈限。低于绝对阈限的刺激，虽受众感觉不到，但却能引起一定的生理效应。

例如，低于听觉阈限的声音刺激能引起脑电波的变化和瞳孔的扩大。刚刚能引起生理效应的最小刺激量，称为生理的刺激阈限。有意识的感觉阈限和生理的刺激阈限并不完全是同等的。一般来说，生理的刺激阈限要低于意识到的感觉阈限。用条件反射方法确定的阈限值一般低于用口头报告法获得的阈限值，它可能是生理的刺激阈限，而不是意识到的感觉阈限。事实上，形成暂时神经联系也不一定引起感觉。

阈下知觉是一种无意识知觉，其研究较早始于 Poetz，更早还可追溯到莱布尼兹。

20 世纪 50 年代，克莱恩和他的同事做了大量工作大大推动了无意识知觉的研究。最初的研究发现，无意识知觉对刺激主要在相对较低的水平上加以分析，如一个人能加工单词的物理的、甚至正字法的特征，却不能识别单词的意义；在典型的"盲视"现象中，盲视病人能够无意识地对运动、波长、朝向、空间定位或这些特征结合进行辨别，但却不能报告刺激的内容。而在过去的二十年左右的时间里，许多研究人员把注意力转向探讨无意识知觉能否进行刺激深层加工，如无意识语义启动。尤其自 1983 年迈克尔的经典性研究开始，已经发展出了大量的复杂方法加以研究，并宣称获得了无意识语义加工的证据，但是，这一研究结论尚没有得到广泛认可。主要原因在于，自阈下知觉启动现象被发现开始，就一直伴随着有关被试对所呈现刺激的觉知状态的争论，即被试是否意识到了或觉知到了自己的知觉行为。由于有效的觉知状态的测量是阈下知觉启动是否产生的逻辑前提，因此，对可靠而准确的测量方法的寻求成为阈下知觉研究无法回避的中心问题之一。

要判断一种知觉行为是有意识的还是无意识的，就要确定被试的觉知阈限，其方法包括主观阈限和客观阈限。所谓主观阈限，主要是被试采用言语对是否看清了所呈现的刺激进行口头报告，若被试报告根本看不见所呈现的刺激，而这时所呈现的刺激影响到了随后相关刺激的加工，那么，就可以认为对该刺激的知觉是无意识的。塞蒂斯在 1898 年的研究就使用了这种技术。他向被试呈现包含字母和数字的卡片，被试和卡片之间的距离按照被试所报告的较暗、模糊和什么也看不到加以确定。他假设，被试能看到图片是有意识知觉，很好测量，而当它们报告看不到图片上是什么或者除了暗淡的模糊斑点外什么也看不到时，被试就知觉不到字母或数字。然后，他对被试进行第二个测验，即迫选猜测，结果发现，被试能在远高于概率水平以上猜测到刺激的类型和刺激的身份，他认为他发现了无意识知觉的证据。事实上，将两种测量之间的分离解释为无意识知觉的一个重要前提，是意识知觉的测量能够将所有相关的意识经验完全测量出来，如果被试的言语报告没能将所有相关的意识经验完全测量出来，那么，言语报告和猜测只不过提供了对有意识知觉到的信息的不同方面表现出敏感性的知觉测量。很显然，无法保证通过被试的主观报告使意识经验被完全测量出来。

1959 年，伊格尔使用具有情绪色彩的图片作为阈下启动刺激，探讨它对阈上呈现的中性图片的偏好判断，获得了无意识启动。但是，这种测量方法的可靠性也同样存在问题，因为被试可能只看到了图片的一些碎片，其反应产生了偏向。最近理查德的一项研究证明，被试通过对单词的一部分进行加工，就能产生阈下启动，尽管研究者将结果另作解释，但已足以说明当前的问题。另外，也有研究者指出，被试也可能看到了图片，但这种记忆保留时间很短暂，而留下的足够痕迹会使被试的反应产生偏向。因此，在阈下知觉启动过程中很可能保留了某些知觉水平，虽不足以完成对图片的识别，但足以产生反应的偏向。此外，也很难知道被试在报告他们的意识经验时所采用的标准，而且，特定实验的指导语对被试产生的影响不同。

在客观知觉阈限测量中，研究人员采用所谓的是/否迫选程序作为觉知阈限的测量标准，即信号检测论中的敏感度指标，当该指标为零时，就被当作该刺激处于阈下知觉的客观指标。

绝对阈限（absolute threshold）是指能可靠地引起感觉的最小刺激强度（物理能量）。确定绝对阈限的方法是实施探测作业：以从小至大或从大至小改变刺激量，或随机呈现各种不同的强度的刺激方法，探测人对不同刺激的感觉反应，由此建立心理测量函数（psychometric function），绘出每一强度的刺激（X 轴坐标）的觉察百分率（Y 轴坐标）。心理物理函数曲线并不存在一个唯一的、真正的绝对阈限，因为并没有一个绝对的强度值，一旦高于它，感觉就总能必然可靠地发生，一旦低于它，感觉就完全不会发生。心理量曲线几乎总是一条平滑的 S 形曲线，表明随着刺激量的增加，对刺激的觉察由不发生到逐渐提高觉察率，直至最终总能正确觉察出刺激。这一曲线意味着：感觉从无到有是一个渐进的而不是突变的过程。而且，存在这样的情形：人们的行为表明他们似乎觉察到了刺激，即使这个刺激的强度处于阈限之下。这种现象叫作"阈下觉知"。此外，存在一种有规律的倾向，即反应偏差，是指由于种种非感觉因素，人们偏好以特殊的方式作出反应，常见的形式有：希望、预期、习惯。这些形式使人的感觉被改变或歪曲。为此，通常在感觉探测作业中采用监测实验技术来检查是否出现反应偏差。

鉴于以上所述，为了对阈限作出相对适宜的说明，研究者对绝对阈限采用这样的定义：有一半（50%）的概率能被感觉到的最小的刺激量，叫作绝对阈限。这里，50%的概率使阈限的说明相对明确化，以便能实际地实施测量阈限的操作，故而这种定义又叫作操作定义。

绝对阈限标定了绝对感受性。绝对阈限越低，即能引起感觉的刺激量越小，绝对感受性就越高，即对刺激越敏感。也就是说，绝对阈限和绝对感受性成反比。用字母 S 代表绝对感受性，用 R 代表绝对阈限，则两者间的数字关系可表示为：$S = 1/R$。

差别阈限，指刚刚能引起差别感觉的刺激之间的最小强度差，又称为最小可觉差。彩色电视机上有意设计的一幅黑白环境会引人注意是因为它的颜色浓度变小，不同于普通的节目。而同样的黑白环境在黑白电视上观看则并不突出，甚至可能会被完全忽略。

二、阈下知觉与环境设计

阈限之外的刺激被称作潜意识的，或无意识的。阈下知觉在环境设计领域的应用也随着行为主义心理学的推广而得到广泛的认可。在环境设计领域，对于绝对阈值和阈下知觉的应用都比较广泛。比如在环境设计和景观设计中对个人空间的界定，就严格地按照空间的阈值来设计。在餐厅中，一人餐桌、双人餐桌、多人就餐餐桌的设计也参考了个人隐私空间的阈值。医院空间环境设计对噪音的绝对阈值控制得较好，但是却忽略了阈下刺激的知觉也会影响到病人的心绪与健康。因此，并不是仅仅遵照绝对阈值进行设计就万事大吉，还要关注阈下知觉对环境受众的影响。

第五节　环境中的空间知觉

人类在探索世界的过程中逐渐形成了对生活的物理空间的认识。人类对物理空间的认识就是空间知觉。它包括形状知觉、大小知觉、深度与距离知觉、方向知觉和空间定向等。有了这种空间知觉，人类才能认识周围环境中的各种物体的形状、大小、距离、方位等空间特性，从而正常地生存在这个世界上。

一、形状知觉

形状是物体所有属性中最重要的属性。人类要认识世界就必须分辨物体的形状。形状知觉是人类和动物共同具有的知觉能力。形状知觉可帮助受众把不同的物体区分开来，从而使这个世界姿态万千。形状知觉是如何产生的？人类身处各式各样的环境与场所中，每一个场所都有自己独特的样子，人类是如何知觉到场所的形状的？

形状知觉是视觉、触觉、动觉协同活动的结果。对物体形状的识别开始于对原始特征的分析与检测。这些原始特征包括点、线条、角度、朝向和运动等。视觉系统对这些特征的检测是自动的，无需意识的努力。

1. 轮廓与图形

图形可以定义为视野中的一个面积，它是借助可见的轮廓而从其余部分分离出来的。因此，在图形中，轮廓代表了图形及其背景的一个分界面，它是在视野中邻近的成分出现明度或颜色的突然变化时出现的。一个物体的轮廓，不仅受空间上邻近的其他物体轮廓的影响，而且也受时间上前后出现的物体轮廓的影响。这种现象叫轮廓的掩蔽或图形掩蔽。它说明人们在知觉物体形状时，轮廓的形成是需要时间的。当客观上不存在刺激的梯度变化，人们在一片同质的视野中也能看到轮廓，这种轮廓叫主观轮廓或错觉轮廓。主观轮廓表现了视觉系统的一个特点：当视野中出现不完整因素时，视觉系统就倾向于把它们完整起来，变成比较简单、稳定、正规化的图形。也有人认为，主观轮廓是由于明度对比产生的。

2. 图形的组成

视野中的哪些成分容易结合成一个图形？自 20 世纪初以来，心理学对这一问题进行过一系列研究，提出了图形组织的一些原则，如邻近性、相似性、对称性、良好连续、共同命运、封闭、线条方向和简单性等。

3. 图形识别

人们利用已有的知识经验和当前获得的信息，确定知觉到的图形是什么，叫作图形识别。这是形状知觉中比特征分析更高的一个阶段。人对图形的识别不仅依赖于当前输入的信息，而且依赖于人们已有的知识、经验和期待。

4. 注意在图形知觉中的作用

人脑是如何将不同的特征联合在一起的问题是形状知觉中的重要问题，这在神经科学和心理学中叫特征捆绑问题。现代的一些研究认为，在特征整合中注意起着非常重要的作用。在没有注意参加时，特征可能是游离的，因而可能出现错误的结合；在注意的参与下，人们可能知觉到事物的整体。

5. 眼动与形状知觉

在形状知觉中，眼动具有重要意义。微动对维持视觉映像，避免视网膜因注视而产生局部适应有重要意义。跳动是另一种重要的眼动，是眼睛从一个注视点到另一个注视点的单个运动。

二、大小知觉

大小知觉是头脑对物体的长度、面积、体积在量方面变化的反映。它是靠视觉、触摸觉和动觉的协同活动实现的，其中视知觉起主导作用。

外界物体的大小受众用眼睛一看就一目了然，这是因为有许多因素成为受众大小知觉的线索，凭借这些线索可以判断对象的大小。首先，是物体本身的大小；其次，可见物体与观察者间的距离远近也是大小知觉的一个重要线索；再次，客体周围的各种熟悉物体提示着客体的距离及其实际大小。

（1）大小—距离不变假设。受众知觉的物体大小与物体在网膜上投影的大小有关。网像的大小服从于几何投影的规律：距离远，同一物体在网膜上的投影小；距离近，同一物体在网膜上的投影大。用公式表示为：a=A/D。a指网膜投影的大小；A指物体的大小；D反映对象与眼睛的距离。即网膜投影的大小与物体的大小成正比，而与距离成反比。人们在知觉物体大小时，似乎不自觉地解决了大小与距离的关系问题，即物体大小=网像大小×距离。这就是大小—距离不变假设。这个假设解释了大小恒常性。

（2）邻近物体的大小对比。两个实际大小相等的物体，当一个物体处在细小物体的包围中，而另一个物体处在较大物体的包围中，受众知觉到的物体大小是不相同的。在大的物体包围中的物体显得小，而在小的物体包围中的物体显得大。这时，物体在视网膜上的投影相等，而观察的距离也一样，它们在大小上的差别，是由于网膜上两个或两个以上的投影比例造成的。

（3）大小知觉是在视觉、触摸觉和肌肉运动觉共同参与下实现的。感知一个对象的大小，一方面取决于这个对象投射在视网膜上视像的大小，大的对象相应地在视网膜上得到较大的视像，小的对象相应地得到较小的视像。另一方面取决于对象的距离，对象远时视像变小，对象近时视像变大。视像的大小与对象的距离成反比。根据视角变化原理，一个近距离的小物体有时比一个远距离的大物体在视网膜上的视像还要大。这时只根据视像是无法知觉它们的实际大小的。然而，在通常情况下，人们仍能较正确地感知不同距离的对象的实际大小，即把近距离小的对象知觉为小的，而把远距离大的对象知觉为大的，尽管前者投射在视网膜上的视像要比后者的大。同样，受众在10米远处看一个人与在50米远处看同一个人，也不会感觉到他的实际大小有什么变化，虽然在前一种情况下对象投射在视网膜上的视像要比后一种情况下大5倍。这种现象称为大小知觉恒常性。

（4）视觉在物体大小知觉中的重要作用是在与触摸觉和动觉协同活动中完善起来的。对生来双目失明施行手术后恢复视力的人的观察表明，这种人一开始不能用视觉正确确定物体的大小，只有经过一段时间，通过触摸觉、动觉在物体大小的感知和视觉间建立起联系，视觉的作用才逐渐显示出来，并在后来实践中越来越占据主要地位。

三、深度知觉

深度知觉又称距离知觉或立体知觉。这是个体对同一物体的凹凸或对不同物体的远近的反映。视网膜虽然是一个两维的平面，但人不仅能感知平面的物体，而且还能产生具有深度的三维空间的知觉。这主要是通过双眼视觉实现的。有关深度知觉的线索，既有双眼视差、双眼辐合、水晶体的调节、运动视差等生理的线索，也有对象的重叠、线条透视、空气透视、对象的纹理梯度、明暗和阴影以及熟习物体的大小等客观线索。根据自己的经验和有关线索，单凭一只眼睛观察物体也可以产生深度知觉。用视觉来知觉深度，是以视觉和触摸觉在个体发展过程中形成的联系为基础的。通过大脑的整合活动就可作出深度和距离的判断。但个体在知觉对象的空间关系时，并不完全意识到上述那些主、客观条件的作用。

著名的视崖实验说明，刚会爬的婴儿已经具备相当好的深度知觉。郭静秋等研究了正常3～12岁儿童的立体视锐度，认为立体视成熟期在3岁以前。有些儿童生来有深度知觉方面的缺陷，比如间歇性外斜视儿童患者，其近距离立体视良好，中、远距离立体视不良，及早手术后会有较大改善，分别检查不同距离的立体视就是考察的重要指标。另还有学者研究结果显示学习障碍（LD）儿童深度觉辨别缺乏线索利用能力，且与情感判断存在潜在关联，进一步证明了詹姆森等人提到单纯的知觉判断往往能反映深层的复杂社会知觉能力，为深度知觉在认知方面的应用铺开道路。

深度知觉在计算机中的应用已经很普遍了，如人工智能、3D界面等。在几十年的发展中，计算机立体视觉已形成了自己的方法和理论。

四、方位知觉

方位知觉是人们对自身或客体在空间的方向和位置关系的知觉。

为了适应生活，人们经常需要对环境及主客体在空间的位置进行定向。方位知觉是借助一系列参考系或仪器，靠视、听、嗅、动、触摸、平衡等感觉协同活动来实现的。上下两个方向是以天地位置作为参考的；东、南、西、北的方向是以太阳的升落、地球磁场、北极星作为定向依据的；而前、后、左、右完全是以知觉者自身的面背朝向为定向依据的。

五、时间知觉

时间知觉是指人的时间知觉与活动内容、情绪、动机、态度有关，也与刺激的物理性质和情境有关。此外，人们对较长的时间间隔往往估计不足；而对较短的时间间隔则估计偏高。刺激编码越简单，知觉到的持续时间也就越短。在判断时间间隔正确性方面，各感官是不同的。听觉和触觉对时间间隔的估计最准确。由于年龄、生活经验和职业训练的不同，人与人之间在时间知觉方面存在着明显的差异。

心理学家发现，用计时器测量出的时间与估计的时间不完全一致。人的时间知觉与活动内容、情绪、动机、态度有关。内容丰富而有趣的情境，使人觉得时间过得很快，而内容贫乏枯燥的事物，使人觉得时间过得很慢；积极的情绪使人觉得时间短，消极的情绪使人觉得时间长；期待的态度会使人觉得时间过得慢。一般来说，对持续时间越注意，就越觉得时间长；对于预期性的估计要比追溯性的估计时间显得长些。一些实验还表明，时间知觉明显地依赖于刺激的物理性质和情境。例如，对较强的刺激觉得比不太强的刺激时间长，对分段的持续时间觉得比空白的持续时间长。例如，对一个断续的音响，在一给定的时间里听到的断续的次数越多，人们就越觉得这段时间长。对较长的时间间隔往往估计不足；而对较短的时间间隔则估计偏高。有关的材料还表明，时间知觉与刺激的编码有关，刺激编码越简单，知觉到的持续时间也就越短。相等的时间间隔（40或80毫秒），空白间隔比填充音节的间隔显得短。

到 20 世纪 80 年代为止，还没有材料证明大脑存在着专门的计算时间的中枢。在皮层不同部位受到损害的情况下都可以见到时间知觉的破坏。在判断时间间隔正确性方面，各感官是不同的。听觉和触觉对时间间隔的估计最准确。听觉辨认时间间隔的最高限度是 0.01 秒，触觉辨认的最高限度是 0.025 秒，视觉辨认的最高限度则是 0.05 秒。

时间知觉的研究方法：

1. 复制法

先呈现一个标准刺激，让被试复制出觉得和标准刺激一样长的时间。被试可能说不出具体的时间是多长，但可以比较准确地根据自己的判断复制出时间的长短。不受过去经验的影响，能准确地表示一个人辨别时间长短的能力。（较好）复制的动作和时间刺激往往不是同一感觉道的（复制动觉刺激除外）。误差（%）=误差的绝对值之和/（实际时间×实验次数）。

2. 恒定刺激法

求时间的差别阈限。辨别长短的两个刺激是在同一条件下被感觉到的。恒定刺激法运用起来过程比较烦琐，且测量时间长。

3. 评估法

即先呈现一定长度的刺激，要求被试评估它持续的时间有多长，评估的时间与实际刺激持续的时间越接近，时间知觉越准确。被试判断的结果中包含有被试对具体时间经验的因素，测得的结果不能精确地代表一个人对时间长短的知觉能力。误差（%）=误差的绝对值/实际时间。

时间知觉的一些性质：

1. 内在的人脑的记忆归类分析模式

时间知觉是一种内在的人脑的记忆归类分析模式，不是用于规定感知到的客观世界，更不能用于描述客观世界本身。这里要区分三个概念：受众大脑记忆中的世界图景，受众感知到的客观世界与客观世界物自体本身。

受众大脑记忆中的世界图景。首先，因为在大脑记忆中有保留了的世界过去的表象信息，感知到的世界现在的表象信息，推理预测到的世界未来的表象信息，三者都同时存在于大脑中，并且以变化先后顺序进行了归类排序，形成一个连续的存在统一体。大脑能够对三者任意调用分析，从而可以进行时间长短等的估量、比较。

受众感知到的客观世界是瞬时的、片面的，它的过去已经消失，它的未来还没产生。受众没有任何的经验证据来肯定他们所感知到的客观世界的过去、现在和未来是一个连续统一体。而时间知觉是指一种对过去、现在、未来的连续统一体的衡量。受众所感知到的客观世界过去已不存在，未来还没有存在，只有现在。所以受众所感知到的客观世界没有时间知觉的性质，不符合受众通常认为的关于时间知觉的定义描述。

关于客观世界物自体本身，以研究者目前的实验手段和实验数据还不能有效地对它进行时间性说明，究竟它是一个过去、现在和未来共存的共时统一体，还是一个不断变化而以片断形式存在的前后历时体。有些科学家倾向于这样描述世界：大爆炸之前没有时间，宇宙从大爆炸开始，经历了漫长的时间流逝；人们可以乘坐时光机器回到过去。好像是在说世界是一个共时体，它有过去，也有未来，并且可以把握。但是研究者却从来没有任何的经验数据能表明宇宙的某个角落存在着关于宇宙曾经的经历，并且可以不破坏宇宙的变化任意回到过去。

2. 大脑中一种较独立的结构或格局

时间知觉是大脑中一种较独立的结构或格局，它是大脑中一组分化的神经元，具有特定的单一的功能。现代时间认知神经科学的研究表明，无论受众知觉关于哪一组的表象、事件的时间观念，大脑中总有一部分固定的神经组织被激活而参与其中。具体表象经验变换流转，而这些神经组织是稳定不变的。具体来说，基底神经节、小脑和前额叶在时间信息加工中起到了主要的作用。这些神经组织的功能活动形成了人的时间知觉的主体结构、格局。

具体的表象经验不内含时间的性质，比如一株树、一朵花。只有表象经验的序列，联合才具有时间的性质，但它又不是时间知觉本身。经验表象进入大脑时是杂乱混处的，大脑时间知觉的模式格局，按照同一事物的不同表象在变化前后的先后顺序对它们进行排序，形成合理化了的大脑时间知觉的基本对象、材料，于是时间知觉模式能够对它们作出时间性质的相关衡量、对比等的分析。

研究者说 P 从 A 移动到 B 用了 t 秒，其实是说 P 从 A 移动到 B 这一经验表象序列在时间知觉模式这一功能结构的衡量下，表现出 t 秒这样的量的性质。P 移动这一表象序列自身在时间性上是无法自明的，必须借助时间知觉的功能模式来进行说明。

时间知觉模式格局与具体的经验表象是相互依赖的关系。没有具体经验表象，时间知觉的生理基础结构便无法行使正常的知觉分析功能；相反，若没有时间知觉功能模式，大脑中的经验表象就会乱成一团。

时间知觉是对变化的一种主观衡量。绝对的静止，包括感知主体、感知客体以及二者所处的环境三者都处于静止状态，那么就没有时间，是永恒。永恒是什么，就是绝对的静止，没有变化，没有时间。

时间知觉是对表象经验形成的记忆联合序列的一种分析衡量，而要形成一事物经验表象的序列、联合，则此一事物必须处于连绵接续的变化之中。事物自身状态的不断改变刺激大脑，从而形成关于此一事物的连续的表象序列。有如下三种情况：(1)感知对象自身的变化。感知对象自身的变化形成一连续的表象序列，根据此一表象序列，大脑的时间知觉模式就可以对其进行时间性的衡量、比较。(2)感知对象不变，感知对象所处的环境发生变化。同样，根据感知对象所处环境变化形成的表象序列，研究者也可以相对的估量出感知对象处于静止状态的时间持续长度。(3)感知对象不变，感知对象所处的环境不变，感知主体根据自己的生理周期，根据自己的内时间体验仍然可以约摸估量出时间流逝的久暂。

3. 对同一事物变化前后表象的主观衡量、判断

时间知觉是对同一事物变化前后表象的主观衡量、判断。首先受众对视觉对象的感知体验是连续的。这可以通过闪光实验来说明其内部的相关原理。受众的视觉系统有一个感觉延

迟，即在感知到光线后即使撤掉了光线，这种知觉也还要持续一小段时间，这个时间经研究一般确定为 150～250 ms。现在假定受众知觉到有一闪光，并且很快（100 ms 以下）又加上第二个闪光，由于视觉反应的产生和持续超过 100 ms，当对第一个闪光的反应还未消失时就已产生了对第二个闪光的反应，而对第二个闪光的反应还未消失时又加上第三个闪光的反应，这样闪光就使视觉系统中产生某一种连续的反应，视觉系统所感知到的就像是连续光一样。而视觉系统所感知到的表象序列就像这样的闪光一样，即先后的光刺激重叠在一起对视觉系统形成一持续稳定的光刺激流、连续序列，从而感知到的世界表象就呈现出一种连续绵延的稳定的图景。同一个物体的先后光刺激重叠在一起，就形成了此一事物连续稳定变化的知觉体验。

视觉系统倾向于把光模式保留约 150～250 ms 之久。如果一事物进行变化，它在此时间阈限之内不断给予视觉神经以不同的最新的光刺激，受众就会知觉到它连续稳定的变化图景；如果一事物静止，只要它在此时间阈限之内连续地不断给予视觉神经以相同的最新的光刺激，受众就会知觉到它处于相对静止状态；如果一事物在上一次的光刺激之后停止发出光刺激，经过此时间阈限，在此阈限之后再接着给予视觉神经以光刺激，受众就会感知认为它有一段时间的消失，因为接受不到有关它的视觉信息。

对于静止的表象，大脑记忆倾向于认为它的中间部分不够重要而加以省略。比如受众回忆地上的一块石头，大脑并不会出现关于它的多幅的相同的记忆表象序列，而只会相对于它所处的环境的重要时刻记忆几幅的表象。那么在进行时间性判断时便往往会低估它延续的时间值。同理，对于一变化比较繁复的事物，受众往往会记住它的较多幅的表象信息，同时在对其进行时间性判断时也往往会多估计它时间的持续性。

时间知觉的大脑机制：

针对大脑省略、遗忘的特性，有些人提出时间知觉与回忆到的事件数量间具有正相关性：持续时间的缩短与识记事件的减少相一致。比如受众让"被测试者"在"十一假期"刚刚结束时，以及假期结束一个月后，这两个时间点上对"十一假期"进行回顾，"被试"得到的估计时间是不同的，并且是后者得到的估计时间大大少于前者所得到的值。

那么这个识记事件的数量的性质如何呢，仅仅是事件的个数吗？这里研究者假想一个实验，同一组幻灯片，第一次以固定频率播放，第二次以较高频率播放。实验结果是：一般成年人很容易判断出前一次播放所费的时间更长，因为他们可以对每一幻灯片持续的时间和幻灯片的数量加以综合考虑，而小孩子则大多不理睬幻灯片播放的速度。所以，对回忆的时间估量除了与回忆事件的数量相关，还与每一表象的持续刺激的时间长度相关，至少是有这两个变量的。

但这里同时也出现了个问题，即时间知觉主要的原理应该是在于对事件持续性的衡量，那它的内在器官性机制到底如何呢？研究者设想了一个疲劳模型。

人类大脑会根据事件的性质的变化，即所谓的转折点来对事件整体进行分割，划分为一个一个较小的事件的组合，这样事件就不会因太过巨大而变得很难加以衡量、分析。

一个事件是一组连续的稳定的表象序列，人类大脑之所以认为它是连续绵延的，能够有说服力的、有较确定实验解释的一个说法是在视觉延迟的时间范围内，事件的表象以连续光作用的形式持续不断的刺激视觉神经，从而使视觉神经产生一个连续的兴奋或疲劳。大脑对此进行记忆，在记忆事件表象的同时，还对此兴奋或疲劳的程度进行了记忆存储，即人类的所谓的持续时间被转化为一个神经生理上的兴奋或疲劳度的衡量。当然这只是一种假设的模型的简要说明，但它对于解释一些时间知觉的现象是很有显效的，并且研究者目前还没有相似的更为有效的模型说明，所以有一定价值，并且可以进一步的加以内涵扩展，推论验证。

时间知觉是在人类社会实践中逐步发展起来的。"时间感"是人的适应活动的非常重要的部分。由于年龄、生活经验和职业训练的不同，人与人之间在时间知觉方面存在着明显的差异。某些职业活动的训练会使人形成精确的"时间感"。例如，有经验的运动员能准确地掌握动作的时间节奏，有经验的教师能正确地估计一节课的时间。

时间知觉有时也会出现偏差，一般称其为时间错觉。利用时间错觉，有时可以起到调整心态，提高空间使用绩效的作用。通常人们在等待的时候，时间是很难熬的，人们的心情也会很糟糕。如果能一边等人，一边看书或听音乐，就会发现时间过得很快。这是因为通过看书或听音乐，分散了对时间的注意，实现了对时间由有意注意到无意注意的转移，从而造成了"时间快"的时间错觉。

本章小结

本章首先从受众的感知觉规律与环境空间的认知的关系入手，论述了环境认读与环境识别过程中的心理规律；其次分析了错觉与环境设计的关系；最后论述了阈下知觉、潜意识劝诱与环境设计的关系。

第三章　注意与环境设计吸引

环境空间要给人留下印象或让人识别出来，首先需要引起受众的注意。那么，作为设计师掌握注意的规律、了解什么样的环境设计更易引起受众的注意就很重要。

第一节　注意与注意力经济

一、注意的概念

注意（attention），指心理活动对一定对象的指向和集中。注意分为：无意注意（不随意注意）和有意注意（随意注意）。

注意是伴随着感知觉、记忆、思维、想象等心理过程的一种共同的心理特征。注意有两个基本特征，一个是指向性，是指心理活动有选择的反映一些现象而离开其余对象。二是集中性，是指心理活动停留在被选择对象上的强度或紧张。指向性表现为对出现在同一时间的许多刺激的选择；集中性表现为对干扰刺激的抑制。它的产生及其范围和持续时间取决于外部刺激的特点和人的主观因素。

注意，通常是指选择性注意，即注意是有选择的加工某些刺激而忽视其他刺激的倾向。它是人的感觉（视觉、听觉、味觉等）和知觉（意识、思维等）同时对一定对象的选择指向和集中（对其他因素的排除）。人在注意着什么的时候，总是在感知着、记忆着、思考着、想象着或体验着什么。人在同一时间内不能感知很多对象，只能感知环境中的少数对象。而要获得对事物的清晰、深刻和完整的反映，就需要使心理活动有选择地指向有关的对象。人在清醒的时候，每一瞬间总是注意着某种事物。通常所谓"没有注意"，只不过是对当前所应当指向的事物没有注意，而注意了其他无关的事物。

注意有四大功能即分配、信号检测、搜索和选择，研究人员对这一领域的研究有重要贡献。最基本的三个经典理论是：

1. 过滤器理论

布奈德本特在 1958 年提出，在同一时间可以被注意到的信息量是有限的，如果信息量超过限度，注意过滤器就将选择让一些信息通过，并将另一些信息排斥在注意之外。过滤器模型是一种"全或无（all-or-none）"的模型，这就是说，由于过滤器的作用，来自一个信道的信息由于受到选择而全部通过，来自另一信道的信息由于"闸门"被关掉，就完全丧失了。由于信息的选择取决于刺激物的物理性质，因此，过滤器的位置可能处在信息加工的早期阶段。

布奈德本特的过滤器模型很好地解释了当时的双耳分听实验，因此受到了查理·考林的支持。查理也认为感觉信息可以被非注意耳加以注意，但如果需要根高层次的知觉加工，则不会被非注意耳所注意。但是过滤器模型提出不久，便受到一些研究者的质疑。比如莫瑞就认为即使被试忽视非注意信息的高级层面，比如语义，被试人仍能够经由非注意耳识别到自己的名字，也就是类似于"鸡尾酒会现象"。对于此，过滤器模型显然无法合理解释，布奈德本特将其称为注意的偶然转移。此外，实验所用的材料都是听觉材料，因此信息的选择与过滤只发生在同类性质的材料间。当材料的性质改变，信息输入来自不同的感觉信道时，模型的预测力量就不强了。过滤器模型只是一个单信道模型。

2. 衰减器理论

特瑞斯曼（Treisman）在 1960 年从他给被试做的双耳分听实验中，发现如果被试注意耳与非注意耳对换，那么被试会在新注意耳听到旧信息的几个其实单词，这表明语境会使被试复述本应当忽视的信息。在之后的研究中，他又发现复述信息在非注意信息之前 4.5 秒或者之后 1.5 秒时，被试通常把两个信息看作同一个，也就是说是非注意耳之前信息而不是之后信息更容易被识别。

在衰减理论中，特瑞斯曼将布奈德本特的过滤器的作用从阻止目标以外刺激改变成弱化目标以外的刺激，对于特别强的刺激，衰减效果不足以阻止刺激穿透信号弱化机制。这样便能很好地解释"鸡尾酒会现象"。特瑞斯曼承认在信息的传输信道上存在着某种过滤的装置，它对信息进行选择。但是她认为，过滤器并不是按"全或无"的方式工作的。它既允许信息从受到注意的信道（追随耳）中通过，也允许信息从没有受到注意的信道（非追随耳）中通过。只是后者受到衰减，强度减弱。

衰减作用模型不仅解释了注意的选择机制，而且解释了单词的识别机制，因而在认知心理学中产生了很大的影响。衰减作用模型改进和发展了过滤器模型，它能解释更广泛的实验结果，并对人的行为做出更好的预测。

3. 后选择理论

J Anthony Deutsch 和 Diana Deutsch 在 1963 年提出了选择性注意的后选择理论，他们与 Treisman 的衰减器理论不同之处仅仅在于将信号弱化、阻断的位置放在了识别刺激的意义所需要的知觉加工之后。这一设置，使得人们能够识别进入非注意耳的信息。如果这种信息并不重要，则人们就会将它抛除掉；如果这种信息触动了人们心里的某根弦，那么人们就会记住它。虽然后选择理论与衰减器理论在注意瓶颈的位置上有分歧，但是他们都认为存在这么一种瓶颈，并且它只允许单一信息源的通过。

诺曼在 1968 年也提出，后期选择模型工作方式是：所有的信息都被以平行的方式传送到工作记忆中，由于工作记忆的容量有限，平行传递超越了工作记忆的工作极限，并非所有传送到那儿的信息都被贮存。在工作记忆中，根据材料的重要性做出判断。重要的信息被精细化，从而进入长时记忆；不重要的信息将被遗忘。里维斯在 1970 年的研究中发现，被试者能识别几乎所有情况下的信息，即使信息呈现给非追随耳也是如此。这一实验加强了后选择理论的实证基础。

后选择模型认为，信息的重要性取决于很多方面，不仅取决于内容是否对个人有重大意义，而且与人的觉醒状态有关，如果人处于高的觉醒状态，即使是次要的信息，也会被控制加工。

二、注意力经济

在设计界，通常非常注重对人类的注意规律的应用。有时会应运有意注意规律，而更多的时候会有意识的发觉无意注意的巨大作用。充分利用注意规律对发展社会经济有举足轻重的意义。

第二节　注意的动机与强度

一、注意的动机

刺激源引起注意的最终效果取决于受众自己的心理与当时的情境状态，受众对刺激源的注意的直接动机来自于心理的需求，由于这种需求的不同，就使受众产生了许多不同的态度。被试对刺激源的注意主要动机要从三个方面去分析：其一是在于刺激源能向受众传递一定的信息；其二是刺激源的刺激形式非常独特，比较能引起受众的注意；其三是刺激源能供人们消遣，具有娱乐性。下面将分别讨论这几个功能：

1. 实用性动机

刺激源可以向受众提供事物的价格、名称、品种等信息，使被试能够了解多种情况，从而为其决策活动提供信息支持，因此它具有实用性。一般来说，较长时间或者较详细的刺激源信息可使受众去学习、记忆这种信息，其价值也较高。

2. 刺激性动机

心理学的研究表明，人们在现实生活中，总是在不断地去寻求新的信息，刺激源信息的新颖与刺激性正好满足了受众的这种心理需要。事实证明，那种设计新颖别致，语言优美、形象生动的设计最容易引起受众的注意。

3. 娱乐性动机

刺激源的生命力就在于它不仅丰富了人们的物质生活，而且也为人们的物质生活、精神生活增添了乐趣。一项好的设计可以成为家喻户晓的事物，它可以寓教于乐，而受众对有趣的、娱乐性的信息往往比较感兴趣，总希望在参与、使用、观看等活动中产生快感，得到心理的满足。

二、注意的强度

注意的强度是指注意的稳定程度和强烈程度。目标稳定而思维集中的注意就是强度高的注意。有的注意是很强烈的，非常集中，并带有很强的目的性。有的注意是不经意的，容易转移。

三、影响注意力的十大因素

注意是心理活动对一定事物的指向和集中。注意力是衡量注意程度的指标，包括注意的广度、稳定性、分配和转移的力度。注意力是智力活动的警卫，也是智力活动的组织者和维护者。苏联教育家乌申斯基说过："注意是一扇门，凡是外界进入心灵的东西都要通过它。"

注意是大脑的一种机能，而且受到意识（心理）的调节。因此，应该从生理、心理两方面入手，努力提高受众的注意力。

1. 睡眠与注意力

睡眠在消除体力、脑力的疲劳，增强免疫力、维护心理健康等方面有着不可替代、极为重要的作用。古人云："不觅仙方觅睡方。"睡眠时，大脑生产着思维所必要的生化物质，合成着生长所需要的生长激素。如果没有充足的睡眠，大脑分泌这些物质就受到影响，致使学习能力下降，学习效率降低，记忆力衰退，个子也长不高。

"只有会休息的人才会学习。"换句话说，"把拳头先缩回来，再打出去的时候才有力量！"开夜车、熬夜工作等于拔苗助长，是一种极愚蠢的做法！八小时高质量的睡眠压倒一切！

睡眠建议：晚餐清淡一些，睡前喝杯牛奶，热水烫脚十分钟，午睡半小时左右。

2. 营养与注意力

脑在人体各器官中是最重要和最活跃的器官，虽然大脑只占人体重量的 2%，但消耗的能量却占全身总消耗能量的 20%。学习是一种极其繁重的脑力劳动，注意力集中时大脑处于高度紧张的兴奋状态，需要大量新鲜血液提供足够的营养。因此，只有不断地供给大脑充足的营养，它才能精神饱满地工作；如果大脑营养供应不良，它就会产生疲劳或受到损伤。

饮食建议：应当尽量不吃方便面那样的快餐食品；主食应适量掺入杂粮；尽量做到蔬菜、肉食平衡，不可只偏重一方；少吃动物脂肪，多食用植物油；甜、酸、苦、辣、咸五味平衡，年轻人一般都爱吃甜食，但还要注意吃些苦、咸的食物。

3. 氧气、水与注意力

大脑是全身耗氧量最大的器官，耗氧占人体的四分之一，只有充足的氧气供应才能提高大脑的工作效率，保证良好的注意力。用脑时，特别需要讲究环境中的空气质量。

人的大脑有百分之八十以上的物质是水，当人的大脑在思考、学习时，所有的信息是由大脑的细胞一个接一个地传送，传送是以电流的形式进行，而水便是电流传送的主要媒介。所以，在读书或做功课前，先饮一至两杯清水，会有助于大脑的运作。

相关建议：教室、寝室随时保证良好的通风，切忌蒙头睡觉！

4. 运动与注意力

大脑额叶的发育水平与注意力密切相关，而刺激、增强额叶功能的最有效的办法就是运动，尤其是一些技巧要求较高的球类运动，演奏乐器也是极好的选择。这些活动锻炼了眼、手、脑的协调能力，促进大脑对肢体、意识的控制，能显著提高注意力。这是一种"以动治动"的方法。

严重的注意力不集中（确实是无法集中）在医学上称为"注意缺陷多动障碍"，往往需要进行"感觉统合训练"，事实上也就是综合运动治疗，实践证明是非常有效的。

现代体育心理学研究表明，经常运动不仅可以强身健体，促进大脑发育，还有利于形成良好的自我意识，增强自我效能感，培养健全人格。同时，体育锻炼还可以改善情绪状态，促进睡眠，维护心理健康。在美国，80%的心理医生认为，运动是治疗与缓解抑郁、焦虑等心理障碍的最安全、最有效的手段。

运动带给人类的益处妙不可言。相关建议：课间休息、放学、放假等时间的首选娱乐方式：运动，运动，还是运动！女生尤其要加强运动。

5. 学习动机与注意力

学习动机是指直接发动与维持学生进行学习的内部动力，是个人的一种学习的需要，是推动学习活动的动力。有正确的学习动机才能把注意力集中到学习上。

注意的规律告诉研究者：目的越明确，动机越强烈，意义越清楚，注意就会越稳定、越集中。比如，让一个人去听报告，并要求他听过之后回来传达，那么他听报告的时候，注意力一定非常集中和稳定。如果只是让他去听，而没有附加什么任务，他注意的效果一定不如前一种情况好。可见活动的目的、任务明确与否，对注意的影响是很大的。学生的学习也是一样，远大的理想、良好的动机、明确的任务、具体的学习计划和进度，会形成一定的紧迫感，这种紧迫感能够使学生把注意力稳定在听课、做作业、复习等活动中，长时间地坚持学习。

学习是人们实现自己的理想、获取生存能力的唯一途径。

树立动机建议：设定中等难度的学习目标，即通过努力可以实现的目标，这样可以使学生从学习中体验到自己的能力、价值，从而激发学习动机。过易的目标不足以满足学生的成就感，不足以激发动机；难以实现的目标容易使学生畏缩、泄气。

6. 兴趣与注意力

兴趣是人们积极认识某种事物或关心某种活动的心理倾向。一个对某一学科产生强烈而稳定兴趣的学生，就会把这门学科作为自己的主攻目标，就会产生强大的学习动力，从而维持持久、集中的注意力，大大地提高学习效率。

人们在看电视或看表演时总是全神贯注，目不转睛。这是因为人们对活动的丰富内容直接感兴趣的缘故。青少年所学习的各门学科内容都是很丰富的，只要对它们有了深入的了解，就会产生喜爱这些知识的感情，学习起来自然就会保持良好的注意力。

兴趣培养建议：心理学家们研究和倡导一种叫作"满怀兴趣学习"的方法，旨在使那些厌恶某门学科的学生建立起对这门学科的学习兴趣，实验证明还是比较有效的。具体做法是：选择你不感兴趣的学科，坐下来充满信心地想象——这门学科是非常有趣的，我从今天起要好好学习这门课程，在这门课中我一定能获得无穷的乐趣。坚持几周以后，就会有所收获。

7. 思考与注意力

在人的智力活动中，注意稳定和集中的状况与思维的活跃程度成正相关，许多科学家在工作中忘我地思考，注意力的稳定和集中是超水平的。牛顿煮表、陈景润撞树的逸事听起来好笑，实际上正是他们把注意高度集中于所思考问题上的最好说明，也正是他们在思考问题、研究问题时专心的品质才使他们在科学领域做出了杰出的贡献。

关于思考的建议：哲人说："理性的沉思是人类最大的快乐!"

8. 意志与注意力

注意最大的敌人是分心。在学习中，外界的干扰和内心的走神随时都可能发生，这时要靠坚强的意志来抵抗注意力的分散。

首先，当注意力集中出现困难时，可以用自己的内部语言，如"我一定要坚持，一定要集中注意"来强化自己。其次，还可以用"下决心"的方法，在学习一开始的时候，就下定决心，勉励自己专心致志，勤奋学习。这样就给了自己一个暗示，即使在学习中遇到困难也会设法克服。第三，运用多种感官参与学习活动，听课时边听、边想、边记笔记，阅读时眼看、口读、手写、耳听。这些积极的活动，有利于维护注意，是保持注意的重要条件。第四，养成注意的习惯。活动开始就立即提醒自己集中注意于活动对象；活动中运用意志迫使自己始终保持高度注意。

意志培养建议：多进行负强化练习，当学习分心时，可以给自己一个厌恶的刺激，如在胳膊上掐一下。

9. 音乐与注意力

现代生理学研究发现，音乐作为一种有规律的机械波，经听觉感受器转换成神经冲动传人大脑，会促进大脑分泌有利健康的激素，促使脑电波转化为可使心情放松的 d 波。思维活动主要由左脑完成，过重的学业负担容易造成大脑左半球超负荷运转，人只有使左右半脑均衡发展，综合使用，大脑的总效率才会成倍递增。而音乐具有开发右脑潜力、调整大脑两个半球活动的功能，被喻为"大脑的按摩师"。

相关建议：常听一些舒缓、优美的古典音乐，可以有效地集中注意力。

10. 交替用脑与注意力

心理学研究表明，注意力不可能以同样的强度维持 25 分钟以上。因此，学习中的短暂放松，如深呼吸、按摩太阳穴等非常有价值。另外，文理科内容交替学习、动静结合、脑体交替，对于提高注意力同样具有重要的意义。

第三节　注意的选择性

一、注意力限制

人类的注意力受到自身条件的诸多限制。比如，人类一般每次只能把视线集中在一个物体上，听觉也会自动屏蔽掉一些背景声音，而把注意集中熟悉的声音上。注意力的集中时长也是有限制的。随着人类年龄的增长，注意力也有不同的变化。3 岁儿童的注意力只能集中20 分钟左右，成年人则可以很长时间集中注意力。但到了老年，注意力又不容易集中了。

二、注意的选择

选择性注意（selective attention）是指在外界诸多刺激中，仅仅注意到某些刺激或刺激的某些方面，而忽略了其他刺激。就某种意义来说，注意（attention）一词本身具有选择性意义，因而这个词就是多余的了。不过，它的合成形式仍常被使用，用于强调。

人的感官每时每刻都可能接受大量的刺激，而知觉并不是对所有的刺激都作出反应。知觉的选择性保留保证了人们能够把注意力集中到重要的刺激或刺激的重要方面，排除次要的刺激的干扰，更有效地感知和适应外界环境。

问题的提出。人们对于心理学中注意问题的研究已经有很长一段时间了，主要集中在注意的选择性作用是发生在知觉的早期还是发生在知觉的晚期这一问题上的。多年以来，人们对这一问题的看法一直不能达成一致。到目前为止，在心理学界，人们对这些问题的认识仍存在分歧。目前，研究者对于加工瓶颈的位置存在于加工的早期还是后期还有争执，近些年又有很多心理学实验研究支持早期选择理论，特别是 Luck 在 1998 年的综述中提出了相关的神经生理学实验依据作为支持早期选择理论的证据。但是同时也有一些研究的结论认为注意的选择性发生在知觉的晚期。

三、影响注意选择的因素

（1）刺激物本身的特征，包括环境刺激的强度、新异性、对比度、活动性及所处位置。

（2）受众的主观状态，包括受众对环境空间的需要、兴趣、态度以及当时的情绪状态和知识经验，等等。

四、对环境设计的理解、误解与误导

在环境设计方面，经常利用注意规律，有利于促进受众对环境空间的理解。比如：幼儿园通常设计出一面具有童趣图案和绚烂色彩的外墙，一边引起受众的注意。但有些时候，也会因为注意规律运用不当，而出现一些对环境空间的误解与误导。比如：城市公园中的巨型雕塑，无论是具象的，还是抽象的，都会让人误以为是城市的象征或主题。事实上，这些雕塑本身的设计师设计的初衷可能是设计优美的雕塑造型而不是强调它的意义。

第四节　引起注意的环境设计策略

无意注意是注意的初级形式。不仅人有，动物也有。在个体的发展过程中，最初产生的是无意注意，然后才产生有意注意。

一、引起受众无意注意的原因

引起无意注意的原因来自两个方面：刺激物的特点和人的内部状态，这两方面的原因是密切联系的。

1. 刺激物的特点

（1）刺激物的强度。

任何相对强烈的刺激，例如，强烈的光线、巨大的声响和浓郁的气味都会使人们不由自主地加以注意。就刺激物的强度而言，固然强烈的刺激物能引起人们的注意，但是刺激物的相对强度在引起无意注意时更具有重要的意义。所谓刺激物的相对强度，是指这个刺激物与其他刺激物的强度相对比较而言。一个强烈的刺激物如果在其他强烈刺激物构成的背景上出现，就可能不会引起人们的注意；相反，一个不甚强烈的刺激物，如果在没有其他刺激物的背景上出现，则可能引起人们的注意。例如，在喧嚣的地方，甚至很大的声音也不会使人们注意，而在寂静的夜晚，轻微的耳语声，也能引起人们的注意。

（2）刺激物之间的对比关系。

刺激物之间的强度、形状、大小、颜色或持续时间等方面的差别特别显著，特别突出，就容易引起人的无意注意。例如，孩子群中站一个大人，万绿丛中一点红，会很容易引起他人的注意。

（3）刺激物的活动和变化。

活动的刺激物、变化的刺激物比不活动、无变化的刺激物容易引起人们的注意。例如，大街上的红绿霓虹灯有规则地一亮一灭，很容易引起行人的注意。

（4）刺激物的新异性。

新异性时引起无意注意的一个重要原因。习惯化刺激就不易引起人们的注意。所谓好奇心，就是人们对新异刺激的注意和探求。

在环境设计领域，几乎所有的造型元素都属于刺激物的范畴。无论是场所的形体、结构、材质、色彩、还是光影都属于刺激物。任何一项处理得当都可以吸引环境受众的无意注意。比如北京的奥运场馆"鸟巢"，就是以它新奇的钢结构和巨大的体量赢得受众的注意；而巴西里约热内卢的基督雕像则是因它巨大的体量和醒目的位置引起人们注意的。

2. 人的内部状态

引起无意注意的另一类原因是外部刺激物符合人们的内部状态。包括：

需要和兴趣——凡是能满足一个人的需要和兴趣的事物，都容易成为无意注意的对象，因为这些事物对他具有重要的意义。例如，人们天天看报，所注意的消息往往有所不同，从事文教工作的人，总是更多地注意文教方面的报导；从事体育工作的人，总是更多地注意体育方面的新闻。

情绪状态——凡能激起某种情绪的刺激物都容易引起人们的注意。此外，当一个人心胸开朗，心情愉快，平常不太容易引起注意的事物，这时也很容易引起他的注意；当一个人无精打采或过于疲劳时，平常容易引起注意的事物，这时也不会引起他的注意。

知识经验——个人已有的知识经验对保持注意有着巨大的意义。新异刺激物容易引起无意注意，但要保持这种注意则与一个人的知识经验密切相关。因为新异刺激物固然能引起人们不由自主的注意，但如果人对它一点也不理解，即使能一时引起注意，也会很快失效。如果人对新异的刺激物有一些理解，但又不完全理解，为了求得进一步的理解，就能长时间地注意它。

二、引起受众有意注意的原因

有意注意是人所特有的一种心理现象，它是有目的，具有一定意志努力的注意，在实际的教学中组织好学生的注意是教学成功的一个重要条件。

有意注意或随意注意是自觉的、有预定目的的注意。在有意注意时往往需要一定的努力，人要积极主动地去观察某种事物或完成某种任务。

例如青年工人在开始学习机床操作的时候，对于操作过程还不熟悉，稍不注意就会出废品或发生事故，他们要集中注意进行操作，特别是在容易发生错误的地方更要密切地注意，甚至要克服一定的困难来使注意指向和集中于当前的工作。有意注意常常服从于活动的任务。人自觉地提出的任务，决定着在进行活动的时候要区分出哪些对象和现象，以及它们的哪些方面、特点和性质，也就是决定着在这种情况下要注意些什么。人的这种有意地集中和保持注意的能力，是在劳动过程中发展起来的。如果没有这种能力，要实现持久与有组织的劳动活动应把自己的注意有意地集中和保持在这些作业上面。一个优秀的工作者，是能始终把自己的注意集中于工作对象上的人。

有意注意的引起与保持主要依靠以下几种方式：

1. 明确目的任务

有意注意是由目的、任务来决定的，目的越明确、越具体，对完成目的、任务的意义理解越深刻，完成任务的愿望越强烈，就越能引起和保持有意注意。

2. 组织有关活动

在明确目的任务的前提下，合理地组织能引起注意的有关活动，有利于有意注意的维持。如提出需要思维活动参与的问题，提出加强注意的自我要求，尽可能地把智力活动与实际活动（如实验操作、技能练习）密切结合起来等，这些将有助于维持学生持久的注意。

3. 激发间接兴趣

间接兴趣是引起和保持有意注意的重要条件之一。所谓间接兴趣，是指对活动本身和过程暂无兴趣，但对活动的意义和最后获得的结果有很大兴趣。例如，学习外语这一活动往往使人感到单调、枯燥，但当学习者认识到掌握外语这一工具后，可以借鉴国外的科学技术，为自己今后的职业发展打好基础，就对学习外语产生了间接兴趣。这一间接兴趣，能维持人们稳定而持久的注意。

4. 用意志力排除各种干扰

有意注意是与排除干扰相联系的。干扰可能是外部的刺激物，如分散注意的声音和光线等；也可能是机体自身的某种状态，如人的疾病、疲倦、无关思想和情绪的影响。为此，研究者要采取一定的措施排除这些干扰。除了事先去掉一切可能妨碍工作或学习的因素，创造良好的工作或学习环境外，更重要的是用坚强的意志同一切干扰作斗争，要努力培养和锻炼自己在任何干扰情况下进行工作和学习的自制能力。

三、环境受众的有意注意与场所特性

所谓的场所特性（site features），是指环境空间因为使用功能与各项条件不同而包含着不同的特征与需求。比如：西餐厅对于受众来说，就有一些约定俗成的特性：欧式风格或主题、西化的礼仪与就餐形式、时尚感，光亮等等。茶楼包含着以下场所特性：中式风格或主题、中式的家具与陈设、传统审美、怀旧感等等。而现代博物馆的场所特性是具有现代感、空间开阔与高大、线条流畅、照明良好、文化氛围浓郁等。环境受众在选择场所时内心是有所期待的。这种期待与约定俗成的一些场所特性是完全一致的。环境设计师在专业学习时的第一要务就是掌握各类环境空间的场所特性。而且，环境设计师在设计过程中，对于场所特性必须运用得当，必须与受众的心理需求相适应，唯有如此，才能使受众满意。

本章小结

本章首先解释了注意与注意力经济的概念，阐述了它们对于环境设计的重要性；然后对注意的特点与影响因子进行了分析和阐述；最后探讨了引起注意的环境设计策略。

第四章 记忆与环境设计强化

人类感知过的事情、思考过的问题、体验过的情感、从事过的活动都会在人们头脑中留下不同程度的印象，这就是记忆。记忆是在头脑中保存个体经验的心理过程。

记忆过程可以分为三个主要环节：编码、存储、提取。

编码是将从感觉器官获得的信息转换成合适存储的形式。

存储是将转换好的信息保存起来。记忆的存储过程并不是简单地将信息保存起来，它还是一个"整合分析"的过程，即将信息和受众已有的知识经验联系起来，以利于受众牢固地记住信息和以后顺利地提取信息。

提取是从大脑中将以前存储的信息提取出来。

当人们在努力回忆一件事情或一个词的时候，常会感觉这个要回忆的东西马上就要想起来了，却怎么也想不起来。在这种情况下，人们便会应用各种方法去回忆要回忆的东西，比如受众会重构当时的情境、寻找回忆的原因以及各种和要回忆的东西有关的线索。这种体验可以帮助受众了解信息在记忆中是如何存储的。

第一节 受众的认知学习

一、学习的本质

1. 学习是个体生存的必要手段

动物和人的生活都离不开学习。学习是动物和人与环境保持平衡、维持生存和发展所必需的条件，也是适应环境的手段。学习过程自始至终都与记忆规律紧密相关。学习的过程就是不断记忆、克服遗忘并加强记忆的过程。

动物要在后天环境中求得生存和种群延续，首先要依靠先天遗传的种群本能行为，但这种先天本能只能适应相对固定或变化较小而缓慢的外界环境。动物和人为了生存下去，还必须通过学习获得个体经验。一旦动物和人通过后天习得行为经验便可适应相对迅速的变化，与先天本能相比，其意义显然要重要得多。譬如，一只小羊羔通过不断地向羊妈妈学习，知道了哪里可以寻找到丰富的食物，知道了怎样躲避狼的追捕。如果小羊不学习，就不能适应不断变化的外界环境，也就无法生存下去。然而，学习对个体生活的作用和重要性的程度，在各种动物之间的差异很大。越高等的动物，生活的方式越复杂，本能行为的作用也越小，学习的重要性就越明显。低等动物习得的行为很少，获得的速度也很慢，学习对其生活可以说不起什么作用。例如原生动物刚出生不久，其一生中的大部分动作就已出现了，后天所需要的反应也已大都具备。它们学习的能力很弱，保持经验的时间也很短，因而学习的结果对它们生活的作用是很小的。人是最高等的动物，生活方式极为复杂，固定不变的本能行为较少。人类行为的绝大部分是后天习得的，学习的能力以及学习在人类个体生活中的作用也就必然是最大的。人类婴儿与初生的动物相比，相对来说，独立能力弱，天生的适应能力也弱。可以说，离开父母的养育，婴儿是无法生存下去的。但是人类却有动物不可比拟的学习能力，可以迅速而广泛地通过学习适应环境。例如，种植谷物，获取粮食，靠的是学习；战胜毒蛇猛兽等天敌，对付可怕的瘟疫，以免于被消灭，靠的也是学习。总体来看，人和自然界的其他动物，如狮子、老虎甚至麻雀相比，很多方面都处于劣势，人能够成为万物之灵，靠的是学习。1972 年联合国教科文组织国际教育发展委员会发表了著名的研究报告，题为《学会生存》，就把学习同生存直接联系在一起，可见学习对人类生存的重要性。

2. 学习可以促进人的成熟

随着年龄的增长，人的生理和心理会逐渐成熟，但成熟并不是完全脱离环境和学习影响的纯自然过程。学习对成熟的影响作用，首先得到了动物心理研究的支持。近二三十年以来，许多心理学家通过实验研究发现，环境丰富程度可以影响动物，尤其是初生动物感官的发育和成熟度，也会影响大脑的重量、结构和化学成分，从而影响其智力的发展。早期的学习、训练以及相应的文化环境，对人的感觉器官和大脑等机体功能的发展是有着一定影响的。据此，对儿童的帮助，要以其成熟程度为依据，又绝不能等待成熟。应该在合适的"生长点"上将恰当的学习内容、合理的训练方法和教育方式结合运用，促进其生理和心理的成熟。

3. 学习可以提高人的素质

学习可以提高人的文化修养。人类在社会历史发展过程中创造了大量的物质文化与精神文化。特别是精神文化，如文学、艺术、教育、科学等方面的成果尤其需要人们通过学习去获得，以提高自己的文化素养。缺乏一定文化素养的人不能算是真正健全的人，现代社会的新型人才必须是具有较高文化素养的人。 学习可以优化人的心理素质。一个现代社会的新型人才，应该具备诸多方面的良好心理素质，如高尚的品德、超凡的气质、敬业的精神、目标专一的性格，以及坚忍不拔的意志，等等。这些都可以通过学习来达到。正如萨克雷所言："读书能够净化灵魂，强化人格，激发人们的美好志向，能够使人增长才智和陶冶心灵。"

4. 学习是文明延续和发展的桥梁和纽带

美国著名民族学家、原始社会历史学家摩尔根认为，人类社会的历史可概括为三个时代，即蒙昧时代，野蛮时代和文明时代。在蒙昧时代，人类世代相沿地生活在热带或亚热带的森林中，以野生果实、植物根茎为食，还有少部分栖居在树上。随着地壳的变化和气候的改变，人类不得不从树上移居地面，学会了食用鱼类、使用火、打制石器、使用弓箭、磨制石器等生存的本领，并世代相袭。到了野蛮时代，人类又学会了制陶术、动物的驯养繁殖和植物的种植。这一时代的后期，人类还学会了铁矿的冶炼技术，并发明了文字，从而使人类历史过渡到文明时代。由此看来，人类文明的延续和发展，就如同一场规模宏大而旷日持久的接力赛：前代人通过劳动和生活获得维持生存和发展的经验，不断总结，不断积累，不断提高，形成知识和技能，传给后人；后辈人在学习前人经验的基础上，进行进一步丰富和提高，以适应时代与环境的变迁。如此代代传递，便形成了一部人类文明延续发展的历史。显而易见，野蛮时代的人类如果不世代相袭地向先辈学习使用火，就只能像自己的祖先一样过着茹毛饮血的生活；文明时代的人类如果不世代相袭地向先辈学习畜牧业和农业，也只能像自己的远祖一样靠现成的天然产物为食。另外值得注意的是，由于人类文明在一定意义上存在加速发展的趋势，所以学习活动对人类社会的作用更加明显。18世纪的技术革命以蒸汽机的出现为标志。那时，格里沃斯、纽可门、瓦特等革新能手，通过学习，掌握物理学、机械学等知识，以及设计、制造、试验等过程，最终发明了蒸汽机。19世纪的技术革命是以电力为标志。而这一新生产力的创造是无数人学习、创造的结晶。德国赫兹发现电生磁，法拉第发现磁生电，建立电磁感应定律；麦克斯韦建立电磁理论、麦克斯韦方程；西门子发明发电机；德普勒研制出高压输电技术等，从而促使人类进入电力时代。21世纪以电子计算机、原子能、空间技术为标志的新技术革命，又一次证明学习是巨大的促进力。在这个信息时代，研究者只要考虑一下这个事实：以极便宜的价格买到性能优良的个人电脑，自由地在网上漫游，不出门便立刻知晓天下事，就不能不惊诧于科学技术给现实生活带来的巨大变化，不能不心悦诚服地承认学习对人类文明与社会进步的重要作用。

二、学习的一般特点

学习过程是一种认识或认知过程，学生在学习过程中认识世界，丰富自己，发展自己，并引起其德、智、体、美、劳诸方面结构的变革。作为特殊的认知或认识活动的学习有下列几个基本特点。

1. 在学习过程中，认知或认识活动要越过直接经验的阶段

在学习中，学生以学习间接经验为主，他们往往不受时间和空间的限制，越过直接经验这一阶段，较迅速而直接地把从人类极为丰富的知识宝藏中提炼出来的最基本的东西学到手。这就是学生的学习过程区别于人类一般认识活动或认识过程的特殊本质。

2. 学习是一种在他人指导下的认知或认识活动

学生的学习是通过教学活动来实现的。教与学是一种双边活动，教是为了学，学则需要教，二者互为条件，互相依存。因此，学生的学习离不开教师，教师的教主要是一个传授知识的过程，是把人类社会长期积累起来的知识，根据社会的需要传授给学生。在学习过程中，人类的认知或认识活动受着设计师的教授活动的制约。

3. 人类的学习过程是一种运用学习策略的活动

在学校里，人类最主要的学习是学会学习，最有效的知识是自我控制的知识。要学会学习，就需要事先解决学习策略的问题。

所谓学习策略，是指在学习活动中，为达到一定的学习目标而学会学习的规则、方法和技巧，是一种在学习活动中思考问题的操作过程，是认识（或认知）策略在人类学习中的一种表现形式。

4. 学习动机是人类学习或认知活动的动力

人类的学习活动由各种不同的动力因素组成，由整个动机系统引起，其心理因素首先是需要及其表现形态，诸如兴趣、爱好、理想、信念等，其次是情感因素等，除此之外，还要有满足这种需要的学习目标，两者一起成为学习动机的重要构成因素。

5. 学习过程是人类获得知识经验，形成技能技巧，发展智力能力，提高思想品质水平的过程

综上所述，人类的学习过程就其本质而言，和人类一般认识过程是一致的，是人类认识活动总过程中的一个环节和阶段，但是，这种学习过程与一般认知或认识过程又是有区别的，是一般认识过程的一种特殊形式。

三、设计专业学习的特殊性

设计专业相对于其他专业有自身的特点。在设计专业学习的过程中，记忆与遗忘规律也会起作用，但只要掌握了设计专业的学习规律，就能事半功倍。

1. 设计是一种科学与艺术相结合的工作

设计专业学习既要学习自然与社会科学的知识内容，也要学习艺术创作方面的内容。因此，不仅要掌握科学学习的规律，也要掌握艺术创作的学习规律。比如：学习环境设计，既要学习建筑科学的知识，也要学习绘画、雕塑等艺术创作。

2. 设计是一种理性与感性相结合的工作

它要求设计师既要有严谨的理性分析思维，也要有随意想象的感性体验。在学习设计的过程中，要掌握好运用理性思维与感性思维的时机与分寸。

3. 学习设计的过程本质上是一种学习创造的过程

创造力的培养在整个学习过程中是最为重要的任务。创新思维与创造技能是创造力的两个主要方面。设计师要有意识地训练自己的创新思维，并积极锻炼创造技能。创新思维的训练方法有很多，最著名的是发散性思维训练。发散性思维是创新思维的核心，有研究表明：发散性思维水平高的人创造力较强。

第二节 环境受众的记忆特点

一、记忆的分类方式

记忆有多种分类方式：

（1）根据记忆的用途可以把记忆分为：程序性记忆和陈述性记忆。程序性记忆是对各种技能，即如何做事情的记忆。这些技能包括知觉技能、认知技能、运动技能。这类记忆往往需要通过多次练习才能逐渐获得，但它的提取一般不需要意识的参与。陈述性记忆是对事实和事件的记忆。人类平时学习的各种科学知识和日常生活常识都属于陈述性知识。它可以通过言语形式一次性获得，它的提取往往需要意识的参与。

（2）根据信息保持时间的长短可以把记忆分为：感觉记忆、短时记忆和长时记忆。

① 感觉记忆。

感觉记忆是信息处理的开始阶段。感觉器官获得信息之后，这些感觉信息会保留极短的时间（一般不超过 1 秒），这种保留时间极端的记忆就是感觉记忆。感觉记忆只停留在感官层面，如不加注意，立刻就会消失。

② 短时记忆.

短时记忆（short-term memory）简称"STM"，也称工作记忆，是信息加工系统的核心。短时记忆的信息编码以听觉编码为主，也存在视觉编码和语义编码。

在短时记忆中，对刺激信息主要以听觉形式进行编码和储存，即使刺激信息以视觉方式呈现，个体对视觉刺激进行加工处理时也会把它们转换成听觉代码，那时记忆中会存在形—音转换的现象，视觉信息会以声音形式进行加工，然后存储。

在短时记忆的最初阶段，存在视觉编码过程，然后才向听觉编码过渡。

短时记忆的提取指的是把短时记忆中的刺激信息回忆出来，或当该刺激再现时能够再认。

短时记忆的特征：

第一个特征：容量有限。短时记忆的容量又称为短时记忆广度，指彼此无关事物短暂呈现后能记住的最大数量。美国心理学家 Miller 有关短时记忆容量的研究表明，保持在短时记忆的刺激项目大约为 7 个，人的短时记忆广度为 7±2 个组块。短时记忆广度与识记材料的性质和个体对识记材料的加工程度存在内在联系。组块能够有效地扩大短时记忆的容量。组块是短时记忆容量的信息单位，指将若干单个刺激联合成有意义、较大信息单位的加工过程，即对刺激信息的再编码。例如，要记住 2824714932 这样一个电话号码，若把它分成 28（局号）、2471（总机号）和 4932（分机号）3 组，就能减轻记忆的负担，扩大记忆的容量。

第二个特征：时间短暂。短时记忆的保持时间在无复述的情况下只有 5～20 秒，最长也不超过 1 分钟。

复述是指通过语言重复刚刚识记的材料，以巩固记忆的心理操作过程。在有复述的情况下，保持在短时记忆中的学习材料会向长时记忆转移。

实验表明，学习任何材料以后，若使用分心技术干扰复述的进行，短时记忆的遗忘就会迅速发生。1959 年，彼得森夫妇让被试识记三辅音连串后立即对某 3 位数进行"倒减 3"的出声运算，如 309-3=306，要求每秒钟减出 1 个数，以干扰被试的复述。结果发现，间隔 6 秒，有 68% 的被试不能回忆，间隔 18 秒，则有将近 90% 的被试不能回忆起三辅音连串。默多克不仅用三辅音连串，还用三词组合作为实验材料，用上述方法做过验，也得到了相同的结果。

复述分为保持性复述和精细复述。前者又称简单复述和机械复述。后者又称整合性复述，它使短时记忆中的信息得到进一步加工和组织，使之与个体已有的知识建立联系，从而使信息转入长时记忆中。

③ 长时记忆。

长时记忆是指永久性的信息存贮，一般能保持多年甚至终身。

它的信息主要来自短时记忆阶段加以复述的内容，也有由于印象深刻一次形成的。长时记忆的容量似乎是无限的，它的信息是以有组织的状态被贮存起来的。有词语和表象两种信息组织方式，即言语编码和表象编码。言语编码是通过词来加工信息，按意义、语法关系、系统分类等方法把言语材料组成组块，以帮助记忆。表象编码是利用视形象、声音、味觉和触觉形象组织材料来帮助记忆。依照所贮存的信息类型还可将长时记忆分为情景记忆和语义记忆。

情景记忆接受和贮存关于个人的特定时间的情景或事件及这些事件的时空联系的信息。语义记忆是有关字词或其他语言符号、其意义和指代物、它们之间的联系，以及有关规则、公式和操纵这些符号、概念和关系的算法的有关内容。神经细胞电活动也可更进一步地促使某些特定的功能分子发生变化；这些在结构组成上的特定变化被维持下来，就可形成长时记忆。

长时记忆指能保持许多年甚至终身的永久性记忆。它的容量似乎无限，但也有人认为它的范围是 5 万到 10 万个组块。长时记忆的信息主要是对短时记忆内容加以复述而来的，也有由于印象深刻一次性形成的。

自 19 世纪末期艾宾浩斯开始记忆实验以来，大多数心理学家对记忆的研究都是有关长时记忆的，研究的课题主要集中在长时记忆中信息的组织和遗忘的规律方面。

过去，人们一直认为长时记忆的信息是以联想的方式组织的。20 世纪 30 年代，巴特利特提出了"图式"的概念。他认为识记是把新材料整合到个人的图式中，即组织进个人的知识经验中，这样新材料就进入了记忆的存储系统。20 世纪 50 年代，研究者发现人们学习排列不规则的词表后，回忆时往往要加以分类的现象，因而认为组合依赖于概念的分类。20 世纪 70 年代，托尔文提出语义记忆和情景记忆两种长时记忆系统，认为它们之间存在着差异。语义记忆存储的信息是词、概念、规律，以一般知识作参考系，具有概括性，不依赖于时间、地点和条件，不易受外界因素干扰，比较稳定。情景记忆存储的信息是以亲身的经历作参考系，因此是一时性的，时空上有限定条件，容易受各种因素的干扰。

长时记忆的信息分类：

存储在长时记忆中的信息可分为词语和表象两类，有两种信息组织方式：言语编码和表象编码。言语编码是通过词加工信息，按意义、语法关系、系统分类等方法把言语材料组成"组块"，帮助记忆。表象编码是利用视觉形象、声音、味觉和触觉形象组织材料，帮助记忆。两种编码方式各有其特点。一般认为大脑两半球是分工的。左脑管语言、右脑管表象。一般人在长时记忆中，对信息的编码往往是将两种方式结合起来，互相补充，但也存在个体差异，有人偏于这一种方式编码，有人偏于另一种方式编码。

长时记忆的提取：

长时记忆信息的提取有两种形式：回忆和再认。这两种形式提取信息都需要运用一定的策略，即依靠一定的线索和选择一定的中介。在这方面有两种看法：一种是搜寻理论，认为信息的提取是根据信息的意义、系统等来搜寻记忆痕迹，使痕迹活跃起来，回忆出有关的项目；另一种是重建理论，认为记忆是一种主动的过程，存储起来的不是成熟的记忆，而是一些元素或成分，回忆就是把过去认知成分汇集成完整的事物。人们认为这两种理论并不矛盾，适合于不同的编码方式。搜寻理论可能适合于表象记忆，重建理论则适合于言语记忆。

关于长时记忆中的遗忘，艾宾浩斯对随时间进展所引起的保持丧失的现象进行了数量化研究。中国心理学家陆志韦等人发现：刚学完不能及时回忆的材料，经过一段时间后在记忆中又呈现出来了。这种现象称为记忆的恢复。因此，人们认为长时记忆的遗忘与感觉记忆和短时记忆的遗忘在机制上有所不同，可能不是痕迹消退的结果，而主要是由于前摄抑制和倒摄抑制的干扰，使信息提取发生了困难。

人类记忆的过程有两种形式：再现和再认。再现是指识记过的事物不在面前时能将其回想出来。再认是指曾经看过的事物再次出现时，可以辨认出来。

人类记忆的内容，主要包括形象记忆、逻辑记忆、情绪记忆和动作记忆。形象记忆是指以感知过的事物形象为内容的记忆；逻辑记忆是指以概念、判断、推理为内容的记忆；情绪记忆是指以体验过的某种情绪和情感为内容的记忆；动作记忆是指以做过的运动和动作为内容的记忆。

二、记忆与遗忘

记忆在持续的时间上区别很大。短时记忆在头脑中保持的时间一般不超过 1 分钟。遗忘的进程是先快后慢，受许多因素的制约。这些因素包括：识记材料的意义和作用、识记材料的性质、识记材料的数量、学习程度和识记方法等等。在分析这些因素的基础上，形成增强记忆的心理学方法和策略，在环境设计中有着重要的参考价值。

三、环境空间的受众记忆特点

1. 人类对于环境空间的记忆基本遵循了记忆的一般规律

首先，受众会对环境空间形成感觉记忆，之后主动进行识记，形成短时记忆，之后进行存储并形成长时记忆。在此规程中，遗忘规律也会发生作用。环境受众只对那些让其印象深刻的空间产生长时记忆。

2. 受众产生深刻印象有两个方面的原因

（1）生理上的记忆特点明显。环境空间对受众身体上的刺激较强激烈，从而导致身体的记忆深刻。比如：极冷的冰窖和极热的熔铁车间都让人记忆深刻，就是因为它们的温度给人的皮肤以强烈刺激。

（2）心理上的感受强烈，促使受众难以忘怀。比如：宏伟的教堂与神秘的庙宇给人以强烈的心理暗示，环境受众的内心体验较深刻，因此记忆较深刻。有的空间感受甚至让受众终生难忘。

第三节 环境的记忆过程

一、环境与空间的识记

1. 环境空间的记忆类型

设计师对环境的识记与受众对环境的识记有相同之处，也有不同之处。对于设计师来说，环境与场所除了是一种形象记忆，还是一种逻辑记忆。而对于受众来说，环境与场所的记忆类型，更多的是一种以事物形象为内容的形象记忆，有时还伴有一些情绪记忆和动作记忆的内容。

2. 环境空间的记忆编码

环境空间记忆的编码：就是设计师和受众对外界输入大脑的信息进行加工转化的过程，在整个记忆系统中，编码有不同的层次或水平，而且以不同的形式存在着。

根据 Ericsson 和 Kintsch（1995）的研究，拥有特殊记忆才能的关键要素是："被试必须把编码信息与恰当的线索联系起来。这种联系允许被试以后激活某一特定的提取线索，从而部分地恢复编码时的条件以便从长时记忆中提取合乎要求的信息。"他们还提出，要想获得很高的记忆技能，必须满足以下三个条件：一是意义编码（meaning encoding），即信息应该在意义层面上加工，把信息和存储的知识联系起来；二是提取结构（retrieval structure），即线索应该与信息一起存储以利于其后的提取；三是加速（speed-up），即广泛练习以使编码和提取中所涉及的加工过程越来越快，直至达到自动化的程度。通过这一理论范式，人们相信，超常的记忆技能是可以期待和达到的。

由此可见，环境设计师可以从以下几个方面来促进自身和受众对环境空间的有效识记。

（1）赋予空间与意义，比如强调空间的功能意义、空间形象的象征意义、空间色彩的美学意义等等。比如：哥特式教堂的空间就被赋予了崇高的、神圣的宗教意义；天安门广场被赋予了国家的荣誉、人民的情感寄托等重大意义。

（2）加强存储的空间信息之间的关联性。环境设计师可以充分运用知觉方面的规律来提高记忆信息的关联性。在这些规律中，格式塔心理学的相关理论因其简练性和易操作性而受到设计师们的大力推崇。环境设计师也经常运用格式塔心理学中的组织原则来组织空间信息。格式塔心理学中的组织原则包括以下几条：

第一条：图形与背景。在具有一定配置的场内，有些对象突现出来形成图形，有些对象退居到衬托地位而成为背景。一般说来，图形与背景的区分度越大，图形就越可突出而成为受众的知觉对象。例如，人们在寂静中比较容易听到清脆的钟声，在绿叶中比较容易发现红花。反之，图形与背景的区分度越小，就越是难以把图形与背景分开。要使图形成为知觉的对象，其不仅要具备突出的特点，而且应具有明确的轮廓。明暗度和统一性。需要指出的是，这些特征不是物理刺激物的特性，而是心理场的特性。一个物体，例如一块冰，就物理意义而言，具有轮廓、硬度、高度，以及其他一些特性，但如果此物没有成为注意的中心，它就不会成为图形，而只能成为背景，从而在观察者的心理场内缺乏轮廓、硬度、高度等等。一旦它成为观察者的注意中心，便又成为图形，呈现轮廓、硬度、高度等等。

第二条：接近性和连续性。某些距离较短或互相接近的部分，容易组成整体。例如，距离较近而毗邻的两线，自然而然地组合起来成为一个整体。连续性指对线条的一种知觉倾向，尽管线条受其他线条阻断，却仍像未阻断或仍然连续着一样为人们所经验到。

第三条：完整和闭合倾向。知觉印象随环境而呈现最为完善的形式。彼此相属的部分，容易组合成整体，反之，彼此不相属的部分，则容易被隔离开来。这种完整倾向说明知觉者心理的一种推论倾向，即把一种不连贯的有缺口的图形尽可能在心理上使之趋合，那便是闭合倾向。观察者总会将残缺的图形视为一个完整的图形的某个部分，而不会视作其他分别独立的线条或圆圈。完整和闭合倾向在所有感觉道中都起作用，它为知觉图形提供完善的定界、对称和形式。

第四条：相似性。如果各部分的距离相等，但它的颜色有异，那么颜色相同的部分就自然组合成为整体。这说明相似的部分容易组成整体。

第五条：转换律。按照同型论，由于格式塔与刺激型式同型，格式塔可以经历广泛的改变而不失其本身的特性。例如，一个曲调变调后仍可保持同样的曲调，尽管组成曲子的音符全都不同。一个不大会歌唱的人走调了，听者通过转换仍能知觉到他在唱什么曲子。

第六条：共同方向运动。一个整体中的部分，如果作共同方向的移动，则这些作共同方向移动的部分容易组成新的整体。

(3) 尽量多的提供空间记忆的练习机会，适当的重复介绍空间环境的形象特征与设计意义等。要加快和提高技艺水平，就需要对抗遗忘规律。而对抗遗忘规律的最好办法，就是合理的重复。对于环境空间记忆来说，也是如此。设计师务必要见多识广，受众也应当具有相应的认识经验，两种条件都具备的情况才会产生快速而全面的记忆成果。

二、环境记忆的存储与保持

环境记忆的保持依赖于空间信息的重要程度和人的主观努力程度。空间信息本身的重要程度依赖于多种因素，比如建设项目的资金来源、项目的实际意义与象征意义、项目的经济价值、项目的知名度等等。而主观努力程度是指设计师与受众在记忆过程中投入的注意力、精力与时间等等。空间信息越重要，人的主观努力程度越高，则相关记忆的存储与保持就越牢固而长久。

三、环境空间形象的提取

在适当的时机，于头脑中提取出环境和场所的形象。这既是记忆的目的，也是巩固记忆的手段。记忆的提取分为再现与再认。再现是指在一定诱因的作用下，过去经历的事物在头脑中的再现过程。如在回答教师的提问时，学生要把头脑中所保持的与该问题有关的知识提取出来，这种提取过程就是回忆。再现可以分为两大类：根据有无目的性可以把再现分为有意再现和无意再现。有意再现是在预定目的的作用下对过去经验的回忆。如对考试内容的回忆。无意再现是没有预定目的，自然而然发生的回忆。如触景生情等。根据有无中介因素参与再现过程可把再现分为直接再现和间接再现。直接再现是由当前事物直接唤起的对旧经验的回忆。间接再现是借助中介因素而进行的回忆。从难度上看，间接再现比直接再现难度要大。比如：人们在感觉饥饿的时候，首先会在头脑中再现一些相关的餐厅的形象和行进的路线，进而依据再现的记忆形象与信息去寻找进餐的场所。

再认是过去经历的事物重新出现时，能够被识别和确认的心理过程。在再认过程中，不同的人对不同的材料的再认速度是不一样的，这和影响再认的因素有关。这些因素是：原有经验的巩固程度、原有事物与重新出现时的相似程度、个性特征等。

在众多的存储的空间信息中，有一些信息更容易被提取。这些信息的特征如下：

（1）原有经验信息的巩固程度很高。如果过去经验很清晰、准确地被保持，当再次出现时，一般能迅速、准确地予以确认。如果过去经验已经发生了泛化现象，就容易发生再认错误。

（2）原有事物与重新出现时的相似程度高。相似程度越高，再认越迅速、准确；相似性越差，再认越困难、缓慢，出现再认错误的可能性越大。

（3）记忆主体的个性特征较独立。个性特征不同，人的心理活动速度和行为反应的快慢也不同。心理学家曾通过实验证实，独立性强的人和依附性强的人的再认有明显的差异。独立性强的人心理活动速度较快，提取信息的速度也较快。

图 4.1　鲜明的壁画是空间特征之一

（4）相关线索较多。原有的空间经验的与其他经验信息的可连续性较强。当提取信息出现困难时，人们常常要寻找记忆中的相关线索，通过线索达到对事物的再现与再认。线索是提取信息的支点，线索越多越容易被再现或再认。如人对故乡与故居的再认一般要以空间本身的某些特征作为再认的线索。再比如：人对曾经去过的地方的回忆就是一种再现，当生活中有关这个地点的线索越多，头脑中再现相关的空间形象的次数也就越多。

（5）原有空间信息的特征明显，与其他空间信息的区分度较高。之所以许多大师的空间设计作品更容易被人记住和回想，其中一个重要原因是因为这类空间的独特性较强，在记忆中占据着明显的位置，所以既容易被记住，也容易被提取。

四、环境空间的识记过程

早在春秋时期，我国思想家老子在《道德经》中就曾提出："凿户牖以为室，当其无，有室之用。故有之以为利，无之以为用。"形象生动地论述了"有"与"无"、户与空围间的辩证关系，也提示了环境空间的围合、组织和利用是建筑环境设计的核心问题。

这一段话也阐述了空间的识记过程，即先实后虚、由表及里。

人的每一项活动都是在时空中体现一系列的过程，其主旨是相对和展示的，这种活动过程都有一定规律性或行为模式，如看电影前先要了解电影广告，继而去买票，然后在电影开演前略加休息或作其他准备活动，看完后人员疏散。因此，建筑物的空间设计一般也应该按照这样的序列来进行。空间序列是指空间环境的先后活动的顺序关系，是设计师按建筑功能给予合理组织的空间组合。空间基本上是有一个物体同感受它的人之间产生的一种相互关系。空间以人为中心，人在空间中处于运动状态，并在运动中感受、体验空间的存在，空间序列设计就是处理空间的动态关系。在序列设计中由于层次和过程相对较多，如只是以活动过程为依据，仅仅满足行为活动的物质需要是远远不够的，它只是一种行为工艺过程的体现而已。

在空间序列设计中除了按行为工艺设计的要求，把各个空间作为彼此相互联系的整体来考虑外，还应该以此作为建筑时间、空间形态的反馈作用与人的一种艺术手段，以便更深刻、更全面、更充分地发挥建筑空间艺术对人心理上、精神上的影响。空间的连续性和时间性是空间序列的必要条件，人在空间内活动感受到的精神状态是空间序列考虑的基本因素，空间的艺术章法则是空间序列设计主要研究的对象，也是对空间序列全过程构思的结果。任何活动的操作都需要一定的程序，它体现着人们行为方式的全过程，同时它也是展现空间的首要依据。无论是一种精神象征还是客观实际需要，它构成空间流动及过渡的稳定性与秩序性。比如人们去医院看病，到了大厅，首先是挂号，看完药取药，或是检查，或是住院，都是通过一系列程序来先后完成的。

人们的日常行为是按照正常的程序来进行操作和规范的，而艺术范畴作为一种象征性的、隐喻的手段，往往从精神到物质都要求这样的艺术设计，这在中国的传统建筑上表现得尤其明显，如陵墓建筑，长长的神道，一阶一阶的踏步，每一栋建筑都蕴含一种肃穆庄重的寓意，空间尺度的限定更紧凑更严密，象征着身份与地位的不同。再如宫殿建筑，北京的故宫便是典型的例子，其东西长度为2500米，南北长度为2750米，单从其主轴线算起，其空间序列与空间的过渡转换极具皇家风范，它是封建专制统治的象征，突出地体现了帝王至高无上的地位。从天安门到午门，在高峻雄伟的城座上，建立了一组建筑，下辟门道，气象威猛森严，是献俘、颁诏之处，身临其境，使人顿生肃穆之情。所以，空间的连续性和时间性是空间序列的必要条件，人在空间内活动感受到的精神状态是空间序列考虑的基本因素。空间艺术章法则是宅间序列设计主要的研究对象，也是对空间序列全过程构思的结果。良好的建筑空间序列设计，宛似一部完整的乐曲、动人的诗篇。空间序列的不同阶段和写文章一样，有起、承、转、合；和乐曲一样，有主题，有起伏，有高潮，有结束；也和剧作一样，有主角和配角，有矛盾双方的对立面，也有中间人物。通过建筑空间的连续性和整体性给人以强烈的印象、深刻的记忆和美的享受。需要注意的是，良好的序列章法还是要通过每个局部空间，包括装饰、色彩、陈设、照明等一系列艺术手段的创造来实现。因此，研究与序列有关的空间构图就成为十分重要的问题，设计师一般应注意下列几个方面：① 空间的导向性。指导人们行动方向的建筑处理，称为空间的导向性。② 良好的交通路线设计。不需要指路标和丈字说明牌而是运用建筑所特有的语言传递信息，与人对话。许多连续排列的物体，如列柱、连续的柜台，以及装饰灯具与绿化组合等，容易吸引人们的注意而不自觉地随着行动。有时也利用带有方向性的色彩、线条结合地面和顶棚等的装饰处理，来暗示或强调人们行动的方向和提高人们的注意力。因此，环境空间的各种韵律构图和象征方向的形象性构图就成为空间导向性的主要手法。没有良好的引导，对空间序列是一种严重破坏。空间序列的全过程，就是一系列相互联系的空间过渡。对不同序列阶段，在空间处理上（空间的大小、形状、方向、明暗、色彩、装修、陈设……）各有不同，以造成不同的空间气氛，但又彼此联系，前后衔接，形成按照章法要求的统一体。空间的连续过渡，前一空间就为后来空间做准备，按照总的序列格局安排，来处理前后空间的关系。一般来说，在高潮阶段出现以前，一切空间过渡的形式应该有所区别，但在本质上应基本一致，以强调共性，一般应以"统一"的手法为主。但作为紧接高潮前准备的过渡空间，往往就采取"对比"的手法，诸如先收后放、先抑后扬、欲明先暗等，不如此不足以强调和突出高潮阶段的到来。

研究者可以通过一些例子来进一步说明空间序列的识记过程。

第一个例子：娱乐空间 KTV。这类娱乐休闲场所的空间序列一般都比较规则，每个空间都基本相似。受众对于此类空间序列很易识记，而且关于它的再认过程也比较容易。

第二个例子：展览馆。根据设计师的不同风格展览建筑的空间序列也会不一样。它需要受众对创造这个空间的建筑师的意图有所了解，这样才能更快地掌握好空间序列的识记。

图 4.2　娱乐场所的室内环境设计

第三个例子：商场。商场空间体量较大且比较琐碎。受众可以从局部空间的使用功能上进行空间分区，进而识记空间序列。大多数商场都能遵循受众的一般心理规律来设计空间序列。商场建筑空间序列一般也比较清晰，便于受众识记。

第四个例子：卧室。个人使用的建筑空间是最具个性特色的，所以受众对于它的空间序列识记就只需要掌握使用者的有关信息就可以了。

环境空间设计序列的识记要利用空间使用者来达到，只有足够了解空间使用者，受众才能更好地识记空间的序列

环境设计空间序列的识记对设计师的设计有着很大的帮助，所以要对空间识记的规律有一定了解，并且要对空间序列识记有自己的见解，这样才能在以后的环境设计工作中有更好的想法。

设计师在组合建筑空间时，常运用围透划分的手段，并通过一定的序列与导向处理，形成完整的空间体系，使整个建筑环境具有优美的整体感。

一般常用的划分空间的手法分析如下：

（1）围合空间的墙面，是空透一些还是封闭一些，用不同手段效果是不一样的。如墙面的窗洞，不同的开法就会产生不同的效果。

（2）环境空间的划分，有时采用半隔断、空花墙、博古架、落地罩、帷幕帘、家具组合等方法，以取得空间之间隔而不死的效果。在公共建筑中，有时在同一空间中，需要划分几个区域，以满足不同的使用要求。为了分隔这些区域，常运用各种艺术手段加以处理，使各区域之间形成既分又合的空间整体。这样处理不仅可以增加空间的层次感，而且还可供人们在运动中观赏流动空间的近、中、远的各色景观，以丰富不同趣味的空间效果。

（3）有的公共建筑，利用地面、顶棚的升降或改变材料的质感，达到划分空间的目的。尤其对于相邻空间之间需要过渡性的处理，或在同一空间中需要划分若干区域性，往往采用这种手法。

（4）在建筑空间处理中，有时运用列柱的不同排列和不同标高的地面来分隔空间，以增加空间的层次感。

（5）在一定的序列空间处理中，还有一个空间的导向问题。其中建筑轴线的处理，就是体现导向的一个手段。尤其是对称布局的公共建筑，多采用轴线明确的空间组合。此外，有些公共建筑，为了达到轻松活泼的空间效果，常采取转折或迂回曲折的轴线处理，以表达其空间的多样变化性。

第四节 增强受众记忆的环境设计策略

为了增强受众的记忆，环境设计师可以从以下几个方面去努力：

一、不断提醒，运用"合理重复"来对抗遗忘规律

无论是何种造型元素，都可以进行合理的重复。比如：形状、材质、色彩、标识等，在空间中重复使用它们，通常都会引起受众的无意注意，从而达到加强记忆的目的。在信息的

传播过程中，也要注意利用"合理的重复"来对抗"遗忘曲线"。

二、减少记忆材料的数量

适当减少记忆材料的数量，可以让受众更牢固地记住重要信息。受众可以只记住环境空间的整体造型，也可以只记住了环境空间的色彩感觉，又或者只记住了照明效果等，这种记忆通常是既单纯又稳固的。想做到这些，设计师只需牢记"特色分明、重点集中"，切忌分散注意力。

三、增加刺激的强度

行为主义心理学的研究证实：刺激越强，记忆越深刻。运用这一条时，要注意受众的接受度与感知阈值的限制。接受度受到多方面的影响，包括社会环境和受众的心理内环境的各项因素。设计师在使用各类刺激物时必须综合考虑这些因素。

四、利用直观、形象的刺激物

形象记忆是最容易识记的，也是最稳固的。在形象记忆中，具象的形象又比抽象的形象更容易识记。在环境空间设计中，形象的使用是广泛的。但由于建筑手法的限制，环境设计师们在空间造型过程中，运用抽象形象的机会远远多于使用具象形象的机会。为了突破抽象形象的局限，有时设计师会在局部的设计中使用一些具象形象。比如：城市街道中的人物雕塑、现代主义大楼前的景观雕塑、大卖场里的卡通人偶等。而当代城市广场中的花坛设计也常采用具象的动物与花朵图案。

五、利用理解增进记忆

有研究证明：被理解的事物更容易被记住。意义识记的先决条件就是要让受众理解设计师的意图和空间场所的意义。在理解的基础上才能更深刻和牢固地识记空间信息。比如：世博园、大型公园的空间设计最开始以微缩沙盘模型的形式呈现在受众眼前，就会有助于受众以直观的形式理解设计意图和场所的意义，并形成相对深刻的空间记忆。

六、利用重复与变化增强记忆

在重复的基础上，运用突变来引起注意，并增强记忆。有些增强记忆的手段是和感知觉的规律紧密联系的。在空间中，运动的物体更容易引起受众的注意。因此，在设计空间中的陈设物时，有时可以设计成运动的物品以吸引受众的注意。而在不需要引起受众的过多注意时，则要尽量让陈设物静止不动。

七、注意环境设计信息的排列顺序

在一个识记整体中，开始和结尾两部分比中间部分更容易被记住。因此在排列信息时，就需要顺应这一规律进行。把重要的信息放在空间的入口处或出口处，方便受众识记。比如：电影院的咨询处或售票处总设置在入口对面，酒店的总台也设置在入口附近；超市的收银台应当设置在出口附近，而那些在超市内部设置独立收银台的行为，常常导致购物空间与人流动线的混乱。又如：展览馆的设计，设计师应当在第一个展厅与最后一个展厅中放置最有参观价值的展品，这样参观者才会牢牢记住最重要的展品的信息。

八、利用音乐、艺术感来增强记忆

在许多的主题餐厅与会所，通常会播放一些有特色的音乐来烘托空间气氛。受众在识记空间时，就会把包括音乐背景在内的空间氛围作为一个整体存入记忆中。因此，每当受众在别处听到相同音乐时就会记起那个环境空间与那种环境氛围。

九、运用联想强化环境设计的一致性

联想是有效的促进记忆的手段。受众通过联想可以更深刻地体会空间设计意图，也能把自身的体会更紧密地融入到场所的使用过程中去。设计师通过联想，可以转换角度去思考受众的感受与体会，进而促进环境设计的一致性。

本章小结

本章首先从分析受众的认知学习过程入手，阐述了学习与记忆规律之间的关联；其次分析了环境受众的记忆特点和环境设计工作的记忆过程；最后论述了增强受众记忆的环境设计策略。

第五章　想象与环境设计创意

环境的体验与环境的创造过程都需要想象力的介入。在设计创作时，设计师需要利用丰富的想象力，在头脑中预先构筑起空间轮廓和各种形象的细节；环境受众必须发挥丰富的想象力，才能与设计师产生共鸣，达到环境设计的预期目的。

第一节　想象的内涵

爱因斯坦曾经说过："想象力比知识更重要。逻辑会把你从 A 带到 B，想象力能带你去任何地方。"可见，想象力对于所有人，包括天才与普通人，都是非常重要的。

一、想象的一般特点

在心理学中，想象是人脑对已有的表象进行组织加工，创造新形象的过程。人能够根据他人口头或文字的描述在人脑中产生没有感知过的形象，依靠的就是想象。想象是过去经验中已经形成的那些暂时联系在脑中进行新结合的过程。

想象主要有以下四种类型：

（1）有意想象：个体自觉地提出想象任务，根据自己的意向，有目的、有意识地进行想象。

（2）无意想象：没有特殊目的，不由自主地想象。

（3）再造想象：依据词语描述或图表描绘，在人脑中产生新形象的过程。

（4）创造想象：在刺激物作用下，人脑独立地构成新表象的过程。

人人都有想象力，但对想象力的应用却因人而异。这是因为人类对想象力的应用需要条件，这些条件主要包括以下几种：

（1）具备丰富的经验和表象储备。

（2）探索问题的敏锐性。

（3）具有转移经验的能力。

（4）具备形象思维的能力。

（5）具有预见性。

阿尔伯特·爱因斯坦
（1879.3.14—1955.4.18）

（6）具备运用语言的能力。

二、环境设计创意中的想象与创造

环境设计工作有一个非常显著的特征：形象化。在设计师的整个工作过程中，不管是前期的调查、场地分析，中期的方案表达，还是后期的设计施工交底，都需要把设计思想形象化。这不仅需要很好的图形表达能力，更需要发达的想象力。设计师的想象力与他的创造能力成正比。在近现代建筑史中，只有那些充满了新奇的想象力的建筑师才终于创造出了全新的设计作品。对于设计师来说，身体上的限制并不是最可怕的，最可怕的是思想的禁锢和想象力的缺乏。

三、环境设计创意中的联想

环境设计创意中的联想，主要是指环境设计师围绕设计任务和论证题目展开的想象。其中既包括有意想象，也包括无意想象；既有再造想象，也有创造想象。

四、环境设计创意中的联觉效应

所谓的联觉效应，也被称为通感。它是指人类的某一感觉器官接收到事物的信息后，不仅这一感觉器官做出了判断，还使其他感觉器官也产生了判断与反应。比如：一个小孩看到他喜欢吃的巧克力，就会舔嘴，甚至出现吞咽口水的动作，好像他已经吃到巧克力并品尝到了它的味道一样。这就是联觉，它与人的实际经验有关。

人在环境空间中活动，联觉效应也是普遍存在的。比如：在光线充足的环境，人们会觉得温暖；而在昏暗的环境，人们会觉得寒冷；在花园里铺设红色的地砖给人温暖感，而青石板地面则常给人冰冷感；高大的空间让人觉得冷峻，低矮的空间让人觉得闷热。这些都是视觉与触觉之间产生的联觉反应。在环境设计时还要注意一些其他的联觉现象，比如：暖色的灯光让人胃口大开，而冷色的灯光就会抑制人的食欲；绿色的室外空间能让人身心放松，而绿色的环境空间却更能让人冷静和集中注意力。

五、设计师的想象力与环境设计

说起设计师的想象力，首屈一指的就是西班牙建筑师安东尼·高迪。在世人眼里，他是一个才华横溢的"疯子"，而热爱自然的他却坦然地说，"只有疯子才会试图描绘世界上不存在的东西"。孤僻沉默、衣衫褴褛、成天工作、无浪漫史、独身。安东尼·高迪和生活阅历丰富的毕加索、七情六欲未断的爱因斯坦不同，他一辈子都没有享受过世俗的乐趣。在他的生命中，乐此不疲的有两件事：（1）观察研究大自然；（2）以建筑为载体重现自然。

他坚信一切建筑都必须是对自然的再现和人类幻想的结合，而不是凭空设想：海浪的弧度、海螺的纹路、蜂巢的格致、神话人物的形状，都是他酷爱采用的创意之源。他认为自然界没有僵硬的直线，因此他的建筑物中也鲜有笔直的元素。

图 5.1　巴特罗之家

　　他设计的那些房子，每一个都是奇思异想的结晶。他的建筑里包含着故事。"巴特罗之家"的设计就是如此。一位美丽的公主被龙困在城堡里，加泰罗尼亚的英雄圣乔治为了救出公主与龙展开了搏斗，用剑杀死了龙。龙的血变成了一朵鲜红的玫瑰花，圣乔治把它献给了公主。高迪的灵感来源于此，所以这座房子的每一个设计都有着特殊的含义。十字架形的烟囱代表着英雄，鳞片状拱起的屋顶是巨龙的脊背，房子的外立面用彩色瓷片镶贴，像是长满鳞片的龙身，镶嵌彩饰的玻璃和构思独特的阳台则是面具，当然，也有人说那是骷髅，这样恰恰与屋内大厅人骨造型的支架相互呼应。不过，这样的设计却一点也没有给人阴森的感觉，"巴特罗之家"的建筑外观在阳光照耀下呈现出耀眼的光芒。色彩缤纷的拼贴玻璃叫人眼花缭乱，奇特的富于幻想的造型让人迫切地想去探究建筑的内部。"巴特罗之家"的一层和二层的墙面模仿熔岩和溶洞，上面几层的阳台栏杆做成假面舞会的面具模样，这就是著名的"巴特罗之家"，而高迪所做的就是将童话搬到了熙熙攘攘的巴塞罗那大街上。

图 5.2　巴特罗之家

　　"巴特罗之家"不单单外表富有如此传奇的色彩，其建筑内部也是极其丰富的，一楼大厅里巨大的螺旋造型，像大海漩涡一样，漩涡中心是海葵样的顶灯，一层层往上走，离顶层越近，瓷砖的颜色就渐渐加深，从浅蓝到深蓝，不仔细看很难发现它的改变，楼梯一侧水纹样的玻璃映着一楼大厅墙壁的蓝色，使房子看起来又像是在海中一样。而且，一层层往上看会发现建筑各层的门、窗、楼梯的造型都各有不同，甚至墙都会配合门窗的造型进行选材和设计，充满了趣味性。这些弯弯曲曲的屋顶房檐，工艺精美的铸铁大门，还有那些形形色色的玻璃马赛克拼凑出五光十色的图案，流光溢彩。

古埃尔公园门房外观宛如童话世界中的巧克力饼屋，还有加泰罗尼亚大区的徽章：彩色碎片陶瓷外观的巨型蜥蜴，这是古埃尔公园标志性的装饰品。古埃尔公园里还有世界第一长度的座椅，形似波浪蜿蜒曲折，表面用马赛克片拼贴。其中留下名字的胡霍大概是手艺最好的马赛克贴制师傅，不知道那些细碎的马赛克是以怎样的耐心一片片工整的连成一片，看起来很亲切，很像中国瓷器里那种冰裂纹的效果，很美。

图 5.3　高迪的古埃尔公园

巴塞罗那的圣家族大教堂是高迪最后的作品，从 1883 年建造至今仍未建成，花了 43 年只建成了一个立面。它的设计完全没有直线和平面，而是以螺旋、锥形、双曲线、抛物线各种变化组合成充满韵律动感的建筑，这个教堂有东、西、南三个立面，分别称为"诞生立面""受难立面"和"荣耀立面"每个立面各建有四座钟塔，共计 12 座，代表耶稣的 12 个门徒。

高迪对自然地描述不是简单地再现，而是体现出一种充满想象力的"表现主义"美学观。他并没有发明创造什么，仅仅是将现实中存在的真真切切的东西通过建筑的语言表现出来。他的建筑里没有不体现想象力的部分，每一个细节，都是奇思妙想，色彩斑斓的玻璃马赛克拼成的美丽图案、面具式的阳台栏杆、巧克力饼式的房屋等，每一个都是那么独特，建筑在他的眼里充满了淳朴的自然气息，没有硬硬生生的钢筋混凝土，没有棱棱角角的边边框框，只有富有动感与活力的曲线，高迪说："艺术必须出自于大自然，因为大自然已为人们创造出最独特的造型。"他认为大自然是没有直线存在的，直线属于人类，而曲线才属于上帝。所以他的建筑里就连柱子也不用直线。

安东尼·高迪所设计的建筑物，是自然与想象力的结合，其柔美的曲线、奇异的造型给人以不同的视觉体验和精神感受。

当然，环境设计师的想象也绝非是天马行空，不切实际的乱想。高迪说他坚信一切建筑都必须是对自然的再现和人类幻想的结合，而不是凭空设想。比如说这个从小就耳熟能详的故事：盲人摸象。几个盲人摸一头大象，由于自身的局限性，仅从摸到象的一小部分就去想象大象的样子，他们以点盖面，以偏概全，没有结合实际的想象是得不到正确的答案，没有结合实际的凭空设计也是不好的设计，甚至不可能去实现。

想象力不仅是二维空间上的尺度，更是三维空间上的尺度，这也从侧面体现了一个人思维的长度和宽度，这种长度和宽度可以使人们看见一件事物之后立即联想到与之相关的一系列事物，就好像是多米诺骨牌，会连锁反应。对于设计师来说拥有这样的能力是极其重要的。设计师是走在时代前沿的代表，他们所设计的东西必须是有新鲜血液注入的，这样才能使人们眼前一亮，丰富的想象力便是拥有创造性思维的前提。拥有了创造性，设计师才会设计出有利于人们生活的各种物品。社会也会随之进步。

总而言之，充分发挥想象力，可以使设计师创造出独具特色的东西。每一栋建筑的设计，它不应是相同模版的复制，而应是是别具一格的、独具特色的。室内设计也是如此，设计师只有发挥想象力才有可能创造出独特的空间环境。就像德国"万象酒店"的设计师，为了给受众带去不同的心理体验，创造出了各式各样的充满特殊趣味的客房，甚至出现了用两个棺材做床的客房。而迪拜的帆船酒店就是在大海上扬起的一片动人的船帆，满载着设计师为受众构筑的美丽梦境在想象力的海洋中翱翔。这些都足以证明想象力的作用。想象力与创造力是一对孪生兄弟，想象力是创造力的基础，在设计的过程中可以发挥很大的作用，所以不要害怕想象，要敢于想象，给思想插上想象的翅膀！

第二节　环境设计创意过程与想象

环境设计包括了以下五个主要的创意过程，它们分别是原始资料收集、资料审查、构思方案、实际创意与施工应用。在每个阶段都需要设计师充分发挥想象力，想象力的发挥与使用既有相似之处，也有各阶段的不同特征与针对性。

一、原始资料收集与想象

原始资料收集阶段要求环境设计师对项目所涉及的各类资料进行地毯式搜索与排查。设计师的思路与想象力决定着资料收集的广度与深度。

二、资料审查与想象

资料审查阶段总的来说是一个集中思维的过程，设计师此时最重要的任务是把前期收集的资料进行汇总审查。设计师需要界定出资料的科学性与重要性，要保留正确的重要的信息，排除不准确的次要的信息。此时设计师最需要的是理性分析思维，但想象力在这里是一个指引，它引导设计师在审查资料时始终围绕着后期的设计方案。许多设计师在此阶段已经能够凭借想象力得出大体的设计定位与风格主题。

三、设计方案的深思熟虑

构思设计方案的阶段是一个设计师头脑中的想象力肆意挥洒的过程。设计师需要充分调动自己的发散思维，任凭想象力东奔西突，试图在无数的信息的链接点中找到最佳的解决方案。想象的同时在设计师的头脑中会形成相应的空间形象。设计师经过深思熟虑会在这些头脑中虚拟的各种空间形象中做出修改与抉择。

四、产生实际创意

在环境设计行业，产生实际创意的阶段就是指确立设计方案、制作空间模型与绘制施工图的阶段。在这些阶段都需要理性思维与感性思维的鼎力合作，并且适当运用设计师的想象力。在图纸表达与模型制作中，设计师的空间想象能力非常重要，因为他需要把设计意图在三维与二维之间进行来回的转换。

五、施工应用与想象

施工应用过程是设计师与施工人员共同完成的，在此过程中，设计师需要把设计理念和图纸概念等用口头语言的方式表达出来，最好能调动施工人员的想象力，让整个施工团队头脑中都形成项目的整体形象，包括每个施工阶段的空间形象及建成后的空间形象。这样在施工中会减少盲目和疏漏。

六、环境设计师的创意过程

1. 从实际需求出发展开创意

"内心之动，形状于外"，"形者神之制，神者形之用"。第一句话的意思是：内心有什么需求变化，外在的行为举动就会表现出来。第二句话可以理解为：外形是思想的载体，思想是外形的依据。从这两句话可以总结得出这样的结论：在做造型设计时，无形则神失，无神则形晦，形与神之间是不可分割的关系。形态要获得美感，除了要有美的物质外形以外，还需具有一个与之相匹配的精神需求。

图 5.4　形态设计对受众感受的影响

"形"通常指物体的外形或形状，它是一种客观存在。"态"是指蕴涵在物体内的"状态""情态"和"意志"，是由"形"向人传递的一种心理体验和感受。形态是物质的一种客观存在，体现了人的物质需求。

按照物质形态与人类感觉关系的紧密程度可将形态划分为现实形态、理念形态和纯粹形态。现实形态是指在空间中占有一定的空间实体，直接作用于人们视觉和触觉的实际存在的形态；而如果形态存在于人类的经验和思想中，不具有实在性的则被称为理念形态；如果想让存在于头脑中无法感知的理念形态获得视觉的可感性，可以借助一定的符号系统表现，这就是纯粹形态。比如：从数学角度来看，线是无大小、粗细等可感度的，这就是受到了理念形态的限制，但是在视觉角度，设计师可以把线看成是流水、铁轨等形态，这就是将理念形态转化为了纯粹形态，使人类的思维具有了更大的自由性。

客观存在于自然界的有机体和无机体，都给予设计师极为丰富的心理感受和视觉感触，自然美的形态主要从以下三个方面分析：第一，人类实践活动的烙印打在自然物质上，使人们因此从中直察自身；第二，自然物是人类亲近的生活环境中具有"人化"的意义的表征，因此而具有审美价值；第三，自然物是人和人类生活行为的象征，昭示审美意义。大自然向设计师提供了可以激发创作灵感的多种多样的无限可能，在环境设计中自然形态被设计师们运用得惟妙惟肖，但在对这些自然资源进行独特设计时，人们的方式与构思各不相同，所以最后的设计方案也是各式各样。

图5.5　室内环境设计中对自然形态的直接表达

（1）物质形态美的内容与形式。

在环境空间的物质形态设计中，为达到社会审美的需求，所说的视觉原理、造型法则以及审美基础等都可以成为设计的借鉴。

（2）物质形态美的特征与审美属性。

形态的美大致有几个特征，这几个特征也是造型设计在推敲设计方案时所要求的目标。

独创性：透过自我的创造设计而产生的全新的特殊化物质形态，这种独创性也是物质形态美得价值的重要标准。

完整性：物体的物质形态应是一个完整的物质体，如若有少许的破绽或不足，完整将会失去，使人在视觉感知上有一种脆弱性、不完整性。

统一性：物质形态设计中的矛盾要素应被统一和谐，成为一个矛盾相兼容的整体。

　　快感性：此处的快感不是指器官快感，而是指能够触动人心的使人产生愉快感情的形态设计。

图 5.6　展示空间设计中对自然形态的引用　　　　图 5.7　空间中的点、线、面

　　（3）点、线、面、体与形态美。

　　形态美是指构成产品形态最基本的要素（点、线、面、造型、色彩、空间等）所给人带来的愉快的情感体验的价值。

　　形态设计创新是环境设计不断发展的动力，通过对形式法则的创新运用以及对创新设计案例的分析，可以做出具有创新性的造型设计。

　　人类对世界的设计和改造归根结底是一种创新性活动，最终会转化为新的形态。它以具体、直观、可想的物质现象呈现在人们面前。自然界的进化经常让人惊讶大自然的瞬息万变，然而再无常的变化也无法和人类在设计中所爆发的创新能力作比较，伴随着器物使用功能被逐渐改进，形态设计已从最初的满足使用功能要求而发展成为一种装饰方式。

图 5.8　某楼盘环境设计中对线的运用

　　（4）观察形态的视觉原理。

　　对于动物来说，视觉仅仅是一种适应环境以利于生存的生活条件，而对于人类，视觉就不仅仅是一种有利生存的感观功能，更是一种思考和交流的方式。

　　构造一个空间的总体形态，可以用材料、色彩和质感的改变使垂直面和水平面有所不同，也可以在这些面之间和在角上精心设置孔洞，将面的边缘在视觉上暴露出来。

（5）视觉观察方式变化所产生的图底转换互动变化。

形态与技术的发展是密切联系的整体。由于设计与巨大的创造业和科学技术融为一体，所以设计已成为现代社会文明的标志。所谓"技艺合一"是指在技术、艺术的互动发展中重获统一。一方面，艺术的构思推动着技术成果的发展；另一方面，技术的水平又决定着艺术的形式。

（6）形式法则个性化的运用多样与形态创新。

在一个复杂的、快速变化着的社会中，个人的需要、个人和外部环境之间的相互影响以及由这些影响引发的各种需要同样以相当快的速度变化着。社会变化愈快，个人的需要变化也就愈快。加速变化的个性化需要已经影响到了各种环境空间的形态设计。

（7）可持续发展设计原则在形态设计过程中的具体措施体现。

在环境空间形态设计的过程中，如何体现可持续发展的设计原则，是一个广阔而深入的课题，这里主要从四个方面加以体现：绿色环保装修材料的选用；形态元素的渗透转换；全面绿化引入环境空间；高科技在能源技术节约方面的应用。

伴随改革开放的不断深入，中国社会经济、文化、科学发展不断提高升华，人们对于环境空间的审美观不断更替并因此得到提升。综合实例解析环境空间中的形态元素的综合运用手段，提出了物质形态美是内容与形式上的高度兼容。早在包豪斯时期，格罗佩斯就针对工业革命以来所出现的大工业生产中"技术与艺术相对立"的状况，提出了"艺术与技术新统一"的口号，并逐渐成为包豪斯教育思想的核心。首要从科学方面分析创新是设计学运动发展的永恒进程。现阶段，由于构成环境空间的各种素材不同，为进行各样的具有创造构思的环境设计提供了条件。如今，"全球化"的概念正席卷全球每一个角落，中国也无法回避这一历史潮流。

2. 从历史延续展开联想

古人有诗云："六朝文物草连空，天淡云闲今古同。"其实，环境设计的创意过程也跟生活中的其他创造一样，是建立在历史的积累之上的。设计师在进行环境设计的过程中，对自然生态保护和对自然资源有条件的开发，并对人为环境进行合理规划和精心设计。环境设计的创新过程总体上都是从不舒适、不方便、不安全到舒适、方便、安全等好的方面发展，发展速度则是从缓慢、停滞不前到加速、快速的发展水平。

从古至今，没有什么文化是突然产生的，都有一个循序渐进的过程。当然，没有什么文化是在没有任何基础，没有任何历史沉淀下产生的。那么同样的，对于环境设计来说这个道理也是相通的。大量的考古发现表明，商周时期的奴隶社会，供人们生活的环境建筑已经非常合理了，因此可以推断，在商周以前肯定有一个环境设计的创新过程，那么研究者可以推断原始社会应该是整个环境设计的奠基阶段。

在历史的潮流中，儒家和道家文化作为传统文化的主流，生生不息，统治了几千年的文化王国，潜移默化地滋润了后代子孙，对当代设计师也同样具有重要影响。儒道家文化的"仁""礼""天人合一"等思想大致涵盖了所有时尚大样，它们潜移默化地影响着设计师的设计理念。

图 5.9 景观环境设计中对"天人合一"理念的运用

中国人自古以来都比较推崇以人为本的设计理念,"仁"为以人为本的文化提供强有力的支持。设计师所设计的作品应该为人民服务,如果设计师对自己和周围的事物缺乏深刻的认知,那么就无从谈及设计。"仁"是人对自身的关注,对于人的生命、生活习惯、兴趣爱好与追求等,设计师都要必须了解,知根知底方可对症下药。"仁"和"以人为本"还体现在对不同的人的尊重,由于每个人的个性、职业、经历等都不同,尊重每一个人或每一个人群是设计师必须要做到的。如公园设计,每个人都有着自己的规划蓝图,设计师要综合受众的所有需求,最终设计出一个合理的方案。

图 5.10 中国传统建筑中"礼"的体现

图 5.11 中国传统室内空间中"仁"的体现

在中国古代建筑、景观和室内设计中,"礼"的运用就是要用数字和图案、纹理、颜色和家具等方式,表现它的价值,维护社会等级、秩序和宗法等。比如:北京故宫用金黄色的琉璃瓦,数量与天数相符合,它是当时礼制建筑的最高级。其他建筑都无法复制,是皇权的象征。而在苏州拙政园建筑内部,家具的摆设和横梁的式样都有衬托主人的身份地位的作用。

当代设计中的"礼"正处于发展阶段。"礼"渐渐作为一种时尚理念被设计界所推崇。在一些大型公共建筑的设计上,"礼"表现得最为明显。比如:2010年上海世博会中国馆"东方之冠"的建筑设计,就是遵循"礼"的概念,运用建筑的巨大体量和耀目的中国红,给人一种"有朋自远方来不亦乐乎"的感觉。建筑的形态来源于中国传统建筑中的重要构件"斗拱",让受众产生庄严肃穆的视觉感受。北京天安门广场上的人民大会堂,其建筑设计也是"礼"的设计理念的完美体现,宏伟壮阔的建筑风格采用的是新古典主义的三段式布局,外观严谨典雅，充满庄重有礼的气氛，是建筑设计历史上的开创性工作。

图5.12　2010上海世博会中国馆——传统建筑元素的现代演绎

"天人合一"的思想起始于古代农耕文明，强调人要符合自然规律来生存。这种理论主要是：人与自然之间的关系是相互促进与相互弥补的，自然造就人的生存，人反哺自然，是循环着的。人类得到许多自然的眷顾，同时也造成很沉重的生态压力。设计师既要构建能可持续发展的人居环境，又需要考虑减轻自然界的压力。比如：恢复土地生机问题就是当今环境设计师必须面临的问题。设计师在人的居住环境和工作场所的设计中，可在内部采用水循环、风循环、光循环等高科技设备，也成就了低碳生活的需求；进行合理的绿地林地规划与设计，在美观同时，更注重其"城市之肺"的功能，在植被选择，规划形态，风向比对与太阳照射等均应科学设计。

建筑空间环境作为社会的物质产品，具有满足人们生产、生活的功能需要，同时具有满足人们精神要求的双重作用。建筑环境设计基本任务是合理的组织空间，运用建筑技术和建筑艺术的规律、构图法则等，寻求具体空间的内在的美学规律性，创造人为的环境，改善原有的外部环境。所以环境设计的创新会源源不断，创新过程会越来越丰富。在这一创意过程中，环境设计创新的发展要注意一些常见的问题。随着社会的发展与专业的进一步完善，这种情况会逐渐改善，环境设计领域也就会出现以下几种趋势：

（1）环境设计需回归自然化。随着人们环境保护意识的增强，人们向往自然，喝天然饮料，用自然材料，渴望住在天然绿色的环境中。如今，人们的生活质量虽然提高了，却又感到失去了传统，失去了过去。因此，现代环境设计的发展趋势就是既讲现代化，又讲传统。

（2）环境设计需整体艺术化。随着社会物质财富不断丰富，人们要求从"屋的堆积"中解放出来，要求各种物件之间存在统一整体之美。环境设计需高度现代化。随着科学技术的发展，环境设计师要学会采用一切现代科技手段，使环境设计达到最佳声、光、色、形的匹配效果，实现高速度、高效率、高功能，创造出理想的值得人们赞叹的空间环境。

（3）环境设计要高技术、高情理化。国际上工业先进国家的环境设计正在向高技术、高情感化方向发展。所以环境设计师既要重视科技，又要强调人情味，这样才能达到高技术与高情感相结合。

（4）环境设计讲求个性化。大工业化生产给社会留下了千篇一律的同一化问题。为了打破同一化，人们追求个性化以及服务方便化。城市人口集中，为了高效、方便，国外十分重视发展现代服务设施。环境设计师在设计的过程中要更强调"人"这个主体，以让消费者满意、方便为目的。新型材料广泛应用。随着环境装饰材料的快速发展，未来的家居将变得妙不可言。空间格局自由划分。随着人们生活水平的提高，住房的面积会呈大型化，原有小空间住房将逐步得到改造和重新装修。

第三节　环境设计创意方法

环境设计的创意方法与所有的设计类创意方法相似，有很多种类。这里主要介绍几种简便易行的常用方法。

一、定价法

（1）总的造价已经确定的情况下，在造价范围内选择合适的结构方案与材料、施工工艺等。

（2）在单价已经确定的情况下，选择合适的材料、构造，与施工工艺组合成整体的设计方案。

（3）估算价格后，选取最接近预期效果的方案进行深入设计。

二、独特主题法

所谓独特主题就是针对设计任务的设计必须围绕一个与众不同的主题。这个主题可以是风格类型，如未来主义、新古典，也可以是春、夏、秋、冬，甚至可以是形容词，表示一种心理感受的主题，如热烈的、柔软的等等。当然也可以用某个具体形象来作为主题。

三、环境设计师形象法

环境设计师形象法是指环境设计师对于自己有一个清楚的定位，并为自己做了设计领域的对外形象规划。如此一来，环境设计师在做设计方案时，就能依据自身的定位开展工作，业主和受众也可以依据设计师的形象设定做出选择，减少精力与时间的浪费。

四、头脑风暴法

头脑风暴法属于发散思维法的一种。近年来，随着各类新奇的设计观念的出现，"头脑风暴法"越来越受到环境设计师的喜爱。所谓的"头脑风暴法"是指环境设计师把与所有的与设计任务有关的事物用文字、图形以及符号等记录下来，再把自己能想到的与这些事物有关的信息继续记录下来。记录的结果一般会形成一幅不断生长的树状图或一个不断扩展的球状物图形。思考的过程就像头脑里刮了一场风暴，故名"头脑风暴法"。

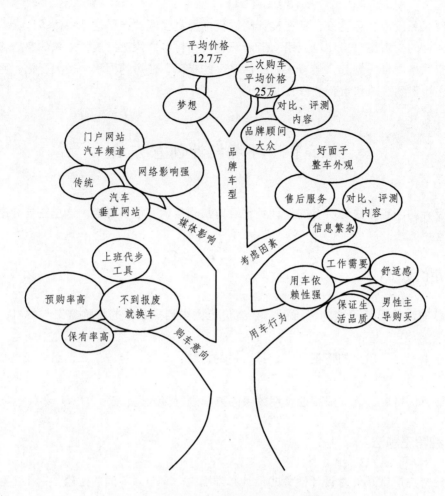

图 5.13　关于购车行为的头脑风暴的树形图

五、定位法

设计师首先要了解环境受众的需求，并以此为依据进行设计定位，之后再围绕这个定位进行深入分析，并以此为依据进行后续设计。设计定位在此特指的是对受众身份的准确定位。比如，做幼儿活动场所的环境设计，其受众的身份定位就比较明确，那就是幼儿和他们的陪护人。在这个案例中就需要重点分析幼儿的心理需求、幼儿的生理需求、陪护者的心理需求和陪护者的生理需求等。根据这些分析结果作出相应的设计创意。

六、信息模式法

设计师从收集与项目有关的信息开始，充分发掘相关的新技术、新材料的使用可能，从而设计出优秀的方案的方法。比如，国内外一些与先进技术紧密接触的设计师，他们在酒店客房室内设计中使用智能中控系统，在厨房设计中使用人工智能系统，在办公环境中使用信息增强技术等。

第四节 环境使用过程中的想象

环境设计的目的是让人使用，只有那些被使用的场所才是有价值的。环境的受众在使用场所的过程中，通常也要充分调动自己的想象，才能理解设计师的意图。这种想象过程是怎样起作用的呢？受众在环境中通过感知觉获得对环境的整体印象，之后会通过记忆与自身的过往体验联系起来，最终能产生出一定的联想和想象。如果设计师的引导是成功的，受众就能产生相似的想象，获得一致的环境体验。

一、受众的有意想象与环境空间的使用

容易让受众产生有意想象的空间一般都是事先被受众知晓，并引起了一定好奇心的空间场所。比如：知名设计师的作品、重要的建设项目、宗教空间、奇特造型的空间等。对于这些空间，受众一般都会自觉地提出想象任务，根据自己的意向，有目的、有意识地进行想象。这种时候受众的主观意图较强，设计师能做的就是迎合受众的预期。

二、受众的无意想象与环境空间的使用

受众的无意想象在所有的空间类型中都可能产生。引起无意想象的原因有很多，包括：空间形态、材质、色调、光影、温度、湿度，甚至是空间的背景音乐、时间点、气味等等。这种情况对于受众来说是比较被动的，而设计师就比较主动，能够运用的方法较多。

三、受众的再造想象与环境空间的使用

引起受众的再造想象是一个曲折的过程。首先，设计师需要设定出能够充分表达自己意图的词汇或图形，然后把这些词汇或图形放置于便于受众看到或接触到的空间位置，最后由受众接收到这些信息，并因为心理规律的作用得出设计师想要的那一类想象结果。这种做法要求设计师具有较高的理性思维和心理知识水平。设计师对于受众必须要有具体的定位和有针对性的研究。

四、受众的创造想象与环境空间的使用

创造想象是想象力的最高级，一个设计项目能让受众产生创造想象，对于它的设计师来说是了不起的成就。产生创造想象的条件主要有两个，第一个就是有足够强烈的刺激物；第二个是受众的头脑能够独立地构成新表象。在环境设计中，足够强烈的刺激物是由设计师来完成的，它的创作过程并不复杂，只要抓住空间设计中的某一个元素加以利用都可以做到，比如足够新异的造型或者出人意料的色彩设计等。但第二点不是仅仅依靠设计师的努力就能够完成的。受众能够独立地构成新表象必须建立在受众具有相应的能力的基础上。因此受众并不是指所有人，而必须是具有这种能力的人。此类人受到强烈刺激物的吸引，对于这一环境空间产生了自己的创造想象，这才是一个完整的解读设计意图的过程。

五、空间想象力的预设与引导

环境想象空间的预设与实现与受众对自己所处环境的想象和设计师对想象的引导有关。设计师如果能很好地引导受众的想象力，则对形成良性的空间定义并付诸实践有较大帮助。如此，更有可能得到一个较好的环境空间效果。

以住宅设计为例，空间的使用者都有关于自己的居家环境的想象，但是如何实现却成了设计师最大的问题。设计师可以把住宅分解成不同功能的小空间进行细致的分析。

图 5.14 卫生间的想象力之"南极与企鹅"

1. 卫生间的想象力预设与实现

卫生间是人们生活中使用率较高的空间，但也是空间受众较容易忽略的空间。人们在使用卫生间时通常带有较强的目的性，因此能提供给受众发挥想象力的部分是较少的，但也并不是不可能。比如，有的设计师把卫生间设计与南极企鹅的生活环境相比较，居然打造出了极有想象力的卫生间环境。设计师将洗浴部分的颜色设计为浅蓝色，将马桶部分的颜色设计为企鹅的黑，将洗脸盆部位的颜色设计为企鹅的白。

图 5.15 浅蓝色的淋浴与台盆

图 5.16 黑色的马桶

卫生间设计在发挥想象力时应注意以下几点：

（1）卫生间吊顶设计：卫浴间的湿气较重，因此，要选择那些具有防水、防腐、防锈特点的材料。

（2）卫生间墙面设计：墙面的瓷砖也要防潮防水，保证墙面与地面的整体感；

（3）卫生间绿化设计：增添生气。卫生间不应该成为被绿色遗忘的角落。装修时可以选择些耐阴、喜湿的盆栽放置在卫生间里，使其多几分生气。

2. 客厅的想象力预设与实现

客厅是与客人会面的地方，也是整个家的"门面"。客厅的摆设、颜色都能反映主人的个性、特点、眼光、个性等。

图 5.17　平常的客厅

（1）色彩与光线。

色彩和照明的布局是反映主人艺术审美和个性特点的主要手段。总体来说，应将客厅装饰成为大方得体、接待亲朋好友的理想场所。因此，若你对客厅颜色没有较大把握，那么运用统一的淡色调会是一个比较理想的办法，即整体采用同一色调，然后用软装饰进行色彩点缀，这会产生你意想不到的效果。客厅区域的整体照明应以敞亮为基本要求。白天的客厅以自然采光为主，尽量能将自然光线引入环境；晚间则以人工照明为主，包括装饰性吊灯照明、吸顶灯具、嵌入式灯与壁灯等混合照明，但保证居室的敞亮仍然是选择灯具的第一目标。

图 5.18　充满变化与想象力的空间

（2）地面。

人们在大客厅空间内往往喜欢给不同功能区域的地面选择不同材质和不同色彩的地板，以区别小功能区。但是，经过几年的实践，这种方法的效果并不好，使得大空间没有了整体的美感，多了几分凌乱。因此，采用同一材质、统一色彩来装饰客厅地面，而利用铺设的不同走向、软装、吊顶走向等来区隔空间，不仅能在整体上显得统一，而且达到了分隔功能区的目的。

（3）软装饰。

客厅内的软装饰，包括植物、布艺、小摆设等各类装饰品。软装的选择与摆设，既要符合功能区的环境要求，同时要体现自己的个性与主张。富有生气的植物给人清新、自然的感受；布艺制品的巧妙运用能使客厅的整体空间在色彩上鲜活起来，可以起到画龙点睛的作用；别致独特的小摆设也能反映主人的性情，是空间设计中不可或缺的点缀品。

3. 主卧室的想象力预设与实现

主卧室是房屋主人的卧室，是睡眠、休息、最具隐私性的空间。人大约有三分之一的时间要在卧室中度过。主卧室不仅是人睡觉的地方，也是夫妇间倾吐衷肠，最私密、亲近的地方。因此，主卧室装修必须依据主人的年龄、性格、志趣爱好，考虑安静稳重的或是浪漫舒适的情调，创造一个完全属于个人的温馨环境。

（1）材料选择。

第一，卧房应选择吸音性、隔音性好的装饰材料，触感柔细美观的布贴，具有保温、吸音功能的地毯都是卧室的理想之选。像大理石、花岗石、地砖等较为冷硬的材料就不太适合卧室使用。

第二，窗帘应选择具有遮光性、防热性、保温性以及隔音性较好的半透明的窗纱或双重花边的窗帘。

图 5.19　小户型卧室设计

第三，若卧室里带有卫生间，则要考虑到地毯和木质地板怕潮湿的特性，因而卧室的地面应略高于卫生间，或者在卧室与卫生间之间用大理石、地砖设一门槛，以防潮气。

（2）照明设计。

卧室是休息的地方，除了提供易于安眠的柔和的光源之外，更重要的，要以灯光的布置来缓解白天紧张的生活压力，卧室的照明应以柔和为主。卧室的照明可分为照亮整个环境的天花板灯、床灯以及夜灯，天花板灯应安装在光线不刺眼的位置；床灯可使环境的光线变得柔和，营造浪漫的感觉；夜灯投出的阴影可使空间看起来更宽敞。

（3）色彩设计。

卧室的色彩应避免选择刺激性较强的颜色，一般选择暖和的、平稳的中间色，如乳白色、粉红色、米黄色等。

（4）地板设计。

卧室中铺设地板，如果选用深色的大幅图案具有亲切感；浅色、小巧的图案能使房间显得宽敞；用红木装饰地面，能使人产生温馨宁静的感觉；深红色的装饰可衬托出豪华、庄重的氛围；白枫木突出高雅、实用的风格；山毛榉地板使居室显得舒畅明朗；白桦木地板可以使小巧的房间看起来整洁、不拥挤；胡桃木地板显得庄重高贵。如果想突出特色，饰以部分拼花地板，则可以收到意想不到的效果。卧室是供人休息、使人身心放松的地方，应选用暖色或中性色彩的地板，给人以安静、舒畅的感觉。

4. 厨房的想象力预设与实现

厨房，是指可在内准备食物并进行烹饪的房间，一个现代化的厨房通常包括炉具（如瓦斯炉、电炉、微波炉或烤箱）、梳理台（如洗碗槽或是洗碗机）及储存食物的设备（如冰箱）。受众对厨房的期待不仅有使用方面的，也有精神层面的。因此，厨房也能令受众产生相关的想象。

图 5.20　厨房色彩设计让人产生联想（一）

厨房设计的最基本概念是"三角形工作空间"，所以洗菜池、冰箱及灶台都要安放在适当位置，最理想的是呈三角形，且相隔的距离最好不超过一米。在设计工作之初，最理想的做法就是以个人日常操作家务程序作为设计的基础。

（1）水池与灶台不在同一操作台面上或距离太远。

如在 U 型厨房中，将水池与灶台分别设置在 U 型的两个长边上；或在岛型厨房中，一方沿墙而放，另一方则放在岛型工作台上。热锅、清洗后的蔬菜、刚煮熟的面条必须经常在水池与灶台之间挪动，锅里的水会因此滴落在二者之间的地板上。因此，最好将水池与灶台设计在同一流程线上，并且将二者之间的功能区域用一块直通的台面连接起来作为操作台。

（2）水池或灶台被安放在厨房的角落里。

有些厨房的格局设计很不合理，烟道采用墙垛的形式，燃气管道预留在烟道附近，很多人想当然地将灶台紧贴烟道墙安放。这样，在炒菜时操作者的胳膊肘会经常磕到墙壁上，否则只能伸长胳膊操作或放弃使用贴墙灶眼烹炒食物。水池贴墙安放也会产生同样的麻烦。

因此，水池或灶台与墙面至少要保留 40 厘米的侧面距离，才能有足够空间让操作者自如地工作。这段自由空间可以用台面连接起来，创设便利有用的工作平台。

水池的下面最好放置洗碗机和垃圾桶，而在灶台下面放置烤箱。这种搭配会带给使用者更多的便利。

图 5.21　厨房色彩设计让人产生联想（二）

5. 环境想象空间实现实例——竹北星和诊所环境设计

竹北星和诊所的环境设计采用星星的概念，将诊所整体设计转化为天花符号，让主体转化为图腾发展，进而带动地面至天花的无尽想象，柜台变为一个视觉中心，利用线性色块引导视觉感受，使得整个诊所舒适明亮。

图 5.22　竹北星和诊所环境设计（一）

图 5.23　竹北星和诊所环境设计（二）

本章小结

本章首先阐明了"想象"的内涵；其次论述了环境设计创意过程与"想象"的关系；之后又对环境设计创意方法进行了介绍；最后分析了环境设计过程中的"想象"。

第六章 情感与环境设计诉求

情感对设计的影响非常广泛。设计师必须充分认识到自身和受众的情感规律，才能做到有的放矢。环境设计师为了让作品引起受众强烈反响，一般都让作品迎合了受众的一些情感诉求或者在设计过程中掺入了些许情感因子。

第一节 情感与情绪概论

一、情感与情绪

情感与情绪是人对事物的态度的体验，是人的需要是否得到满足的反映。情绪和情感有别于认识活动，它具有特殊的主观体验、显著的生理变化和外部表情行为。

情绪和情感两个词常可通用，在某些场合它们所表达的内容也有不同，但这种区别是相对的。人们常把短暂而强烈的具有情景性的感情反应看作情绪，如愤怒、恐惧、狂喜等；而把稳定而持久的、具有深沉体验的感情反应看作情感，如自尊心、责任感、热情、亲人之间的爱等。实际上，强烈的情绪反应中有主观体验，而情感也在情绪反应中表现出来。通常所说的感情既包括情感，也包括情绪。

在个体发展中，情绪反应出现在先，情感体验发生在后。新生儿一个月内就出现了愉快、痛苦的情绪反应。他们最初的面部表情具有反射的性质，而随后发生的社会性情绪反应就带有体验的性质，产生了情感。例如在母子交往中，母亲哺乳引起婴儿食欲满足的情绪；母亲的爱抚引起婴儿欢快、享受的情绪。当婴儿与母亲形成依恋时就产生了情感。这种依恋具有相对稳定而平缓的性质。然而，已经形成的情感，常常要通过具体的情绪表现出来。对成人来说也是这样，爱国主义的情感，在具体情境下是通过情绪得到体现的。一个人对祖国的成就欢欣鼓舞，对敌人仇恨，这都是正常的情感的流露；而每当这些情绪发生时，又体验着爱国主义情感。

情绪，是对一系列主观认知经验的通称，是多种感觉、思想和行为综合产生的心理和生理状态。最普遍、通俗的情绪有喜、怒、哀、惊、恐、爱等，也有一些细腻微妙的情绪，如嫉妒、惭愧、羞耻、自豪等。情绪常和心情、性格、脾气、目的等因素互相作用，也受到荷尔蒙和神经递质影响。无论正面还是负面的情绪，都会引发人们行动的动机。尽管一些情绪引发的行为看上去没有经过思考，但实际上意识是产生情绪重要的一环。

情绪以表情的形式表现出来，包括面部表情、言语声调表情和身段姿态表情。面部表情是情绪表现的主要形式。面部表情模式是在种族遗传中获得的。面部肌肉运动向脑提供感觉信息，引起皮层皮下的整合活动，产生情感体验。表情对儿童认知和社会性发展以及对成人的交际具有重要的意义。

情绪的身体—生理反应是由中枢和外周神经系统以及内分泌系统的活动产生的。中枢神经系统对情绪起调节和整合的作用。大脑皮层对有关感觉信息的识别和评价在引起情绪，以及随后的行为反应中起重要作用。网状结构的激活是活跃情绪的必要条件。边缘系统的结构与愤怒、恐惧、愉快、痛苦等强烈情绪有关。自主神经系统与情绪的身体－生理反应密切相关。

神经系统和脑的化学过程对情绪的发生和变化有直接的影响。特别是脑垂体—下丘脑—肾上腺系统的活动，对情绪的调节起着显著的作用。脑垂体和下丘脑既参与中枢和外周神经系统对情绪的整合，又调节内分泌腺，特别是肾上腺的功能。

情绪和情感复杂多样，很难有准确的分类。荀子的"六情说"把情感分为六个大类，包括好、恶、喜、怒、哀、乐。笛卡尔认为爱、憎、喜、悲、称赞、期望是人类的基本情感，其他情感是由这些情感派生的。斯宾诺莎提出，人的基本情感有三种，分别是喜、悲和愿望。

心理学界还有一种观点，认为愉快、愤怒、恐惧和悲哀是人类最基本的原始情绪。在影视创作领域，创作者比较重视这四种基本情绪。演员对于这四种基本情绪的区分与把握也比较深刻。

近年对情绪发展的研究，以面部表情区分出十种基本情绪，分别是兴趣、愉快、痛苦、惊奇、愤怒、厌恶、惧怕、悲哀、害羞和自罪感。前八种情绪在人类婴儿一岁以内已出现，后两种在一岁半左右发生。成人除基本情绪以外，还有许多复合情绪。例如对自己的态度有骄傲感与谦逊感；与他人相联系的有爱与恨、羡慕与妒忌；对情境事件有求知、好奇心等，这些都是两种以上基本情绪的混合。焦虑和忧郁等可能带有异常性质的情绪，也是几种基本情绪的合并或模式。焦虑包括恐惧、痛苦、羞耻、自罪感等成分；忧郁包括痛苦、恐惧、愤怒、厌恶、轻蔑和羞耻等成分。人类复杂的情绪情感蕴含着丰富的社会化内容。

情绪具有四个维度：强度（情绪的强弱程度）、快感度（愉快和不愉快的程度）、紧张度（从紧张到轻松的程度）和激动度（从激动到平静的程度）。情感的每个维度都有不同程度的序列。这四种维度之间不同程度地组合构成复杂多样的情绪状态。

情绪和情感具有两极对立的特性，在一定条件下它们之间可以互相转化。

二、情绪的类别

情绪状态有几种特殊的形式，主要包括心境、激情和应激。心境是持久而淡漠的情绪状态，可以形成人的心理状态的一般背景。激情是强烈、短暂、暴发式的情绪状态，通常由突然发生的对人具有重大意义的事件引起。应激是在人的生命或精神处于威胁情境下，采取必要决定行动时和无力应付受威胁的处境时产生的情绪状态。长时期持续的应激能引起精神创伤，危及身体健康。

三、受众心理——心情与情感价值

在进行环境设计时，必须要考虑受众在使用场所时的心情状况和一般性的适应性情感。比如，受众在餐馆用餐时一般是比较开心、比较轻松的；而受众在入住宾馆时，一般比较慎重，同时还带有一点焦虑的情绪状态。可以看出这两种不同的情绪状态所对应的空间需求是完全不同的，因此，环境设计师在做不同的空间设计时就要针对不同的情绪类型来进行设计。

四、受众对环境设计情绪反应的测量

对于情绪反应的测量，心理学界一般是运用语意分析量表来进行。首先设定测量的目的，其次制作出相应的分析量表，然后把量表发放给受众进行问卷调查；最后根据回收的问卷的统计数据进行分析，计算出调查结果，并得出测量结论。受众到底是喜欢热闹的环境，还是喜欢安静的环境；是需要愉悦的环境氛围，还是需要沉静的环境氛围，这些都可以通过寓意分析量表法调查出来。

第二节　情绪与环境设计策略

一、情绪在态度形成中的作用

态度和情绪有相似点，但是二者之间存在着巨大的差异化表现。情绪可以看作短期态度的体现。态度是不断变化发展的，态度转变所涉及的因素中情绪就是最重要的一个。关于态度转变，学术界的探讨主要体现在两个方面，首先是态度平衡理论，然后是态度失调理论，二者研究的方式不同，但是研究的重点却非常相似，那就是把握不同情况下，态度转变过程中的情绪差异化体现。

二、情绪激发与情绪降低的环境设计策略

20 世纪 60 年代初，美国心理学家沙赫特（S.Schachter）和辛格（J.Singer）提出，对于特定的情绪来说，有三个因素是必不可少的。第一，个体必须体验到高度的生理唤醒，如心率加快、手出汗、胃收缩、呼吸急促等；第二，个体必须对生理状态的变化进行认知性的唤醒；第三，相应的环境因素。

为了检验情绪的两因素理论，他们进行了实验研究。把自愿当被试的若干大学生分为三组，给他们注射同一种药物，并告诉被试注射的是一种维生素，目的是研究这种维生素对视觉的可能发生的作用。但实际上注射的是肾上腺素，一种对情绪具有广泛影响的激素。因此三组被试都处于一种典型的生理激活状态。然后，主试向三组被试说明注射后可能产生的反应，并做了不同的解释：告诉第一组被试，注射后将会出现心悸、手颤抖、脸发烧等现象（这是注射肾上腺素的反应）；告诉第二组被试，注射后身上会发抖、手脚有些发麻，没有别的反应；对第三组被试不做任何说明。接着把注射药物以后的三组被试各分一半，让其分别进入预先设计好的两种实验环境里休息：一种令人发笑的愉快环境（让人做滑稽表演），另一种是令人发怒的情境（强迫被试回答琐碎问题，并横加指责）。根据主试的观察和被试的自我报告结果，第二组和第三组被试，在愉快的环境中显示愉快情绪，在愤怒情境中显示出愤怒情绪，而第一组被试则没有愉快或愤怒的表现和体验。如果情绪体验是由内部刺激引起的生理激活状态决定的，那么三组被试注射的都是肾上腺素，引起的生理状态应该相同，情绪表现和体验也应该相同；如果情绪是由环境因素决定的，那么不论哪组被试，进入愉快环

境中就应该表现出愉快情绪，进入愤怒环境中就应该表现出愤怒情绪。实验证明，人对生理反应的认知和了解决定了最后的情绪体验。这个结论并不否定生理变化和环境因素对情绪产生的作用。事实上，情绪状态是认知过程（期望）、生理状态和环境因素在大脑皮层中整合的结果。环境中的刺激因素，通过感受器向大脑皮层输入外界信息；生理因素通过内部器官、骨骼肌的活动，向大脑输入生理状态变化的信息；认知过程是对过去经验的回忆和对当前情境的评估。来自这三个方面的信息经过大脑皮层的整合作用，才产生了某种情绪体验。

将上述理论转化为一个工作系统，称为情绪唤醒模型。这个工作系统包括三个亚系统：一是对来自环境的输入信息的知觉分析；二是在长期生活经验中建立起来的对外部影响的内部模式，包括过去、现在和将来的期望；三是现实情景的知觉分析与基于过去经验的认知加工间的比较系统，称为认知比较器，它带有庞大的生化系统和神经系统的激活机构，并与效应器官联系。

这个情绪唤醒模型的核心部分是认知，通过认知比较器把当前的现实刺激与储存在记忆中的过去经验进行比较，当知觉分析与认知加工间出现不匹配时，认知比较器产生信息，动员一系列的生化和神经机制，释放化学物质，改变脑的神经激活状态，使身体适应当前情境的要求，这时情绪就被唤醒了。

三、环境设计与情绪激发

在环境设计过程中，有时需要进行情绪激发。当环境设计师试图在短时间内调动起受众的强烈情绪时，可以通过设计手段利用环境刺激唤醒并激发受众的情绪。也有相反的情况，那就是受众的情绪过于激烈，而环境空间的设计者则需要降低情绪的兴奋度。

不同的空间类型需要激发的情绪也是不同的。按空间类型简要分析如下：

1. 第一大类是民用建筑空间

民用建筑空间主要包括居住建筑空间和公共建筑空间。居住空间又分为住宅、宿舍、公寓等；公共空间主要是指提供人们进行各种社会活动的建筑物，包括行政办公建筑、文教建筑、托幼建筑、科研建筑、医疗建筑、商业建筑、观览建筑、体育建筑、旅馆建筑、交通建筑、通信建筑、园林建筑、纪念性建筑等。总体上看来，空间的功能特性与人的某些特定情绪是有关联的。因此在做相应类型的空间环境设计时，就应当激发出使用者的与空间特性相对应的情绪。

（1）住宅对应的情绪是：安全、稳定、温和、私密、轻松、舒适、愉悦。

（2）宿舍对应的情绪是：安全、亲切、活泼、快乐、随性。

（3）公寓对应的情绪是：安全、和谐、亲密、舒适。

（4）行政办公空间对应的情绪是：严肃、庄重、紧张、认真。

（5）文教空间对应的情绪是：严肃、安全、秩序、活力。

（6）托幼空间对应的情绪是：安全、温暖、轻松、趣味、活泼。

（7）科研空间对应的情绪是：理智、严肃、秩序、专注。

（8）医疗空间对应的情绪是：信任、理性、安全、洁净、温和。

（9）商业空间对应的情绪是：热情、世俗、亲和、快乐。

（10）观览空间对应的情绪是：轻松、愉快、兴奋、激情。

（11）体育空间对应的情绪是：活泼、动感、自信、快乐。

（12）旅馆空间对应的情绪是：安全、舒适、亲和、气度、自豪。

（13）交通空间对应的情绪是：流动、速度、紧张、急切、活力。

（14）通信空间对应的情绪是：先进、崇尚、热情、理性。

（15）园林空间对应的情绪是：亲切、舒适、愉悦、自在。

（16）纪念性空间对应的情绪是：严肃、庄重、悲哀、崇拜、自豪。

2. 第二大类是工业建筑空间

在工业空间的环境设计中，要注意把握好生产者与管理者的不同情绪类型。生产者需要沉着冷静、情绪稳定、精神集中，管理者需要理性、有秩序、认真。

3. 第三大类是农业建筑空间

在农业生产的过程中，环境氛围相对宽松、闲散，使用者的身体负荷较大，但情绪常处于较舒缓放松的状态。因此，农业建筑空间的环境设计需要营造促使个体处于最佳状态的环境。

四、情绪管理策略与环境设计

情绪管理，就是用对的方法，用正确的方式，探索自己的情绪，然后调整自己的情绪，理解自己的情绪，使自己放松。

简单地说，情绪管理是对个体和群体的情绪感知、控制、调节的过程，其核心必须将人本原理作为最重要的管理原理，使人性、人的情绪得到充分发展，人的价值得到充分体现；是从尊重人、依靠人、发展人、完善人出发，提高对情绪的自觉意识，控制情绪低潮，保持乐观心态，不断进行自我激励、自我完善。

情绪使人们的生活多姿多彩，同时也影响着大家的生活及行为。当出现不好的情绪时，最好加以调节，使情绪不要给自己的生活及身体带来坏的影响。常见的情绪调节方法有以下几种：

（1）用表情调节情绪。有研究发现，愤怒的表情可以带来愤怒的情绪体验，所以当人们烦恼时，用微笑来调节自己的情绪可能是个很好的选择。

（2）人际调节。人与动物的区别在于其具有社会属性，当情绪不好时，可以向周围的人求助，与朋友聊天、娱乐可以使自己暂时忘记烦恼，而与曾经有过共同愉快经历的人在一起则能令自己回忆起当时愉快的感觉。

（3）环境调节。美丽的风景使人心情愉悦，而脏乱的环境会使人烦躁。当情绪不好时可以选择一个环境优美的地方，在完美的大自然中，心情自然而然会得到放松。还可以去那些曾经有过美好回忆的地方，记忆会促使你想起愉快的事情。

（4）认知调节。人之所以有情绪，是因为人们对事情做出了不同的解释，不同的人对同一件事情有不同的观点，相应地也会有不同的情绪反应。所以人们可以通过改变认知来改变情绪。比如说在为了某件事烦躁时，可以对该事件进行重新评价，从另外一个角度看问题，改变人们刻板地看问题的方式。

（5）回避引起情绪的问题。如果有些引起情绪的问题，既不能改变自己的观点，又不能解决，就可以选择先暂时避开问题，不去想它，待情绪稳定后，再去解决问题。有时候问题的解决方案会不经意地冒出来。

环境调节对于受众的情绪转换是有巨大作用的，因此环境设计师有必要对环境的情绪调节作用进行深入的研究。比如：病人的情绪一般比较焦虑、忧愁、悲伤、烦躁，那么设计病房等医院环境时，就应该考虑调节病人这种不良情绪。设计师此时就要考虑改变焦虑与悲伤情绪的各种手段与方法，以及如何在医院环境中实施。

五、环境设计师的情绪管理

情绪的管理对环境设计师来说非常重要。在工作过程中，设计师也会遇到各种各样的情绪问题，当出现极端的情绪问题时，心理医生建议使用以下几种常用方法：

1. 心理暗示法

从心理学角度讲，就是个人通过语言、形象、想象等方式，对自身施加影响的心理过程。这个概念最初由法国医师库埃于 1920 年提出，他的名言是："我每天在各方面都变得越来越好"。自我暗示分消极自我暗示与积极自我暗示。积极自我暗示是指，在不知不觉之中对自己的意志、心理以至生理状态产生影响，积极的自我暗示令人们保持好的心情、乐观的情绪，充满自信，从而调动人的内在因素，发挥主观能动性。心理学上所讲的"皮格马利翁效应"，也称期望效应，就是讲的积极的自我暗示。而消极的自我暗示会强化人们个性中的弱点，唤醒人们潜藏在心灵深处的自卑感、怯懦感和嫉妒心等，从而影响情绪。

与此同时，人们可以利用语言的指导和暗示作用，来调适和缓解心理的紧张状态，使不良情绪得到释放。心理学的实验表明，当个人静坐时，默默地说"勃然大怒""暴跳如雷""气死我了"等语句时心跳会加剧，呼吸也会加快，仿佛真的发起怒来。相反，如果默念"喜笑颜开""兴高采烈""把人乐坏了"之类的语句，那么他的心里面也会产生一种乐滋滋的体验。由此可见，言语活动既能唤起人们愉快的体验，也能唤起不愉快的体验；既能引起某种情绪反应，也能抑制某种情绪反应。因此，当在生活中遇到情绪问题时，人们应当充分利用语言的作用，用内部语言或书面语言对自身进行暗示，缓解不良情绪，保持心理平衡。比如默想或用笔在纸上写出下列词语："冷静""三思而后行""制怒""镇定"等等。实践证明，这种暗示对人的不良情绪和行为有奇妙的影响和调控作用，既可以调节过分紧张的情绪，又可用来激励自己。

2. 注意力转移法

注意力转移法，就是把注意力从引起不良情绪反应的刺激情境，转移到其他事物上去或从事其他活动的自我调节方法。当出现情绪不佳的情况时，要把注意力转移到使自己感兴趣的事上去，如：外出散步，看看电影、电视，读读书，打打球，下盘棋，找朋友聊天，换换环境等，有助于使情绪平静下来，在活动中寻找到新的快乐。这种方法，一方面中止了不良刺激源的作用，防止不良情绪的泛化、蔓延；另一方面，通过参与新的活动特别是自己感兴趣的活动而达到增进积极的情绪体验的目的。

3. 适度宣泄法

过分压抑只会使情绪困扰加重，而适度宣泄则可以把不良情绪释放出来，从而使紧张情绪得以缓解、轻松。因此，产生不良情绪时，最简单的办法就是"宣泄"；宣泄一般是在背地里，在知心朋友中进行。采取的形式或是用过激的言辞抨击、谩骂、抱怨恼怒的对象；或是尽情地向至亲好友倾诉自己认为的不平和委屈等，一旦发泄完毕，心情也就随之平静下来；或是通过体育运动、劳动等方式来尽情发泄；或是到空旷的山林原野，拟定一个假目标大声叫骂，发泄胸中怨气。必须指出，在采取宣泄法来调节自己的不良情绪时，必须增强自制力，不要随便发泄不满或者不愉快的情绪，要采取正确的方式，选择适当的场合和对象，以免引起意想不到的不良后果。

4. 自我安慰法

当一个人遭遇不幸或挫折时，为了避免精神上的痛苦或不安，可以找出一种合乎内心需要的理由来说明或辩解。如为失败找一个冠冕堂皇的理由，用以安慰自己，或寻找一个理由强调自己所有的东西都是好的，以此冲淡内心的不安与痛苦。这种方法，对于帮助人们在大的挫折面前接受现实，保护自己，避免精神崩溃是很有益处的。因此，当人们遇到情绪问题时，经常用"胜败乃兵家常事""塞翁失马，焉知非福""坏事变好事"等词语来进行自我安慰，可以摆脱烦恼，缓解矛盾冲突，消除焦虑、抑郁和失望等情绪，达到自我激励、总结经验、吸取教训的目的，有助于保持情绪的安宁和稳定。

5. 交往调节法

某些不良情绪常常是由人际关系矛盾和人际交往障碍引起的。因此，当人们遇到不顺心、不如意的事，有烦恼时，能主动地找亲朋好友交往、谈心，比一个人独处胡思乱想、自怨自艾要好得多。因此，在情绪不稳定的时候，找人谈一谈，具有缓和、抚慰、稳定情绪的作用。另外，人际交往还有助于交流思想、沟通情感，增强自己战胜不良情绪的信心和勇气，能更理智地去对待不良情绪。

6. 情绪升华法

升华是改变不为社会所接受的动机和欲望，而使之符合社会规范和时代要求，是对消极情绪的一种高水平的宣泄，是将消极情感引导到对人、对己、对社会都有利的方向去。如一同学因失恋而痛苦万分，但他没有因此而消沉，而是把注意力转移到学习上，立志做生活的强者，证明自己的能力。

在上述方法都失效的情况下，仍不要灰心，在有条件的情况下，去找心理医生进行咨询、倾诉，在心理医生的指导、帮助下，克服不良情绪。

第三节　环境设计中的情感诉求

一、环境设计创意中的情感因素

情感是人在活动中对人和客观事物好恶倾向的内在心理反应。人与人之间，特别是领导与被领导之间，建立了良好的情感关系，就可以使人产生亲切感。而有了亲切感，相互吸引力就大，彼此的影响力也就大。反之，没有建立良好的情感关系，就会造成双方一定的心理距离，而心理距离是一种心理排斥力、对抗力，会产生负影响力。

根据价值的强度和持续时间的不同，情感可分为心境、热情与激情。

心境是指强度较低但持续时间较长的情感，它是一种微弱、平静而持久的情感，如绵绵柔情、闷闷不乐、耿耿于怀等；热情是指强度较高但持续时间较短的情感，它是一种强有力、稳定而深厚的情感，如兴高采烈、欢欣鼓舞、孜孜不倦等；激情是指强度很高但持续时间很短的情感，它是一种猛烈、迅速爆发、短暂的情感，如狂喜、愤怒、恐惧、绝望等。

在环境设计领域，受众的情感因素也是必须要注意的。

二、环境设计元素的情感因素

情感可以发生在下列不同的水平上。

（1）与嗅、味、触、声音、颜色等感觉刺激相联系的简单情感，例如噪声、臭味引起厌恶等。

（2）与饥饿、疼痛等机体感觉相联系的简单情感，例如饱食的满足，身体良好状态的舒适等。

（3）基于个体社会经验和文化影响而产生的社会性情感，例如，对人的思想意识和行为举止是否符合社会道德规范而产生的体验称为道德感。与人对真理的追求，对科学的探索等智力活动相联系的体验称为理智感。在自然风光和艺术欣赏中产生的和谐与美的感受称为审美感。道德感、审美感、理智感被称为高级社会性情感或情操。

（4）表现个人气质的情感，如乐观、生气勃勃、冷静、忧郁等。在个人的气质中，表现得持久而经常出现的情感体验成为人格构成的重要成分。

人的认识活动受情绪和情感的影响。积极的情绪、情感推动人们去克服困难、达到目的；消极的情绪、情感，阻碍人们的活动，销蚀人们的活力，甚至引起错误的行为。

三、心境与环境设计

心境又叫心情，具有弥散性和长期性。心境的弥散性是指当人具有了某种心境时，这种心境表现出的态度体验会朝向周围的一切事物。因此设计师和环境受众的心境对环境设计项目的成败起着决定性的作用。

1. 心境的定义

心境，是一种微弱、平静而持久的带有渲染性的情绪状态。往往在一段长时间内影响人的言行和情绪。工作成败、生活条件、健康状况等会对心境产生不同程度的影响。

2. 心境的特点

心境具有弥散性和长期性。心境的弥散性是指当人具有了某种心境时，这种心境表现出的态度体验会朝向周围的一切事物。一个在单位受到表彰的人，心情愉快，回到家里会同家人谈笑风生，遇到邻居会笑脸相迎，走在路上也会觉得秋高气爽；而当他心情郁闷时，在单位、在家里都会情绪低落，无精打采，甚至会"对花落泪，对月伤情"。心境的长期性是指心境产生后要在相当长的时间内主导人的情绪表现。虽然基本情绪具有情境性，但心境中的喜悦、悲伤、生气、害怕却要维持一段较长的时间，有时甚至成为人一生的主导心境。如有的人一生历尽坎坷，却总是豁达、开朗，以乐观的心境去面对生活；有的人总觉得命运对自己不公平，或觉得别人都对自己不友好，结果总是保持着抑郁愁闷的心境。

3. 心境形成的原因

导致心境产生的原因很多，生活中的顺境和逆境，工作、学习上的成功和失败，人际关系的亲与疏，个人健康的好与坏，自然气候的变化，都可能引起某种心境。但心境并不完全取决于外部因素，还同人的世界观和人生观有联系。一个有高尚的人生追求的人会无视人生的失意和挫折，始终以乐观的心境面对生活。陈毅同志的《梅岭三章》可以说就是这种心境的体现。一九三六年冬，陈毅被困梅山。余伤病伏丛莽间二十余日，虑不得脱，得诗三首留衣底。第一首是：断头今日意如何？创业艰难百战多。此去泉台招旧部，旌旗十万斩阎罗。第二首是：南国烽烟正十年，此头须向国门悬。后死诸君多努力，捷报飞来当纸钱。第三首是：投身革命即为家，血雨腥风应有涯。取义成仁今日事，人间遍种自由花。这三首诗全面地反映了陈毅当时的心境。这种大无畏的革命者心境对他的战斗状态有极大的影响。之后不久就解围了。

心境对人们的生活、工作和健康都有很大的影响。心境可以说是一种生活的常态，人们每天总是在一定的心境中学习、工作和交往，积极良好的心境可以提高学习和工作的绩效，帮助人们克服困难，保持身心健康；消极不良的心境则会使人意志消沉，悲观绝望，无法正常工作和交往，甚至导致一些身心疾病。所以，保持一种积极健康、乐观向上的心境对每个人都有重要意义。

四、环境设计中的情感迁移

情感迁移又叫作情感转移。情感转移的本质是受众与设计师专业关系更为深入紧密时，设计师有时候会把早年或当下生活上对其他重要人物的感受和被压抑的情绪经验投射到受众身上。

一方面，环境设计师会把自己看成一名普通的环境受众。这种情感转移有助于设计师做出更符合环境受众各类需求的设计方案。另一方面，受众会将自身对于已有环境空间的情感迁移到新的环境空间中。

关于情感迁移在设计界有一个很有名的模型，叫作情感迁移模型。

1. 情感迁移模型概述

情感迁移模型认为场所体验者对新的环境场所的初始态度来自于对环境设计师所具有的好感，是对环境设计师整体情感迁移的结果。这种迁移依赖于场所体验者感知到的在环境设计师和新环境场所之间的相似性和拟合度，其对环境设计师的原有态度和情感可能会通过两个路径迁移到新环境场所中。一是直接迁移机制，即通过条件反应机制实现原有空间迁移到新空间。在这一机制下，场所体验者对环境设计师信息加工的参与性较低。二是间接迁移机制，即场所体验者首先要形成并体验到新环境空间与原环境空间之间相似的程度或形成环境空间的认知图式，在这一心理图式的影响下，场所体验者对原环境空间的态度和情感才有可能迁移到新的环境空间中，从而对环境场所产生正面的评价。否则，就是负面的评价。

2. 情感迁移模型的内容

（1）无竞争情况下的情感延伸模式（见图 6.1）。

图 6.1 情感迁移模型

由图 6.1 分析可知，外在的刺激或内在需要唤起场所体验者的某种动机（寻找能满足需要的环境场所和环境设计师），由满足需要的驱动以及场所体验者对 A 空间的态度，通过心理要素及其机能对环境设计师与新环境场所进行感知反映。同时，激活头脑里储存的有关环境设计师、环境场所的相关知识、经验和体验推动认知活动的开展。环境设计师及其新环境场所与场所体验者已有的经验、知识相联系，经过联想、想象、判断、推理和思维等认知活动，逐渐形成对 A 空间的情感延伸到甲环境空间及其环境设计师的新认知；这种认知结果与需要相联系，产生对新环境及其环境设计师的观念上的体验反映，即环境设计师延伸环境场所的情感。在认知和情感的影响下，结合需要满足状态，则形

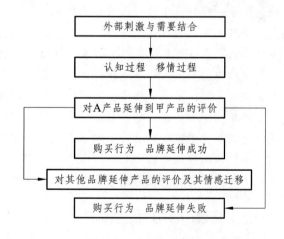

图 6.2 情感延伸模式

成对环境设计师及其新的空间中的行为上的倾向或意图。

（2）有竞争情况下的场所设计情感延伸模式（见图 6.2）。

由图 6.2 可以看出，A 可以被看成是强势环境设计师，他有良好的声誉和场所设计经

验。A 设计师进入另一类场所设计，其新的环境场所设计仍为甲。场所体验者受需要的驱动或因甲环境场所的环境、宣传的作用进入该场所设计接触到了乙、丙、丁和甲等多个环境设计师的该类环境空间设计，场所体验者很容易受 A 设计师的显赫地位和吸引力的影响，并使之成为其重要的候选设计师。在接触甲设计方案及其宣传时，场所体验者受 A 环境设计师刺激，激活相关记忆，于是发生 A 环境设计师与其新环境场所设计方案"甲"之间的联想，为认知、学习以及情感迁移提供条件，此结果成为对"甲"态度形成的主要因素。但由于该环境设计已有强势环境设计师乙、丙、丁甚至更多其他环境设计师的设计方案，所以"甲"就与它们具有竞争关系。这些环境设计师的存在必然影响、干扰、阻碍受众对"甲"的认识、判断和体验，并最终影响对"甲"态度的形成。在这种情况下，受众对"甲"设计方案以及 A 环境设计师的评价，会有不同程度的缩水，最终也会影响到环境空间中情感延伸的效果。

3. 情感迁移模型与联想需求模型的比较

情感迁移模型与联想需求模型争论的焦点主要在于：

（1）迁移的内容。情感迁移模型认为在环境设计师延伸评价中，从母环境设计师转移到延伸环境场所上的是场所体验者对母环境设计师的正性的态度；而联想需求模型则认为转移的应该是母环境设计师的特定联想，是场所体验者认为环境场所具有某些特质的信念，这种信念最终影响延伸评价。

（2）评价形成的过程。情感迁移模型中好感是直接迁移或场所体验者在进行类比匹配之后整体或部分地进行迁移的，其中拟合度对情感迁移起到了调节作用，延伸评价是情感迁移的直接结果：联想需求模型则认为母环境设计师特定联想在延伸环境场所领域受需求的程度决定了特质迁移的过程，其延伸评价是在特质迁移完成之后场所体验者对延伸环境设计师具有的特性总体评价的结果。

研究者曾试图将情感迁移和联想需求两个评价模型进行整合，他们假设在环境设计师延伸评价中，既有环境设计师好感的整体迁移，又有环境设计师特定联想的加工。但他们的研究结果并不完全支持这个假设：情感迁移只发生在抽象概念的环境设计师延伸上：有些环境设计师的特定联想对延伸评价并没有显著的影响。

两种模型对实际的场所设计运作都具有一定的指导意义，但强调的角度稍有不同，操作方法也有差异：情感迁移模型强调的是延伸环境场所与母环境设计师在环境场所功能上和形象上的相似，要求进行拟合度比较高的延伸。而联想需求模型则关注的是母环境设计师特定联想是否适合于延伸环境场所领域，是否与延伸环境场所领域有冲突，再进行延伸领域的选取。虽然这两种操作方法都有可取之处，但为了对场所体验者行为有一个更透彻的了解，有关两个评价模型的研究仍在继续。

五、环境设计中的恐惧诉求

恐惧诉求（fear appeals）是大众传播中一种常用的战术，通常是运用"敲警钟"的方法唤起人们的危机意识和紧张心理，促成他们的态度和行为向一定方向发生变化，这是一种常见的说服方法。

恐惧诉求具有双重功效。一方面，它对事物利害关系的强调可最大限度地唤起人们的注意，促成他们对特定传播内容的接触。另一个方面，它所造成的紧迫感可以使人们迅速的采取对应行动。恐惧诉求经常在政治宣传中被应用，它也被应用于日常事物的设计与宣传中。比如药品广告就经常采用恐惧诉求。

由于它是通过刺激人们的恐惧心理和畏惧心理来追求特定效果，所以必定会给对象带来一定的心理不适。如果分寸把握不好，容易招致自发的防卫性反应，对传播效果产生负面影响。恐惧诉求在另外一方面可以帮助人们发现产生恐惧的根源，并让场所体验者摆脱这些问题的困扰，对新的环境产生一种信赖和依托的心理。

在环境设计中也有采用恐惧诉求的案例。恐惧诉求比较集中的出现在纪念性建筑场所的设计中。比如：柏林犹太人纪念馆、南京大屠杀纪念馆、汶川 5·12 大地震纪念馆，以及广岛原子弹爆炸遗迹等。

六、环境设计中的幽默诉求

幽默诉求（appeals to humor）表达的是幽默，它既是生活和艺术中的一种特殊的喜剧因素，又是设计师在生活和艺术中表达或再现喜剧因素的一种能力。

幽默诉求的设计通过幽默的情趣谈化了直接功利性，使场所体验者在欢笑中自然而然、不知不觉地接受某种商业和文化信息，从而减少了人们对设计所持的逆反心理，增强了设计的感染力和沟通力。幽默的魅力是无穷的。设计师运用幽默、语言和图像的歧义等，逗人发笑，使人产生兴奋、愉快的情绪体验。它的成功往往可以导致这些积极体验潜在地同特定的场所发生联系，从而影响对该场所的态度，有助于收到良好的效果。它通过比喻、夸张、象征、寓意、双关、谐音、谐意等手法，运用机智、风趣、凝练的语言对社会生活中不合理、自相矛盾的事物或现象作轻微含蓄的揭露、批评、挪揄和嘲笑，使人在轻松的微笑中否定这些事物或现象。

事实上，幽默的用途遍布各个领域，这是它令环境设计大师受到垂青的一大原因。心理学家戴维·刘易斯（David Lewis）认为幽默被惊人地用于众多领域。幽默是一把锋利的利器，环境设计师可以用它瞄准严格确定的人口群体和态度群体；又因它的普遍性，可以作为万金油，对每个人都讨巧。国际设计类奖项的评委会经常青睐带有"幽默感"的环境设计，这一事实也助长了环境设计业内的一种看法——幽默是赢得"眼球经济"的途径。比如：日本设计师耗费巨资设计建造透明的女厕所，其实就是一项出于幽默感的诉求的设计实践。

幽默在很多时候是共通共享的，但却很少有像英国人那样广泛应用幽默的。英国卢顿大学的一项研究发现，近 90% 的英国啤酒广告运用了幽默手法。相比之下，荷兰和德国的同类啤酒环境只分别占三成和一成。英国人对幽默的依赖反映出该国独特的历史和文化，事实上这种文化未必能完全被国内的人所理解，就好像一些英式幽默的肥皂剧拿到国内却令观众不知所云。广告中的幽默诉求盛行是英国民族文化中压抑的情感反应。对比其他西方国家，本土的英国人更倾向于抑制情感和自我贬低，并认为喜怒形于色是粗鲁的表现。在表达多样的情绪方面，美国等其他国家更为开放。美国广告中以情感为主题的环境范围就要比英国宽得多，他们广泛表达欢乐、爱情、雄心和欲望，这种方式是英国人所不能接受的。

幽默和搞笑是有区别。相比那些情感宣泄的搞笑闹剧来说，幽默的手法更为含蓄。英国人习惯借用幽默来掩饰真实感受，因此英式的环境幽默便是静中取胜，创意里出彩。

一个优秀的幽默诉求的环境空间往往被人们竞相传颂，因此它还有重要的社会功能，可以成为社会凝聚力的来源。不同群体的人笑成一片，心领神会，这是在分享共同的价值观。幽默诉求也反映出环境设计师的水准：要诙谐风趣，就一定要具有敏锐的洞察力，并关心外界的变化。只有在讲幽默的人意识到观众的存在及观众的反应时，那才是一个上乘的玩笑或真正有趣的环境潜台词。

幽默诉求并不是在每个空间场所体验领域都适合。环境设计师普遍认为，纪念馆环境场所和博物展览空间的环境场所设计虽大，但几乎比任何其他空间都更严肃，因为人类历史和文明不是一个可以开玩笑的地方。大体上来说，幽默在一些休闲娱乐的环境场所中使用效果最好。如娱乐会所、休闲健身中心、儿童活动空间场所等。

作为推广信息的手段，幽默也是各有利弊。一方面，它是拉近与场所体验者距离的最佳方法；另一方面，当幽默出现偏差时，它会对环境设计师造成极大的间接伤害。当目标受众认为某环境令人捧腹不止时，其他受众群体极有可能意见相左。针对那些热衷于为环境设计师创造一种"年轻气盛"的建造者来说，尤其有这种危险，因为这样做的结果可能会伤害妇女和老年观众的感情。另外，环境幽默诉求还存在背离环境设计师意图的危险，观众时常会记住笑话却忘了环境设计师的目的。为了保险起见，一些大型环境空间建设项目等索性只打"品味"牌，彻底放弃对幽默的冒险使用。

在环境设计中，对幽默诉求地应用也需要一些条件和时机。在以下几种情况下可以使用幽默诉求。第一种情况：场所体验者对环境场所一无所知时；第二种情况：针对现有环境场所而非新环境场所时；第三种情况：传递信息与烘托气氛时；第四种情况：受众对环境场所已经有好感时；第五种情况：目的是显示不十分协调的信息或主题时。

七、环境设计与情绪控制

孟子云："居移气，养移体，大哉居乎。"

"居可移气"乃"好的环境环境可以提升人们的气质"之意，这体现了环境设计对人们的心理及生活产生着极为重要的影响。

1. 环境空间形式与情绪

空间的横向纵向，从上到下，从左到右，从前到后，三维的空间里每一个轴向都需要节奏。节奏的缓急就产生层次，层次的疏密就有了对比，这些关系的配合就会产生不同的情绪。

建筑平面本身就自带多层次的空间感受，简洁的平面一样可以通过设计创造出丰富的空间，密斯的巴塞罗那德国馆（见图6.3）就是最好的例子。

巴塞罗那德国馆长约50米，宽约25米，由三个展示空间、两部分水域组成。主厅平面呈矩形，厅内设有玻璃和大理石隔断，纵横交错，隔而不断，而有的延伸出去成为围墙，形成既分隔又联系、半封闭半开敞的空间，使环境各部分之间、环境外之间的空间相互贯穿。

从图中可以看出平面中的墙以一种非常自由的方式垂直布局，墙与墙之间相互独立，看似缺乏一定的联系，实际L型I型T型墙之间相互穿插，形成了空间的相互流动性，这正是流动空间最好的表现形式。

图 6.3　巴塞罗那世博会德国馆室内空间

片墙划分的流动空间，分隔了空间，同时也制造了对景，有点像中国古典园林里对景的手法，不是开门见山的让你看到那片园子和景色，而是要隔、要转，要你自己顺着建筑物去发现，小小的一方天地，却蕴含着这么多的玄机。

图 6.4　某服饰专卖店

另外，在环境设计中，相比于垂直线与水平线所带来的稳定、呆板印象，多种不同折线的运用，在视觉效果上更为丰富与活泼，而造型丰富多变的环境空间极易引起人们的好奇心。某服饰专卖店采用了几组具有相同角度斜角的空间组合，设计了一个极具创造性与韵律感的展示环境。设计师充分利用店面内部空间开间较小，而进深较大的特点，按照进深的尺寸在环境立面与天花上对环境进行分割，每隔一段距离就对墙面做 5°至 10°的倾斜处理，形成一个流动的波浪空间效果，从而在视觉上带给来此购物的人以活跃的律动感并调动其情绪，由此吸引购物者往环境空间进行更深的探索。

同时，曲线在环境环境中也经常被运用于营造奢华、流动、变化的视觉效果。巴洛克样式与洛可可样式都是注重表现贵丽、纤巧、繁杂的装饰艺术风格，追求不规则的形式、起伏不定的线条、奢华的装饰与雕刻、艳丽的色彩展现环境环境丰富多变的视觉效果。

2. 材质设计与情绪

材料是环境设计的重要组成部分，是体现环境装饰效果的基本要素，也是带给使用者情感暗示的重要内容。例如：木质给人的感觉是温暖、柔和和自然而钢材给人的感觉则是冰冷与理智。所以说材质自身也是有情绪特点的，他的情绪来源于他的质感和视觉效果等多方面因素。

图6.5　城市环境设计之洛克菲勒中心

石材是环境环境设计中的常用材料，具有天然所形成的各种自然纹理，有的纹理粗犷原始，有的温柔细腻，有的贴近自然，丰富的纹理带来丰富的视觉感受，这正是石材所具有的艺术魅力。1935年所建成的纽约洛克菲勒中心宏伟的大厅中，采用多种石材进行搭配。大厅沿中轴线对称布置，被石材包裹的高耸立柱和笔直的墙面构成垂直而彰显力度的线条，由地面沿至顶面的绿色大理石墙面和地面的红黑色石材组成的拼花，为大楼的入口渲染了一种豪华宏伟的气氛，让人叹为观止。

在各种材质中，木材的纹理和色调则体现了多样性与一致性的完美结合；任何两片木材都不会完全相同，然而其有机一致性使片片木材之间既有区别又相互关联。曾经具有生命的木材会带给人们以生命的韵律感，木材是一种有生命力的材料，因此木材成为环境设计中被广泛应用的材质之一。木桌椅、木地板、木屏风等等，木质材料为中国大多数家庭所喜爱，木地板几乎成了家庭环境铺装的首选。相比于以前的石质地砖，木质地板为使用者带来了一种"结庐在人境，而无车马喧"的情境体验，而此种环境环境往往能带给使用者宁静、平和的心态。

3. 环境色彩与情绪

人类可以很直观地分辨色彩所代表的情绪。色彩能在很大程度上影响到人的情绪。暖色调让人感觉喜悦，而冷色调则让人心生哀伤。高饱和度的色调之间互补色对比产生热烈的情绪，或者欢乐或者愤怒。人类从外部环境获取的信息中80%以上都是通过眼睛获得的，通过眼睛获取的一切信息都充满了色彩，所以色彩无疑是环境环境中极其重要的视觉元素。

单一色彩作为环境环境中的主色往往能带给使用者较为强烈直接的情感感受。如快餐店环境通常采用橙色、红色等，在视觉上刺激食客食欲，能让顾客快速用餐。

在众多的颜色之中，红色是最能使人获得情感刺激的色彩，既可以使人获得温暖和复古，同时又具有大胆与威严的性质。红色是热情洋溢、主张强烈的颜色，它极易吸引人们的视线。在某广告公司的休息厅内，设计师将色彩明亮的红色运用到办公环境的休息区中，不仅凸显了企业形象，同时带给前来拜访的客人热情、丰盈的情感暗示。

先为环境确定一个主色，对主色进行明度上的变化，从而对环境色彩进行搭配，可以令环境环境的视觉效果更加丰富。北京某餐厅选取绿色作为餐厅主色，再将绿色在明度上进行变化，搭配出餐厅色彩，使环境环境拥有了一种平和自然的空间情感，由此在这里就餐的人们也会感到身心的轻松与舒畅。而对绿色在纯度与组合方式上进行变化，这又为空间注入了一份清新活泼的性格，避免了单一绿色所带来的乏味与视觉疲劳感。

图6.6 某广告公司室内环境设计　　　　图6.7 北京某餐厅室内环境设计

4. 光线设计与情绪

在环境环境中利用光线来表现环境氛围，突出环境的情感、性格特点是现代设计师常用的手法之一。光线可以配合情绪从而激发受众对空间的更多感触。

在"光之教堂"的设计中，建筑师安藤忠雄在完全封闭的建筑外墙上，开设了十字形采光孔，光线穿过玻璃折射到了周边的混凝土墙面上，与周围的黑暗产生着强烈的对比，使原本无色无形的光线在这里获得了自身的"形"，当人们感受到光线透过窗倾泻而下的酣畅淋漓时，一份神秘感与敬畏感也随之油然而生。

 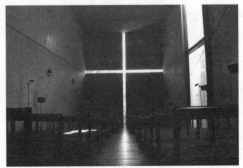

图6.8 "光之教堂"的室内环境

安藤忠雄在谈到"光之教堂"的时候说："在这里，我准备用一个厚实混凝土墙所围合的盒子形成'黑暗的构筑'。然后在严格的限定中，我在一面墙上花开了一道缝隙，让光穿射进来。这时候强烈的光束冲破黑暗，墙壁、地板和天花截取了光线，它们自身的存在也显现出来。光线在它们之间来回冲撞、反射，创造着复杂的融合。"

对于人的情绪而言，黑暗能够引起人类最本能的恐惧，光之教堂特意提供一个处于黑暗中的环境，唤起人内心本能的不安感。而教堂内唯一给人消除恐惧的地方，便是墙面上巨大的光十字，在环境空间给予人强烈的不安感之下，光十字代表了光明与希望。这种强烈的对比之下，那光十字对人们来说就有着强大的吸引力与神圣感。

在一些独具一格的茶馆或咖啡馆中，在墙上挂贴几张泛黄的照片，或在角落放置一把古旧的椅子，这会为环境空间增添一抹怀旧的气息和略显沧桑的历史感，传达人们内心深处，便会引起人们对逝去年华的追忆和怀念的情绪。

当一个素雅的水平空间中突然出现一个强烈的尖角空间时，会让人们原本平静的心理突生一种紧张、压抑的情绪，而这种设计常出现在地震纪念馆等，这种让人们缅怀过去珍惜当下的设计中。

5. 环境音效与情绪

受众在很多商场里都能听到音乐声，但大多数商场却不知道音乐到底该怎样播放才好。音乐对人的情绪的影响是很大的，乐曲的节奏、音量的大小都会影响顾客和营业员的心情。心情好，顾客和销售人员之间就会避免很多不必要的矛盾和冲突，就会出现很多商机，就会取得更大的社会效益和经济效益。如果在顾客数量较少时播放一些音量适中、节奏较舒缓的音乐，不仅能使顾客和销售人员心情更加舒畅，而且还能使顾客行动的节奏放慢，延长在商场的停留时间，增加较多的随机体验概率，也使销售人员的服务更加到位。如果在顾客人数较多时播放一些音量较大、节奏较快的音乐，就会使主顾的行动节奏随着音乐的节奏而加快，就会提高体验和服务的效率，避免由于人多效率低而引起心情不好、矛盾冲突增多的情况的出现。

总之，环境设计中的的色彩、材质、层次、光线、声响等元素共同组成了人们赖以生存的环境空间，而这些又真真切切地牵动着人们的情绪和心理，影响着日常生活。生活在当今时代的人们，随着科学技术的发展，生活、购物、办公许多活动都在虚拟网络中进行。这既方便了人们的生活，但又限制了人们的生活，人们面对面的交流沟通越来越少，情感交流也越来越少。尽管如此，人们的内心依然渴望着相互的关怀与心灵的归属，因而在环境设计中，环境设计师更应该重视情感化设计与人性化的环境氛围营造，并以此来满足人们精神上的需求，真正为人们创造出满足受众心理需求的环境空间。

八、环境设计中的情感诉求

俗话说"食必常饱，然后求美；衣必常暖，然后求丽；居必常安，然后求乐"。随着生活水平的不断提高，人们对居住环境的要求不断提高，对情感的回归有了更多的需求。而在住宅环境的设计中，任何一个部分甚至一个小小的细节都是可能成为业主抒发情感的角落。住宅设计满足业主的情感需求已经成为重要议题之一。

设计师通常将空间设计分为空间结构、空间形态以及空间装饰造型，空间结构是指各功能用房及功能空间的组织构建方式，是平层的还是跃层的；是展开布置还是聚合群落布置的，等等。空间形态是指空间组织的节奏、韵律、构图等，是对称的，还是不均衡的；是重复的，还是渐变的。空间装饰造型具体为界面的形状、功能构件的造型等。

1. 空间结构设计中的情感诉求

有设计师说过："人生活在公共与自然空间、个人与区域空间的交叉点。空间在形式中诞生。生命在空间中延续。设计是人与空间两个生命的对话。"由此可见，人与空间之间是相互影响的关系。不同的空间结构对人的情感影响也是不同的。

以住宅设计为例。在错层设计中，一般将主要居室贯通两层，这种做法使居室空间高敞，使人感到有情趣，而其他空间为普通层高，使空间感亲切，尺度宜人。这样就能满足人们最基本舒适的情感需求。

在跃层套型中将一层跃到二层的形式适合"老少局"。满足了老年人喜爱庭院，与子女分而不离的情感需求。

在"两室一厅"的住宅内，增加了工作室、储藏室、衣帽间和大量的储藏壁柜，提高了空间机能。所有活动空间都以一条中心轴线为功能核心作层层串接，视线从入口沿轴线引领到卧室。重点改造厨卫所在的一侧墙面，将一排嵌墙式书柜结合卫生间的门做统一考虑，加上推拉门，既丰富了立面的趣味和变化，也增强了轴线的围台感，同时其良好的整体性和色块对比成为客厅的主要景观视野。入口的对面是整墙的鞋柜，并被巧妙地处理成轴线的端景，达到机能和美观的统一。打通入口与厨房的隔墙，利用一道与顶地相连并与墙体脱开的装饰性隔屏，强调了客厅和人口对厨房的视线穿透。轴线的另一端为儿童卧室，缩小房间面积，辟出一个半开敞的工作室，在走道处形成一内凹的区域，成为一个相对安静的个人领地。设计师特地在工作室与儿童卧室的新砌隔墙上，留出一段落地玻璃间隔来提高该空间的采光量和透气感。在划分出储藏室和衣帽间后，主卧室的功能趋于单纯，更添私密和幽静。

整个设计运用中心轴线来统合整个空间，将空间机能浓缩在储藏室、家具或移动的屏门内，使开阔有序的空间具备良好的背景效果。这样的一个空间设计体现了设计师所崇尚的质朴、感性而舒适的情感诉求。

2. 空间色彩设计中的情感诉求

说到色彩，首先要解释下什么叫作色彩。色彩从基本上说是一种光的表现形式，光一般指能引起视觉的电磁波，即所谓"可见光"。颜色的内涵包括颜色的分类（彩色与非色两大类）、特性（色相、纯度、明度）、混合（光色混合，即加色混合；色光三原色，即红、绿、蓝；混合的三定律，即补色律、中间色律、代替律）等。

图 6.9　红色调的室内空间环境　　　　　　图 6.10　黄色调的室内空间环境

色彩是环境设计中最为生动、最为活跃的因素，它可以起到创造环境气氛的作用。首先，色彩可以满足视觉美感，居室气氛受色彩的影响非常大。比如说，当你处在一个四周都是白色的墙壁而又空无一物的环境里，你就会发现视觉没有焦点，心理上没有依托的，会感到单调无味，没有方向感和安全感。如果有一面墙涂上颜色，或挂上一幅彩色画，人就会有归属感和空间感，视觉上也就有了焦点。居室环境色彩搭配和谐，人们在心理上自然会产生美感，心情也就会放松，感到平和温馨；而反之，就会使人感到沉闷或暴躁，影响情绪。如果长期如此，也会影响人的健康。其次，利用色彩可以调节人的情绪，如暖色调给人以信心，并能减轻悲痛，紫色是精神病患者喜爱的颜色，它能帮助患者恢复正常的思维功能。另外，色彩还可以起到调节环境光线强弱的作用。由于每种色彩的反射率不同，所以它们对环境光线的强弱具有一室的影响力。色彩还可以创造出有层次、有个性、富于情调与美感的空间环境。如对于好客的主人，客厅的基本色调适宜选用乳白色、红色等的组合，可以营造出宾至如归的温暖感；对于文静的知识分子，则可以采用冷色和白色的搭配，给人一种宁静、典雅的感觉。

3. 材质设计中的情感诉求

在住宅环境设计中，选择材料也是必不可少的一部分。而这些材料的选择也是设计师对于设计情感诉求的一种重要表现。木材是绿色健康材料。木材的天然型，可持续性以及那种从远古到现在的对人类的亲和性不是其他材料可以比拟的。所以在环境设计中设计师特别喜欢用木材，特别是在老年人公寓等一些养老居所中。老年人喜欢宁静的生活，而木材的材料特质使人感觉特别宁静、舒适，让人感觉回归大自然。

除此之外，花岗岩也是常用材料，其具有很好的装饰作用，并且花岗岩的装饰特别灵活，可满足人们不同的情感需求。

图 6.11　红砖给人温暖感与朴实感　　　　图 6.12　花岗石给人冷酷感与时尚感

再谈谈砖块，不管青砖还是红砖都给人古朴的感觉。很多人比较怀念小时候在农村那种闲适的生活氛围，这时候，他们就会选择砖块，这样就可以体现出那种温暖闲适的情感诉求。

4. 细节设计中的情感诉求

当人们进入住宅内，就会对室内空间产生一个整体的感觉，而这种感觉产生的原因就是环境设计中众多设计元素的综合运用。就比如墙面装饰的色彩、肌理、光线等要素综合形成一种无声的语言环境，表达出特有的意境，使人们在这个环境中产生联想，从而得到精神上的享受，再比如家具的布置特点，家具的材质等，还有楼梯的类型，形态等等。这些细节设计都给人产生不同的情感变化。

图 6.13 木材给人温馨感与亲和感

比如细节设计中的墙面设计。设计师会看到许多点线面的结合。不同的形态代表了人们不同的情感诉求。住宅环境墙面设计中的"点"，可以是墙面上的装饰图画、一个阁架、一件装饰品等，这些往往会对空间起到点缀或是锦上添花的作用，而且点的装饰也有大小、动静之分。利用点可以形成视觉焦点，提高人们的关注度。利用点，可以体现空间的延展性。又比如说线，垂直的线使人在心理上有加高的感觉，使空间更活泼，而动态的曲线等使空间有活力和张力。光线的处理也是一样。明亮的照明会使空间显得开阔，而微弱的照明使空间收敛，光影的强弱虚实会使空间的尺度感改变，从而改变人的情感诉求。其他的细节如楼梯，规整的楼梯使人感到呆板，而异形的楼梯使人感到充满活力，空间层次更加丰富。

这就是不同的细节处理对于人情感诉求产生的不同影响。

图 6.14 圆弧与直线结合，使空间更有活力与张力　图 6.15 圆弧与直线结合，使空间更有活力与张力

环境空间与人的情感交流借助环境适宜的造型、色彩、材质等媒介进行传播。同时，环境设计应当与社会文化发生联系，从而引起受众的情感共鸣。当然，受众对环境环境的期望需求，不仅是类似"小桥，流水，人家"诗情画意的欣赏，而是更渴望在环境环境中加强人与人、人与空间的情感交流。消除人与物质之间的情感隔阂，找回人与自然的情感寄托。

在当今这个信息时代，住宅除了是生活的营地之外，还成了人们的工作场所。在这种情况下，家庭成员之间没有更多的时间表达相互之间的亲情与爱，他们也没有时间在一起回顾过去、展望未来，或者家里没有一个可以让自己冷静思考的空间。有人说：现代的住宅更像一个车站。在这里，忙碌的家人总是来去匆匆，见面时只打一个招呼而已。因为他们没有时间、没有空间进行交流。这也导致现代人对在住宅环境中的能安静地思索的空间与氛围的渴求。

图 6.16　线构成，使空间更有律动感

图 6.17　点、线、面结合，使空间更有层次感

　　人的居所应该是活的、温暖的、充满温情的，它应当是心灵的归宿，是一片沃土、净土。人们能在家中呼吸到新鲜的空气，吸收到文化的营养，享受到高品质的生活。这就是当今住宅环境设计中人们最需要的情感诉求。住宅的环境设计应当满足受众的相关需求。

本章小结

　　本章首先介绍了情感与情绪的内涵与特点；然后论述了情绪对环境设计的影响以及与情绪有关的环境设计策略；最后分析了环境设计中的情感诉求。

第七章 个性、自我与环境设计表达

个性与自我对于人的行为有很大的影响，有时对人的行为是起决定性作用的。设计师的个性与自我对于设计作品的定位与风格有决定性的作用；受众的个性与自我对于环境空间的使用与设计方案的选择也有主导作用。

第一节 个性与个性理论

一、个性及其特征

个性也可称为性格或人格，著名心理专家郝滨先生认为："个性可界定为个体思想、情绪、价值观、信念、感知、行为与态度之总称，它确定了人如何审视自己以及周围的环境。它是不断进化和改变的，是人从降生开始，生活中所经历的一切总和。"简单地说，个性就是个体独有的并与其他个体区别开来的整体特性，即具有一定倾向性的、稳定的、本质的心理特征的总和，是一个人共性中所凸显出的一部分。

个性一词最初来源于拉丁语"Personal"，开始是指演员所戴的面具，后来指演员——一个具有特殊性格的人。一般来说，个性就是个性心理的简称，在西方又称人格。它是指一个人独特的、稳定的和本质的心理倾向和心理特征的总和。简单地说，个性就是一个人的整体精神面貌。

个性，在心理学中的解释是：一个区别于他人的，在不同环境中显现出来的，相对稳定的，影响人的外显和内隐行为模式的心理特征的总和。

心理学中的个性概念与日常生活中所讲的"个性"是不同的。日常生活中人们通常说一个特立独行的人："你真有个性！"此处的"个性"并不是指人格，它的含义更接近于心理学中的性格一词。

性格，心理学中也称为性情、个性、气质。在心理学中，指一个人内在的人格特质，如内向或外向。它通常是天生的，而不是后天学习得来的。

在日常的人际交往中，研究者会发现，有的人行为举止、音容笑貌令人难以忘怀；而有的人则很难给别人留下什么印象。有的人虽曾见过一面，却给别人留下长久的回忆；而有的人尽管长期与别人相处，却从未在人们的心目中掀起波澜。出现这种现象的原因就是个性在起作用。一般来说，鲜明的、独特的个性容易给人以深刻的印象，而平淡的个性则很难给人留下什么印象。

在日常生活中，人们对个性也容易产生一些误解，往往认为一个"倔强""要强""坦率""固执"的人很有个性；而"文雅""平和""斯文""柔弱"的人没有个性。这种看法是不对的，至少说是不全面的。"倔强""要强""坦率""固执"是一种人在其生活、实践中经常的、带有一定倾向性的个体心理特征，是一个人区别于其他人的精神面貌或者心理特征。由于这种倾向的个性特征比较鲜明、独特，往往容易给人留下深刻的印象。而"文雅""平和""斯文""柔弱"也同样是一种性格温和、希望与他人和睦相处的人带有倾向性的个体心理特征和区别于其他人的精神面貌或心理特征。只不过这种倾向性的个性特征比较平淡而不鲜明，往往不容易给人留下深刻的印象罢了。由此可见，不管是哪一种倾向性的个性特征，不管这种特征是鲜明的还是平淡的，它都表明了一种个性。心理特征人人都有，精神面貌人人不可缺少。从这种意义上来说，世界上不存在没有个性的人。个性对于一个人的活动、生活具有直接的影响；对于一个人的命运、前途有直接的作用。

这些日常生活中所提的"要强""固执""坦率"或"文雅""平和""柔弱"等，实际上是心理学中个性心理特征之一的性格，而不是个性的全部内容。

二、个性的结构

个性其实是一个结构或者说是一个系统。探讨个性的结构，目的在于找出个性的各种特征和表现，揭示出个性的本质特点。个性的结构概念分为狭义的和广义的两种。

狭义结构的成分有：个性倾向性指人对社会环境的态度和行为的积极特征，包括需要、动机、理想、信念和世界观等；个性心理特征指人的多种心理特点的一种独特结合。其中包括完成某种活动的潜在可能性的特征，即兴趣和能力。

从广义方面来讲，除了上述两种比较稳定的带有一贯性的狭义的结构成分外，还应包括心理过程（如认知、情感、意志等过程）和心理状态。心理状态包括表现在情感方面的激情和心境，注意力方面的集中和分散，意志中的信心和缺乏信心等。广义的个性结构实际是指人的整个心理结构，把个性和人作为同一语言理解。

从广义上的从构成方式讲，个性其实是一个系统，其由三个子系统组成：

（一）个性倾向性

个性倾向性指人对社会环境的态度和行为的积极特征，包括需要、动机、兴趣、理想、信念、世界观等。个性决定着人对现实的态度，决定着人对认识活动的对象的趋向和选择。个性倾向性是个性系统的动力结构，较少受生理、遗传等先天因素的影响，主要是在后天的培养和社会化过程中形成的。个性倾向性中的各个成分并非孤立存在的，而是互相联系、互相影响和互相制约的。其中，需要又是个性倾向性乃至整个个性积极性的源泉，只有在需要的推动下，个性才能形成和发展。动机、兴趣和信念等都是需要的表现形式。而世界观属于最高指导地位，它指引着和制约着人的思想倾向和整个心理面貌，它是人的言行的总动力和总动机。由此可见，个性倾向性是以人的需要为基础、以世界观为指导的动力系统。

（二）个性心理特征

个性心理特征指人的多种心理特点的一种独特结合，包括完成某种活动的潜在可能性的特征，即能力；心理活动的动力特征，即气质；对现实环境和完成活动的态度上的特征，即性格。个性心理特征是个性系统的特征结构。

（三）自我意识

自我意识指自己对所有属于自己身心状况的意识，包括自我认识、自我体验、自我监控等方面，如自尊心、自信心等。自我意识是个性系统的自动调节结构，而心理过程是个性产生的基础。

一般而言，个性具有下列特性：

1. 个性的倾向性

个体在形成个性的过程中，时时处处都表现出每个个体对外界事物的特有的动机、愿望、定势和亲和力，从而发展为各自的态度体系和内心环境，形成了个人对人、对事、对自己的独特的行为方式和个性倾向。

2. 个性的复杂性

个性是由多种心理现象构成的，这些心理现象有些是显而易见的，别人看得清楚，自己也觉察得很明显，如热情、健谈、直爽、脾气急躁等；有些非但别人看不清楚，就连自己也感到模模糊糊。

3. 个性的独特性

每个人的个性都具有自己的独特性，即使是同卵双生子甚至连体婴儿长大成人，也同样具有自己个性的独特性。

4. 个性的积极性

个性是个动力倾向系统的结构，不是被客观环境任意摆布的消极个体。个性具有积极性、能动性，并统率全部心理活动去改造客观世界和主观世界。

5. 个性的稳定性

从表现上看，人的个性一旦形成，就具有相对的稳定性。

6. 个性的完整性

如前所述，个性是一个完整的统一体。一个人的各种个性倾向、心理过程和个性心理特征都是在其标准比较一致的基础上有机地结合在一起的，绝不是偶然性的随机凑合。人是作为整体来认识世界并改造世界的。

7. 个性的发展性

婴儿出生后并没有形成自己的个性，随着其成长，其心理不断丰富、发展、完善，逐渐形成其个性。从形式上讲，个性不是预成的，而是心理发展的产物。

8. 个性的社会性

个性是有一定社会地位和起一定社会作用的有意识的个体。个性是社会关系的客体，同时它又是一定社会关系的主体。个性是一个处于一定社会关系中的活生生的人和这个人所具有的意识。个性的社会性是个性的最本质特征。

从个性的发展性与个性的社会性来看，个性的形成一方面有赖于个人的心理发展水平，另一方面有赖于个人所处的一定的社会关系。研究人的个性问题，必须以马克思主义关于人的本质的学说为基础和出发点。马克思曾经指出："人的本质并不是单个人所固有的抽象物，实际上，它是一切社会关系的总和。"因此，只有在实践中，在人与人之间的交往中，考察社会因素对人的个性形成的决定作用，才能科学地理解个性。

研究个性，就是研究人，就是研究人生。个性理论就是关于人的理论，就是关于人生的理论。人人都有个性，人人的个性都各不相同。正是这些具有千差万别个性的人，组成了人类这个生动活泼、丰富多彩的大千世界和各种各样，既相互联系又相互制约的人类群体，推动着历史的前进和时代的变迁。

三、关于个性的理论

由于个性结构较为复杂，因此，许多心理学者从自己研究的角度提出个性的定义，美国心理学家奥尔波特曾综述过 50 多个不同的定义。如美国心理学家伍德威尔斯认为："人格是个体行为的全部品质。"美国人格心理学家卡特尔认为："人格是一种倾向，可借以预测一个人在给定的环境中的所作所为，它是与个体的外显与内隐行为联系在一起的。"苏联心理学家彼得罗夫斯基认为："在心理学中个性就是指个体在对象活动和交往活动中获得的，并表明在个体中表现社会关系水平和性质的系统的社会品质。"

近年来，西方心理学界的个性心理研究，从其内容和形式分类方面来看，主要分为以下五种：

第一，列举个人特征的定义，认为个性是个人品格的各个方面，如智慧、气质、技能和德行。

第二，强调个性总体性的定义，认为个性可以解释为"一个特殊个体对其所作所为的总和"。

第三，强调对社会适应、保持平衡的定义，认为个性是"个体与环境发生关系时身心属性的紧急综合"。

第四，强调个人独特性的定义，认为个性是"个人所以有别于他人的行为"。

第五，对个人行为系列的整个机能的定义，这个定义是由美国著名的个性心理学家奥尔波特提出来的，认为"个性是决定人的独特的行为和思想的个人内部的身心系统的动力组织。"

目前，西方心理学界一般认为奥尔波特的个性定义比较全面地概括了个性研究的各个方面。首先，他把个性作为身心倾向、特性和反应的统一；其次，提出了个性不是固定不变的，而是不断变化和发展的；最后，强调了个性不单纯是行为和理想，而且是制约着各种活动倾向的动力系统。

苏联心理学家一般是从人的精神面貌方面给个性下定义的。从这方面理解个性的心理学家又有两种情况：一部分心理学家把个性理解为具有一定倾向性的各种心理品质的总和。目前我国的一些心理学教材也持这种观点。另一部分心理学家只从心理的差异性方面把个别心理特征理解为个性。应该说，前一种看法是比较恰当的。他们认为人的能力、气质和性格等个性特征并不孤立存在，而是在需要、动机、兴趣、信念和世界观等个性倾向的制约下构成的整体。而后一种看法过于狭窄，没有看到个性倾向在个性中的作用，缺乏对个性各个特征作为有机的整体看待，它显然没有揭示出个性的实质。

由于个性的复杂性，我国心理学界对个性的概念和定义尚未有一致的看法。我国第一部大型心理学词典——《心理学大词典》中的个性定义反映了多数学者的看法，即："个性，也可称人格。指一个人的整个精神面貌，即具有一定倾向性的心理特征的总和。个性结构是多层次、多侧面的，由复杂的心理特征的独特结合构成的整体。这些层次有：第一，完成某种活动的潜在可能性的特征，即能力；第二，心理活动的动力特征，即气质；第三，完成活动任务的态度和行为方式的特征，即性格；第四，活动倾向方面的特征，如动机、兴趣、理想、信念等。这些特征不是孤立的存在的，是有机结合的一个整体，对人的行为进行调节和控制的。"

也有少数学者提出将"个性"和"人格"加以区别，认为个性即个体性，指人格的独特性；人格是一个复杂的内在组织，它包括人的思想、态度、兴趣、气质、潜能、人生哲学以及体格和生理等特点。两者并不是完全相同的，只是互相交错在一起，共同影响着人的行为，人格的形成更多的是由教育决定的。

综上所述，尽管心理学家们对个性的概念和定义所表达的看法不尽相同；但其基本精神还是比较一致的："个性"内涵非常广阔丰富，是人们的心理倾向、心理过程、心理特征以及心理状态等综合形成系统心理结构。

现代心理学一般认为，个性就是个体在物质活动和交往活动中形成的具有社会意义的稳定的心理特征系统。

第二节　针对个性的环境设计策略

一、气质与环境设计策略

盖伦最先提出了气质这一概念，用气质代替了希波克拉底的体液理论中的人格，形成了四种气质学说，此分类方式一直在心理学中沿用至今。

气质（Temperament）是表现在心理活动的强度、速度、灵活性与指向性等方面的一种稳定的心理特征。人的气质差异是先天形成的，受神经系统活动过程的特性所制约。孩子刚一落生时，最先表现出来的差异就是气质差异，有的孩子爱哭好动，有的孩子平稳安静。

气质给人们的言行涂上某种色彩，但不能决定人的社会价值，也不直接具有社会道德评价含义。气质不能决定一个人的成就，任何气质的人只要经过自己的努力都能在不同实践领域中取得成就，也可能成为平庸无为的人。

气质是人的个性心理特征之一，它是指在人的认识、情感、言语、行动中，心理活动发生时力量的强弱、变化的快慢和均衡程度等稳定的动力特征。主要表现在情绪体验的快慢、强弱、表现的隐显以及动作的灵敏或迟钝方面，因而它为人的全部心理活动表现染上了一层浓厚的色彩。

人的气质可分为四种类型：胆汁质（兴奋型）、多血质（活泼型）、黏液质（安静型）、抑郁质（抑制型）。

1. 多血质

灵活性高，易于适应环境变化，善于交际，在工作，学习中精力充沛而且效率高；对什么都感兴趣，但情感兴趣易于变化；有些投机取巧，易骄傲，受不了一成不变的生活。代表人物：韦小宝，孙悟空，王熙凤。

2. 黏液质

反应比较缓慢，坚持而稳健的辛勤工作；动作缓慢而沉着，能克制冲动，严格恪守既定的工作制度和生活秩序；情绪不易激动，也不易流露感情；自制力强，不爱显露自己的才能；固定性有余而灵活性不足。代表人物：鲁迅，薛宝钗。

3. 胆汁质

情绪易激动，反应迅速，行动敏捷，暴躁而有力；性急，有一种强烈而迅速燃烧的热情，不能自制；在克服困难上有坚忍不拔的劲头，但不善于考虑能否做到，工作有明显的周期性，能以极大的热情投身于事业，也准备克服且正在克服通向目标的重重困难和障碍，但当精力消耗殆尽时，便失去信心，情绪顿时转为沮丧而一事无成。代表人物：张飞、李逵、晴雯。

4. 抑郁质

高度的情绪易感性，主观上把很弱的刺激当作强作用来感受，常为微不足道的原因而动感情，且有力持久；行动表现上迟缓，有些孤僻；遇到困难时优柔寡断，面临危险时极度恐惧。代表人物：林黛玉。

古代所创立的气质学说用体液解释气质类型虽然缺乏科学根据，但人们在日常生活中确实能观察到这四种气质类型的典型代表。比如：活泼、好动、敏感、反应迅速、喜欢与人交往、注意力容易转移、兴趣容易变换等，是多血质的特征；直率、热情、精力旺盛、情绪易于冲动、心境变换剧烈等，是胆汁质的特征；安静、稳重、反应缓慢、沉默寡言、情绪不易外露、注意稳定但又难于转移、善于忍耐等，是黏液质的特征；孤僻、行动迟缓、体验深刻、善于觉察别人不易觉察到的细小事物等，是抑郁质的特征。因此，这四种气质类型的名称被许多学者所采纳，并一直沿用到今天。

人的气质类型可以通过一些方法加以测定。但属于某一种类型的人很少，多数人是介于各类型之间的中间类型，即混合型，如胆汁-多血质，多血-黏液质等。

现代心理学把气质理解为人典型的、稳定的心理特点，这些心理特点以同样方式表现在各种各样活动中的心理活动的动力上，而且不以活动的内容、目的和动机为转移。

气质是人典型的、稳定的心理特点。这种典型的心理特点很早就表露在儿童的游戏、作业和交际活动中。据斯特拉霍夫的研究，在39名作为研究对象的小受众中，有34名明显地表现出所述的气质类型。其中多血质的有9名，胆汁质的10名，黏液质的9名，抑郁质的6名。

气质类型的很早表露，说明气质较多地受个体生物组织的制约；也正因为如此，气质在环境和教育的影响下虽然也有所改变，但与其他个性心理特征相比，变化要缓慢得多，具有稳定性的特点。

气质主要表现为人的心理活动的动力方面的特点。所谓心理活动的动力是指心理过程的速度和稳定性（例如知觉的速度、思维的灵活程度、注意集中时间的长短）、心理过程的强度（例如情绪的强弱、意志努力的程度）以及心理活动的指向性特点（有的人倾向于外部事物，从外界获得新印象；有的人倾向于内部，经常体验自己的情绪，分析自己的思想和印象），等等。气质仿佛使一个人的整个心理活动表现都涂上个人独特的色彩。

当然，心理活动的动力并非完全决定于气质特性，它也与活动的内容、目的和动机有关。任何人，无论有什么样的气质，遇到愉快的事情总会精神振奋，情绪高涨，干劲倍增；反之，遇到不幸的事情会精神不振，情绪低落。但是人的气质特征则对目的、内容不同的活动都会表现出一定的影响。换句话说，有着某种类型的气质的人，常在内容全然不同的活动中显示出同样性质的动力特点。例如，一个受众每逢考试表现出情绪激动，等待与友人的会面时会坐立不安，参加体育比赛前也总是沉不住气，等等。也就是说，这个受众的情绪易于激动会在各种场合表现出来，具有相当固定的性质。只有在这种情况下才能说，情绪易于激动是这个受众的气质特征。人的气质对行为、实践活动的进行及其效率有着一定的影响，因此，了解人的气质对于教育工作、组织生产、培训干部职工、选拔人才、社会分工等方面都具有重要的意义。

二、性格与环境设计策略

性格是指表现在人对现实的态度和相应的行为方式中的比较稳定的、具有核心意义的个性心理特征，是一种与社会相关最密切的人格特征，在性格中包含有许多社会道德含义。性格表现了人们对现实和周围世界的态度，并表现在他的行为举止中。性格主要体现在对自己、对别人、对事物的态度和所采取的言行上。

心理学家根据个人对社会的适应性为主要参考系对人的性格分为5类：摩擦型、平常型、平稳型、领导型和逃避型。摩擦型性格的人表现为性格外露，人际关系紧张，处理问题欠妥，容易造成摩擦。平常型性格的人的态度，情感，意志，理智均表现为一般，平平常常，没有特殊的表现。平稳型性格的人对环境有较好的适应性，但往往是被动地适应，善结人缘，人际关系好。领导型性格的人，对社会的适应性好，而且能主动适应社会环境。逃避型性格的人表现为性格内向，不善交际，与世无争。但是性格是感知与感悟的双向误导性质，同一个性格的人或者信任度很高。

心理学家们曾经以各自的标准和原则，对性格类型进行了分类，下面是几种有代表性的观点：

（1）从心理机能上划分，性格可分为理智型、情感型和意志型；

（2）从心理活动倾向性上划分，性格可分为内倾型和外倾型；

（3）从个体独立性上划分，性格可分为独立型、顺从型、反抗型；

（4）斯普兰格根据人们不同的价值观，把人的性格分为理论型、经济型、权力型、社会型、审美型、宗教型。

（5）海伦·帕玛根据人们不同的核心价值观和注意力焦点及行为习惯的不同，把人的性格分为九种。这种分类法又称为"九型性格"。它们分别是：完美型、助人型、成就型、艺术型、理智型、疑惑型、活跃型、领袖型、和平型。

（6）按人的行为方式，即人的言行和情感的表现方式可分为：A 型性格、B 型性格、C 型性格和 D 型性格。

总之，性格的分类法有很多，而不同性格的人在心理活动和行为规律方面都存在着一些共性的差异。在环境设计领域，不同性格的受众对环境场所的要求也是不同的。因此，在环境设计过程中充分地研究受众的性格类型，并对不同类型的受众提出有针对性的设计措施是非常有必要的。

三、能力与环境设计策略

能力，是人类完成一项目标或者任务所体现出来的素质。人们在完成活动的过程中表现出来的能力是有所不同的。能力总是和人完成一定的实践相联系在一起的。离开了具体实践既不能表现人的能力，也不能发展人的能力。达成一个目的所具备的的条件和水平。

能力，就是指顺利完成某一活动所必需的主观条件。能力是直接影响活动效率，并使活动顺利完成的个性心理特征。能力总是和人完成一定的活动相联系在一起的。离开了具体活动既不能表现人的能力，也不能发展人的能力。

人的能力有很多种。普通人一般都具有的能力包括以下几种：

1. 一般能力与特殊能力

这是以能力所表现的活动领域的不同来划分的。

一般能力是指在进行各种活动中必须具备的基本能力。它保证人们有效地认识世界，也称智力。智力包括个体在认识活动中所必须具备的各种能力，如感知能力（观察力）、记忆力、想象力、思维能力、注意力等，其中抽象思维能力是核心，因为抽象思维能力支配着智力的诸多因素，并制约着能力发展的水平。

特殊能力又称专门能力，是顺利完成某种专门活动所必备的能力，如音乐能力、绘画能力、数学能力、运动能力等。各种特殊能力都有自己的独特结构。如音乐能力就是由四种基本要素构成：音乐的感知能力、音乐的记忆和想象能力、音乐的情感能力、音乐的动作能力。这些要素的不同结合，就构成不同音乐家的独特的音乐能力。

一般能力和特殊能力相互关联。一方面，一般能力在某种特殊活动领域得到特别发展时，就可能成为特殊能力的重要组成部分。例如人的一般听觉能力既存在于音乐能力之中，也存在于言语能力中。没有听觉的一般能力的发展，就不可能发展言语和音乐的听觉能力；另一方面，在特殊能力发展的同时，也发展了一般能力。观察力属一般能力，但在画家的身上，由于绘画能力的特殊发展，对事物一般的观察力也相应增强起来。人在完成某种活动时，常需要一般能力和特殊能力的共同参与。总之，一般能力的发展为特殊能力的发展提供了更好的内部条件，特殊能力的发展也会积极地促进一般能力的发展。

2. 再造能力和创造能力

这是按活动中能力的创造性的大小进行划分的。

再造能力是指在活动中顺利地掌握前人所积累的知识、技能，并按现成的模式进行活动的能力。这种能力有利于学习活动的要求。人们在学习活动中的认知、记忆、操作与熟练能力多属于再造能力。创造能力是指在活动中创造出独特的、新颖的、有社会价值的环境场所的能力。它具有独特性、变通性、流畅性的特点。

再造能力和创造能力是互相联系的。再造能力是创造能力的基础，任何创造活动都不可能凭空产生的。因此，为了发展创造能力，首先就应虚心地学习、模仿、再造。在实际活动中，这两种能力是相互渗透的。

3. 认知能力和元认知能力

这是按活动的认知对象的维度划分的。

认知能力是指个体接受信息、加工信息和运用信息的能力，它表现在人对客观世界的认识活动之中。元认知能力是指个体对自己的认识过程进行的认知和控制能力，它表现为人对内心正在发生的认知活动的认识、体验和监控。认知能力活动对象是认知信息，而元认知能力活动对象是认知活动本身，它包括个人怎样评价自己的认知活动，怎样从已知的可能性中选择解决问题的确切方法，怎样集中注意力，怎样及时决定停止做一件困难的工作，怎样判断目标是否与自己的能力一致等。

四、兴趣爱好与环境设计策略

1. 兴趣的含义和特点

兴趣是指"个人"对特定的"事物""活动"以及"人为对象"所产生的带有倾向性、选择性的态度、情绪、喜欢的想法。爱好是指一个人力求认识某种事物或从事某种活动的心理倾向。二者意思相近，但含义不同。

根据兴趣产生的方式，可以将兴趣分为直接兴趣和间接兴趣。直接兴趣是人对事物本身或活动过程本身感兴趣。间接兴趣是人对活动的结果感兴趣。直接兴趣的作用时间短暂，而间接兴趣的作用比较持久。

个人兴趣体现着一个人的性格特点，不同性格的人有着不同的兴趣。每个人都会对其感兴趣的事物给予优先注意和积极地探索，并表现出心驰神往。例如：对美术感兴趣的人，会对各种油画、美展、摄影都认真观赏、评点，对好的作品进行收藏、模仿；对钱币感兴趣的人，会想尽办法对古今中外的各种钱币进行收集、珍藏以及研究；对音乐感兴趣的人，会感到音乐的美，感到音乐也有灵魂，喜爱各种乐器。对轮滑感兴趣的人，喜欢玩各种花样，感受其中的乐趣。

兴趣不只是对事物的表面的关心，任何一种兴趣都是由于获得这方面的知识或参与这种活动而使人体验到情绪上的满足而产生的。例如：一个人对跳舞感兴趣，他就会主动地、积极寻找机会去参加，并且在跳舞时感到愉悦、放松，表现出积极而自觉自愿。

（1）兴趣具有发展性。

兴趣是和个人以及个人情感密切联系的。如果一个人对某项事物没有认识，也就不会产生情感，因而也就不会对它发生兴趣。相反，认识越深刻，情感越丰富，兴趣也就越深厚。例如：有的人对集邮很入迷，认为集邮既有收藏价值，又有观赏价值，它既能丰富知识，又能陶冶情操，而且收藏得越多，越丰富，就越投入，越情感专注，越有兴趣，于是就会发展成为一种爱好；同时，兴趣还受一定的好奇心的驱使，当人对一个未知的事物产生了浓厚的好奇心后，也会产生兴趣。例如：探险和一些业余的考古发掘，是出于对历史事件的真实性的研究，促使人们产生兴趣。兴趣是爱好的前提，爱好是兴趣的发展和行动力，爱好不仅是对事物优先注意和向往的心情，而且表现某种实际行动。例如，对绘画感兴趣，而且由喜欢观赏发展到自己动手学绘画，那么就对绘画有了爱好。

（2）兴趣具有制约性。

兴趣和爱好是受社会性所制约的。不同的环境、不同的阶级、不同的职业、不同的文化层次的人，兴趣和爱好都不一样。有的人兴趣和爱好的品位比较高，有的人的兴趣和爱好的品位比较低，兴趣和爱好品位的高低会直接影响和反映一个人的个性特征的优劣。例如：对公益活动感兴趣，乐于助人，对高雅的音乐、美术有兴趣和爱好，反映了一个人个性品质的高雅；反之，对占小便宜感兴趣，对低级、庸俗的文艺作品有兴趣和爱好，则表现了一个人个性品质的低级。

（3）兴趣具有遗传性。

父母的兴趣和爱好也会对孩子有直接的影响，做父母的积极培养和引导孩子养成好的兴趣和爱好至关重要。父母的表现直接影响着孩子的表现，在孩子的眼里，父母就是他们的榜样。

（4）兴趣具有时代性。

兴趣对时代的变化会产生直接影响。就年龄方面来说，少儿时期往往对图画、歌舞感兴趣，青年时期对文学、艺术感兴趣，成年时往往对某种职业、某种工作感兴趣。它反映了一个人随着年龄的增长、知识的积累，兴趣的中心在转移。就时代来讲，不同的时代、不同的物质和文化条件，也会对人的兴趣的变化产生很大的影响。 但不管人的兴趣是什么，都是以需要为前提和基础的，人们需要什么也就会对什么产生兴趣。由于人们的需要包括生理需要和社会需要或物质需要和精神需要，因此人的兴趣也同样表现在这两个方面。人的生理需要或物质需要一般来说是暂时的，容易满足。例如，人对某一种食物、衣服感兴趣，吃饱了、穿暖了也就满足了，而人的社会需要或精神需要却是持久的、稳定的、不断增长的，例如人际交往、对文学和艺术的兴趣、对社会生活的参与则是长期的、终生的。兴趣是在需要的基础上产生的，也是在需要的基础上发展的。

（5）兴趣受周遭环境的影响。

周围人对自身的兴趣有着难以磨灭的影响，周围的风气会影响自身审美情趣，从而潜移默化地影响自身兴趣。

兴趣的发掘、培养将会影响到一个人今后的人生、事业、婚姻等个人的成长方面的发展。不一样的兴趣塑造不一样的性格，最后导致个人能力随兴趣的改变而发展。

2. 如何培养设计师的兴趣

首先，要善于发展入趣点，从入趣点着手。"入趣点"是指人在做事情过程中的兴趣所在。每一件事情只要认真去做，努力去发掘，必定能找到入趣点。学习也是一样，或许你对语文不感兴趣，但是你必定对其中的一篇文章特别喜欢。你可以从这篇文章入手，努力把它吃透弄明白，逐渐你就会发现与之相关联的文章以外的东西需要了解一下，如此顺藤摸瓜，逐渐就会学到很多东西。

其次，顺着入趣点，拓展自己的知识面。找到了学习的入趣点，你就会发现你以前所讨厌的东西其实很有意思。不仅增加了兴趣，还学到了知识。不过这时候千万别半途而废，一定要主动对自己施加点压力，稍微强制自己继续深入探究。时间长了，你就会发现其实学习并不是一件痛苦的事。

最后，阶段性地加以总结。为了使自己学习的兴趣得到强化，持之以恒，阶段性地总结一下自己的成绩，会增强自己的学习欲望，使自己逐渐地变成一个勇于研究、富于创新的人。

3. 如何看待受众的兴趣

一个人对某一方面的兴趣重在对它的第一印象，印象好你就会对它产生好感与向往，你就会去不断的追求，花费更多的时间完善它，从中收获乐趣与成绩感。慢慢的你就会爱上它，习惯它。例如某些人喜爱数学，并不是他们天生就喜爱它，而是在不断地学习中收获乐趣，慢慢地产生好感。当然也不是所有的东西完全都靠第一印象，个人兴趣是可以改变的，需要一步一步地去改变与养成，从中收获乐趣。只有有了乐趣才会产生兴趣。

有人喜静有人喜动，一个人在选择个人兴趣的同时，往往是体现其性格取向的。一般外向的人会多以动为兴趣爱好或者是群体活动的兴趣爱好，而内向的人则多喜欢静的个人兴趣爱好。但是兴趣与性格是可以相互影响的，如果让一个外向的人尝试这去选择一些开放性的兴趣爱好，则会对其内向的性格产生影响，使其逐渐走向外向型性格，因此兴趣爱好不仅体现一个人的性格，在一定条件下还会影响人的性格。内向的人如果对比较群体、动作的兴趣感兴趣的话，也是可以改善性格的。

5. 培养受众的场所使用兴趣的方法

（1）增加知识储备，培养兴趣的基础。

知识是兴趣产生的基础条件，因而要培养某种兴趣，就应有某种知识的积累，如要培养写诗的兴趣，就应先接触一些诗歌作品，体验一下诗歌美的意境，了解一点写诗的基本技能，这样就可能诱发出诗歌习作的兴趣来。可以说，知识越丰富的人，兴趣越广泛；而知识贫乏的人，兴趣也是贫乏的。

（2）开展有趣的活动，培养直接兴趣。

所谓直接兴趣就是人对事物或活动本身的外部特征发生的兴趣。是受众对新鲜的事物或内容在感官上产生的一种新异的刺激。这种刺激反应表现为强烈但比较短暂。当讲授一堂新课时，受众会表现出极大的兴趣，而且也较容易激发学习热情；但上复习课时，受众的学习兴趣就大不如前，有的甚至随着教学的深入，难度的增加，导致失去兴趣。直接兴趣是对活动本身感兴趣，因而要培养这种直接兴趣，应使活动本身丰富而有趣。例如，有趣的游戏活动，能引起幼儿参与群体活动，体验社会角色的兴趣；新颖的教学内容和有兴趣的教学方法，能激起受众学习知识的兴趣；生动的课外实践活动，能培养受众学习实践操作、动手动脑、发明创造的兴趣；开展劳动竞赛、体育比赛、文体活动，能激发受众对劳动、学习、体育、文体活动等的热情与兴趣。

图7.1 中式风格的环境空间

（3）明确目的意义，培养间接兴趣。

所谓间接兴趣就是人对活动的结果及其重要意义有着明确认识之后所产生的兴趣。这种兴趣是由于认识到学习的意义和价值而引起了求学的状态，既有理智色彩，又与个人的指向密切相连。这就是直接兴趣和间接兴趣的最大区别。间接兴趣是对活动的结果或意义感兴趣，因而，要培养人们间接的稳定的兴趣，就应让人们明确活动的目的与意义。

需要指出的是，在直接兴趣与间接兴趣之间，设计师应当追求哪种兴趣呢？毫无疑问是后者。在现实生活中，很多人并没有认识到兴趣的真正内涵。设计师一般只是发展了受众的直接兴趣，这种兴趣更多的考受众的本能，它们不需要花太多的功夫就能激发，依靠的是一些新异的刺激和事物本身的属性。从直接兴趣过渡到间接兴趣需要一个过程，这个过程也是设计师施加影响的过程，这也是受众通过反复甚至枯燥练习达到掌握技术，提高技能的过程。当受众利用这些知识去获得的工作和娱乐的快感，并感受新的生活方式的无穷魅力之后，他就能对此类空间的意义产生认知，这种认知能使直接兴趣和间接兴趣发生迁移，受众的兴趣才能真正地建立起来。

兴趣的激发主要用于受众的直接兴趣，而兴趣的培养主要用于受众的间接兴趣。设计师往往重视受众的直接兴趣而忽略了受众的间接兴趣，这也导致受众兴趣并没有真正的建立起来。

（4）根据自身的兴趣特点，培养优良的兴趣品质。

由于所有的人所处的环境、所受的教育及主体条件各不相同，所以受众的兴趣都带有个性特点，因而要根据自身条件进行兴趣爱好的自我培养。例如，有人兴趣广泛而不集中，就应加强中心兴趣的培养；有人兴趣单一而不广泛，就应加强兴趣广泛性的培养；有人兴趣短暂易变，就应加强兴趣稳定性的培养；有人兴趣消极被动，就应加强兴趣效能性的培养；有人兴趣在网络世界，容易沉糜，那么就要加强引导，同时又要注意培养这些年轻人的高尚的人格。

五、场所特性与环境设计策略

所谓的场所特性（site features），是指环境空间因为使用功能与各项条件不同而包含着不同的特征与需求。比如：西餐厅对于受众来说，就有一些约定俗成的特性：欧式风格或主题、西化的礼仪与就餐形式、时尚感，光亮等等。茶楼包含着以下场所特性：中式风格或主题、中式的家具与陈设、传统审美、怀旧感等等。而博物馆却又是完全不同的场所特性：现代感、空间足够宽阔与高大、人流动线流畅、照明良好、文化氛围浓郁等。

图 7.2 中式风格的厅堂设计

六、环境设计师的个人偏好对设计的影响

设计师作为一个具有主观能动性的人，肯定会将自己的理念渗透到作品之中。

设计师的风格流派对环境设计的影响，这是设计师偏好的重点所在，比如设计师是中国古典主义的设计师，他对中国风的喜爱程度特别大，那么业主也必然是仰慕其才华而来，就算业主要强行加入自己的理念和想法，那么也不会偏差太大，而这里，设计师的信奉的主义就是对环境设计的影响。

首先，中国古典主义指的是以宫廷建筑为代表的中国古典建筑的环境装饰设计艺术风格，气势恢弘、壮丽华贵、高空间、大进深、雕梁画栋、金碧辉煌，造型讲究对称，色彩讲究对比装饰材料以木材为主，图案多龙、凤、龟、狮等，精雕细琢、瑰丽奇巧。但中国古典风格的装修造价较高，且缺乏现代气息，只能在家居中作为点缀使用。如果业主提出"要集现代化与中国古典主义风格于一体的环境设计风格"的要求，尽管这个要求难度很大，也不怎么切合实际，但是，如果设计师本身是一位倾向中国古典主义的设计师，那么，一方面，他会大量运用中国风中的红色元素和家具的样式、壁画等；另一方面，为弥补现代气息的不足，他可能在灯具样式和铺地的材料上进行选择，对光的形式和样式进行现代化处理，让环境设计增添现代化的气息，给传统家居文化注入新的气息。没有刻板却不失庄重，注重品质但免去了不必要的苛刻。这绝不是纯粹的元素堆砌，而是通过对传统文化的认识，将现代元素和传统元素结合在一起，以现代人的审美需求来打造富有传统韵味的事物，让传统艺术的脉络传承下去的具有中国特色的中国风格。以其不均衡的轻快、纤细的曲线而著称于世。造型装饰多运用贝壳的曲线、折皱和弯曲进行构图分割，装饰虽极为繁琐、华丽，但是色彩绚丽多彩，并大量运用中国卷草纹样，使其具有轻快、流动、内外扩展的特点，纹样的人物、植物、动物浑然一体。这样的作品既能让业主满意，又有着现代气息；既不显得过时，又有时尚和古典的氛围。

图 7.3　现代前卫风格的环境空间设计

现代前卫风格是指依靠新材料、新技术，加上光与影的无穷变化，追求无常规的空间解构，大胆鲜明对比强烈的色彩布置，以及刚柔并举的选材搭配。以简洁的表现形式来满足人们对空间环境那种感性的、本能的和理性的需求，这是当今国际社会流行的设计风格——简洁明快的简约主义。而现代社会快节奏、高频率，让人感觉超负荷。人们在这日趋繁忙的生活中，渴望得到一种能彻底放松、以简洁和纯净来调节转换精神的空间，这是人们在互补意识支配下，所产生的亟欲摆脱烦琐、复杂、追求简单和自然的心理。在这种情况下，业主自然会要求自己的环境设计更简洁、纯净，能够更舒适地生活，也就变向向设计师提出了设计要求，而设计师的做法就是，运用新材料和新技术，对光影变化进行处理，以改变整体气氛，增加空间感。

这样做的特点是简洁明快、实用大方。设计师根据自己的偏好和业主的想法设计的作品，其设计风格是这个环境设计的主要影响因素。此风格的特色是将设计的元素、色彩、照明等进行简化，空间的架构由精准的比例及细部来体现。虽然色彩及材料都很单一，但色彩的形成非常费工，而使用的材料质感很高，也很昂贵。因此，设计师的风格使得简约的空间通常非常含蓄，但质感很高。

当业主对设计师提出居室使用后现代主义风格时，设计师先了解一下后现代主义风格，后现代风格是对现代风格中纯理性主义倾向的批判，后现代风格强调建筑及环境装潢应具有历史的延续性，但又不拘泥于传统的逻辑思维方式，探索创新造型手法，讲究人情味，常在环境设置夸张、变形的柱式和断裂的拱券，或把古典构件的抽象形式以新的手法组合在一起，即采用非传统的混合、叠加、错位、裂变等手法和象征、隐喻等手段，以期创造一种融感性与理性、集传统与现代、合大众与行家于一体的即"亦此亦彼"的建筑形象与环境。对后现代风格不能仅仅以所看到的视觉形象来评价，需要设计师透过形象从设计思想来分析。由曲线和非对称线条构成，如花梗、花蕾、葡萄藤、昆虫翅膀以及自然界各种优美、波状的形体图案等，体现在墙面、栏杆、窗棂和家具等装饰上。线条有的柔美雅致，有的遒劲而富于节奏感，整个立体形式都与有条不紊的、有节奏的曲线融为一体。

图 7.4　现代简约的环境设计

后现代风格是对现代风格中纯理性主义倾向的批判，后现代风格强调建筑及环境装潢应具有历史的延续性，但又不拘泥于传统的逻辑思维方式，探索创新造型手法，讲究人情味，常在环境设置夸张、变形的柱式和断裂的拱券，或把古典构件的抽象形式以新的手法组合在一起，即采用非传统的混合、叠加、错位、裂变等手法和象征、隐喻等手段。

设计师大量使用铁制构件，将玻璃、瓷砖等新工艺，以及铁艺制品、陶艺制品等综合运用于环境。来对空间的丰富处理使得空间集传统与现代、揉大众与行家于一体的即"亦此亦彼"的建筑形象与环境环境。

图 7.5　混搭风格的环境空间（一）

图 7.6　混搭风格的环境空间（二）

如今，伴随着社会的高速发展，经济持续增长，我国成了全球范围内增长最快的消费市场，并且是世界上最大的消费国。除此之外，国人的消费观念、消费结构，消费行为都发生了巨大变化，形成了一种全新的消费文化。消费文化作为一种独特的文化方式，广泛的影响着各个领域，当然，这就对环境设计造成影响。所以，当业主向设计师提出要求，需要体现当地文化习俗和当地文化潮流等。从设计者角度出发进行分析，环境设计风格是居住者生活品位、生活习惯，以及职业等各方面的综合体现。这就要求凸显出业主对某种文化，潮流和时尚的追求和认可。这样的作品中就会掺杂很多业主的要求，使得设计师的施展空间受到限制。

传统美学将事物的属性分为三种："天性为神，人性为气，物性为形。"环境作为建筑的延伸，也作为一门艺术的存在，虽然具有其局限性，不同于绘画雕刻艺术那么随性，不能任凭设计者独立创作，但是，现代社会中，艺术不可能被轻易抹杀，不管是业主的无理要求还是规范的制约，设计师都不会轻易放弃对艺术的创作和创新，会在各种压力下将自己的设计理念以及风格加入其中。

七、设计师的个性特征与设计的关系

"人类所有的精神活动，最终都是指向自身的，那就是希望能够对自身了解得多一点，再多一点。"在环境设计过程中，设计师的个性心理活动对设计有巨大的影响。

在现代社会中，作为设计创作的主体，设计师的作用是不言自明的。他们是整个作品产生的源头，是整个作品推动者与完成者。设计师提供的创意要出众，才能够在专业领域里产生自我价值。这就对设计师的个人素质提出了很高的要求。个人素质是职业素养、个人素养以及作品个性特征等的总称。对于设计师而言，个性是他区别于其他作品的重要出处。研究心理机制对设计的影响，对于设计师学习设计，以及了解自己的创作思维，了解自己的个性有重要的作用。

设计师的行为模式也可以分为内向型和外向型。外向型设计师外向开朗，情绪兴奋富有朝气，易冲动但平息得也快。其与多血质、胆汁质类型人类似，但其作品不适应市场发展，通常难以实现，作品也比较粗糙，缺乏细节。这类设计师善于做创新和解决问题方面的工作。内向型设计师更加沉稳，不易冲动，反应较慢但是对事情考虑周到，作品通常没有新意。

对于不同年龄段的设计师而言，个性对其影响冲击力会比较明显。年轻设计师普遍充满朝气，不受传统约束而创造出有创意的作品来，但由于群体个性给人以漂浮的感受，所以市场使用率并不高。而对于中年设计师则刚好相反，他们的作品能在技术上实现，但是创造力却受到限制。个性心理对作品的影响很大，并且影响别人对其作品的判断。

影响设计师个性发展的因素中既有先天的，又有后天的。归纳起来主要有以下几条：第一，可以从设计师的作品中感受设计师的思想，总结他的创作规律。第二，结合设计师的个人经历对其作品进行分析。第三，从设计师的生活背景、社会背景来看他的设计作品。

1. 生活经历对设计师个性的影响

赖特是近代享誉世界的建筑大师。他的作品以小型住宅设计居多。建筑设计思路也有明显的规律可循。这条规律与赖特的生活经历与个性发展有关。赖特最初学习的是土木工程专业，但是学业还没有完成就放弃了。他更喜欢学习建筑设计。其在建筑设计领域的内在天赋被沙利文看重，之后成为沙利文事务所的一名绘图员。在进行了大量绘图工作后，他被委任设计一些小住宅。由于这些小住宅设计，赖特渐渐为人所知。他接了许多私活，从而导致了沙利文与其分手。此后，赖特创办了自己的设计事务所。从一个侧面可以看出，赖特是一个对生活充满激情与追求的人。所以在建筑中，他能自创一派，即"有机建筑"学派。这一学派对当代建筑学界影响较大。他的理论强调受众在建筑中的自我感受，强调人与建筑、自然的完全融合。他的流水别墅就充分地说明了这一点。流水别墅不论是从环境还是室外，都积极地与自然相融合。流水别墅的建筑外观与树木融合穿插，远远望去，墙的材质像岩石一样，向外挑出的露台也像是群山的一部分。整个建筑隐身于山林之中，走近它有一种走入世外桃源的感觉。

图 7.7　流水别墅外观

图 7.8　流水别墅室内环境设计

西班牙建筑师安东尼·高迪，以充满幻想的瑰丽的建筑闻名于世。他的建筑创作充满了想象力，这也与他的生活经历密切相关。高迪出生在一个普通的造铜锅炉工人的家庭，家里有五个孩子，他是最小的一个男孩。高迪虽然从小就体弱多病，但他的想象力却极为丰富。

他热爱自然，曾经因为观察一只蜗牛而忘记吃饭。这个天才建筑师的出生地是西班牙，那里是一个很浪漫的地方，工业不发达，但是手工业很成熟。高迪小时候曾在作坊里学做手工艺品，高迪也因为父亲的职业缘故而很熟悉铜、铸铁的特性。这些都他日后的建筑生涯里打下了坚实的基础。他的建筑仿佛是来自遥远的未来的世界，又仿佛是童话世界，游戏的世界，是那么的不真实，但又是那么打动人心，使受众根本无法用语言去形容你所看到的情景。

在高迪的老年时期，由于要步行很远才能到达圣家族大教堂，于是他就住在大教堂里。直到巴塞罗那有轨电车通车的开幕仪式上，高迪在匆匆赶往圣家族大教堂的途中，不幸被电车撞倒。因为他身着朴素，宛如乞丐，谁也没有认出来这就是著名建筑师高迪。在高迪的世界里，除了建筑别无其他，他不但是建筑大师，也是世人共同敬仰的对象。

2. 社会历史背景对设计师的影响

巴洛克风格是在意大利文艺复兴建筑基础上发展而来的一种建筑和装饰风格，其外形自由奔放，追求动态，喜好富丽的装饰和强烈的颜色，常用穿插的曲面和椭圆形空间。古典主义用它来称呼那些离经叛道的建筑风格，打破了之前建筑师对古罗马建筑理论学家维特鲁威的盲目崇拜。

图 7.9　巴洛克风格的室内空间环境　　　图 7.10　巴洛克风格的建筑

设计师的心理在一定的社会背景下必然会产生相应的感受，进而有不一样的创作趋势。文化心理是影响各种风格产生的一大因素，而文化心理的产生涉及面就更加广泛。它包括了当时各种阶级特点以及社会背景的影响。古罗马和巴洛克的环境建筑风格表明，同一时代、同一政治背景下的许多设计风格往往有着惊人的相似之处。而这两种风格的转变过程是在人们深受维特鲁威影响后产生的。古罗马建筑都有着血腥与暴力的感受，它强调家庭和集中主义。所以在建筑中，大型斗兽场和大型建筑构件的使用更为广泛，但是其风格趋向于大气、规整，而这样的建筑给当时设计师创作余地较少，于是有设计师突破这种思考方式，创作出绮丽的巴洛克风格，它既有古罗马的大气磅礴，又有阴柔回转的气质。

古罗马时期，奥古斯都称帝，表彰功绩成了那一时期重要的活动，凯旋门、功绩柱、广场、神庙等建筑物应运而生，这些建筑物无一不透露着帝王希望自己的丰功伟绩被人牢记的想法。

图8.1 古罗马斗兽场　　　　　　　　图8.2 古罗马的广场景观复原图

在历史的长河中，中世纪以哥特式建筑为代表，集中反映出那一时期整个建筑行业的社会心理状态。

中世纪的建筑师并不是墨守成规、食古不化的人。从留存至今的中世纪建筑中可以看出：当时的建筑师能够接受各种各样的建筑风格与理念，建筑类型和建筑形式的多样化远远超过前人。比如维尼奥拉，其在自己的著作中为古典柱式制定出严格规范，但中世纪的建筑师们，包含著作者本人都没有受这些规范的束缚。那时的设计师大都思想独立，设计师们通过自己的努力为社会提供了更多的思想改变，它的表征特性成为历史长河中的一种，代表了一种社会理念。整体设计风格为现代人们思考当时的社会状况和历史时事提供了一种思路，让后来者深受其影响。

年轻设计师在关注作品的同时也要关注自身的个性培养，这才是你的设计区别于其他设计的源头。设计师设计个性的形成有多方面的原因，几乎是人生经历的概括体现。通过对设计师及其设计作品的全方位分析，可以看出：设计师的个性对其作品有较大的影响。从一个人的行为表象，比如字迹、书画中可以感受到此人的思想状态与性格。

对于设计师个性的形成和发展起决定性作用的多为后天的综合因素，如设计师的社会实践、生活经历、教育方式、个人信仰、家庭环境等等。当然，设计师设计个性不是一成不变的，当个人生活、社会环境等发生变化时，个人的理想、情趣发生变化时，设计的个性也会随之发生变化。

设计师设计个性一旦形成，虽然相对比较稳定，但是在条件激发之下也是可以改变的。包豪斯设计学校的开创者格罗皮乌斯，其早年和晚年的创作理念就有很大的不同，这些改变甚至影响了世界近现代设计的走向。设计大师的个性改变了一个时代的面貌。而对于年轻设计师来说，个性的改变也是关键的人生节点。环境设计作品不仅是一种个人产物，它还是具有社会效应的重要事物。

由于历代设计师的辛勤努力与奋斗，人们能看到不同风格的建筑。而其中以那些具有鲜明特色的建筑风格与艺术流派最为人所熟知。研究者不难从设计流派以及设计师入手分析他所生活的社会的环境背景甚至于个人生活背景，看出其心理变化，从而影响其设计。

第三节　自我概念的内涵与外延

一、自我概念及其类型

自我概念（Self-Concept），即一个人对自身存在的体验。它包括一个人通过经验、反省和他人的反馈，逐步加深对自身的了解。自我概念是一个有机的认知机构，由态度、情感、信仰和价值观等组成，贯穿整个经验和行动，并把个体表现出来的各种特定习惯、能力、思想、观点等组织起来。

历史上，自我概念具有各种不同的含义，主要原因在于这个概念源自多种学科。哲学和神学强调自我是道德选择和责任感的场所；临床心理学和人本主义心理学强调自我是个体独特性和神经症的根源；社会学强调语言与社会的相互作用是自我实现并得以保持的基础；实验社会心理学强调自我是认知组织、印象处理和动机激发的源泉。

关于自我概念的解释，存在两种观点：

第一种：自我概念是一个把个性统一成连贯综合系统的有机过程，包括防御机制、知觉习惯和态度。

第二种：自我概念是知觉的客体，也即个体能在其自觉体验中感到的东西。后来，人们把前者称作自我系统，把后者称作自我概念。其实在讨论自我概念时，很难把两者区分开来。

弗洛伊德以及早期的精神分析理论家用"ego（自我）"表示自我概念，意指人格的一个有机方面，后来许多精神分析学家也仿效这种做法，在精神分析理论中，"超我"的概念包括自我评价，自我判断和自尊。尤其是自尊，涉及自我知觉的某些方面，这些方面与个体在多大程度上喜欢或不喜欢自我中感知到的东西有关。正如心理学家 M. 谢里夫所说：在许多方面，自我概念与 ego（自我）是同义的，虽然心理学家喜欢使用后一个术语，但社会学家则喜欢使用前一个术语"。

詹姆斯于 1890 年把自我区分为作为经验客体的"我（me）"和作为环境中主动行动者的我。作为经验客体的"我"包括三种不同形式：

（1）精神的我，由个人目标、抱负和信念等组成；

（2）物质的我，指个人的身体及其属性；

（3）社会的我，即他人所看到的我。

关于自我概念的大多数研究都集中在自我尊重上，即集中在自我尊重的因果和自我尊重同人格与行为等方面的关系上。现在，自我概念的其他一些方面也引起了人们的注意。其中最为明显的是：自我表现的动力学，以及在自然主义的和实验的情境中的印象控制；特定的同一性的发展及其结果，包括性、种族群体、行为异常和年龄特征等；历史和社会结构对自我概念形成的影响，包括战争、经济萧条、文化变迁和组织的复杂性等；自我概念对社会结构和社会环境的影响等。

20 世纪 40 年代，莱基和罗杰斯详细阐述了自我概念。他们把注意力集中于自我概念的知觉方面和自尊的评价性成分上。罗杰斯区分了作为实际感觉到的自我（真实自我）和作为理想中的自我（理想自我）。他认为两者都可以加以测定，是各有特点的有用概念。真实自我被置于略低于理想自我的地位，真实自我和理想自我之间的差异表示个体心理顺应指数。理想自我引起适当层次的自重和有关目的定向的乐观主义，并激发成就感和对社会的适应。这里，真实自我强调个人主观体验的心理重要性，所以与逻辑实证主义和科学经验主义相比，它与存在主义和现象学的基本原理相一致。

在苏联社会心理学中，人们把自我概念区分为四种类别：

(1) 现实的我，指个人对现在的我的看法；

(2) 理想的我，指个人认为自己应当成为的人；

(3) 动力的我，指个人努力成为的人；

(4) 幻想的我，指如果可能的话个人希望成为的人。

自我概念由反映评价、社会比较和自我感觉三部分构成。

(1) 反映评价——反映评价就是人们从他人那里得到的有关自己的信息。

如果年轻的时候得到了肯定的评价，你就会有一个良好的自我概念。如果这种评价是否定的，你的自我概念就可能感到很糟糕。例如，在学期开始时，如果老师对一个受众说，你行，你一定会成为一个好受众。这位受众听了以后一定会以好好学习作为回应；如果老师说你以后没有什么发展。你可能对此消极起来，反正自己不行，懒惰一点也无所谓。

(2) 社会比较——在生活和工作中，人们往往通过与他人比较来确定衡量自己的标准，这就是在作社会比较。

例如在学校时，考试卷子下来，就问一下自己的同桌是多少分数，自己的朋友是多少分数；走到社会上，又和同事比，人家比自己有钱，比自己生活的好；当自己有了孩子，就比自己的孩子好还是别人的孩子好；当担任领导管理一个单位时，就和其他单位比等等。无论什么人从出生到长大，从家庭到社会，从学习到工作，都是在社会比较中发展和充实自我概念。

(3) 自我感觉——在年少时，对自己的认识大多数来自于人们对你的反应。然而，在生活的某一时刻，你开始用你自己的方式来看待自己，这种看待自己的方式被称为自我感觉。

如果从成功的经历中获得自信，自我感觉就会变得更好，自我概念就会改进。例如，通过自己的能力安装调试好一台电脑，自我感觉就非常好，也就是功能改进自我感觉。

二、自我概念的作用

1. 保持自我看法一致性（自我引导作用）

个人需要按照保持自我看法一致性的方式行动。自我概念在引导一致行为方面发挥着重要的作用。自我胜任概念积极的受众，成就动机和学习投入及成绩明显优于自我胜任概念消极的受众。有关品德不良受众的研究也证明，受众有关自己名声与品德状况的自我概念直接与其行为的自律特征有关。当受众认为自己名声不佳，被别人认为品德不良时，他们也就放松对行为的自我约束，甚至破罐子破摔。很显然，通过保持内在一致性的机制，自我概念实际上起着引导个人行为的作用。在这个意义上，在儿童青少年的发展过程中，引导他们形成积极的自我概念，对于"学会做人"有着非常重要的意义。

2. 经验解释系统的作用（自我解释作用）

经验对于个人具有怎样的意义，是由个人的自我概念决定的。每一种经验对于特定个人的意义也是特定的。不同的人可能会获得完全相同的经验，但他们对于这种经验的解释却可能很不同。个人的自我满足水平并不简单决定于他获得多大的成功，还决定于他的抱负水平，以及个人如何解释成功对于个人的意义。

自我概念形成不仅是儿童社会化的重要方面，引导儿童一开始就形成积极的自我概念是一种先定的教育定向。自我概念就像一个过滤器，进入心理世界的每一种知觉都必须通过这一过滤器。知觉通过这一过滤器时，它会被赋予意义，而所赋予的意义则高度决定于个人已经形成的自我概念。

3. 决定着人们的期望（自我期望作用）

1982 年，心理学家伯恩斯指出，儿童对于自己的期望是在自我概念的基础上发展起来，并与自我概念相一致的，其后继的行为也决定于自我概念的性质。

自我概念积极的受众，他的自我期望值高。当他取得好成绩时就认为这是意料中的事，好成绩正是他所期望的。自我概念消极的受众，当他取得差成绩时，却认为这是意料之中的事，假如偶尔考了个好成绩，反而喜出望外。反过来，差的成绩又加强了他消极的自我概念，形成恶性循环。消极的自我概念不仅引发了自我期待的消极，而且也决定了人们只能期待外部社会消极的评价与对待，决定了他们对消极的行为后果有着接受的准备，也决定了他们不愿更加努力学习，决定了学习对于他们不再有应有的吸引力，丧失了信心与兴趣。

由于自我概念引发与其性质相一致或自我支持性的期望，并使人们倾向于运用可以导致这种期望得以实现的方式行为，因而自我概念具有预言自我实现的作用。

4. 引导成败归因的作用（自我成败归因作用）

社会心理学家海德和温纳提出并建立了一套从个体自身的立场解释自己的行为的归因理论。温纳的自我归因论认为动机并非个人性格，动机只是介于刺激事件与个人处理该事件所表现行为之间的中介作用而已。每当个人处理过一桩刺激事件之后，个人将根据自己所体会到的成败经验，并参照自己所了解的一切，对自己的行为后果，提出六方面的归因解释，这就是：

（1）能力——根据自己的评价，个人应付此项工作是否有足够的能力。

（2）努力——一个人反省此次工作是否尽了最大努力。

（3）工作难度——凭个人经验，对此次工作感到困难还是容易。

（4）运气——一个人自认为此次工作成败是否与运气好坏有关。

（5）身心状况——凭个人感觉工作当时的心情及身体健康状况。

（6）别人反应——在工作当时及以后别人对自己工作表现的态度。

对工作成败的归因取向，将影响个人以后再从事类似工作时动机的高低。一个人具有积极的自我概念，相信自己的努力，将成败归因于自己的努力程度，归因于自己的细心或疏忽，从主观上找原因，凡事取决于自己的主观努力，命运掌握在自己手里，形成积极的控制信念，可以提高人的自我实现的能力。

第四节　自我概念与环境设计表达

一、自我形象与环境意象的一致性

自我形象，就是通常所说的自己在别人眼中的形象或印象。自我形象的树立，是一个外力与内力综合作业的构筑过程。受众通常希望自己所处的场所与自身的身份地位是协调的。因此，环境设计的定位应当考虑与受众的自我形象设定相一致。

二、运用自我概念为环境定位

受众的自我概念也适用于环境与场所。在受众的印象里，有些环境场所是与他们的自我相适应的，而另一些场所是不适应他们的自我定位。比如，低层群体会排斥高档的消费场所；而高层次的群体也抗拒到农贸市场或集市去购物。这些都是自我概念在起作用。环境设计必须找出目标群体的自我概念，并在环境设计过程中进行恰当的应用。

三、"延伸自我"的解读与环境设计表达

意大利有句俗语：居所和美食是自我的延伸。如此说来，所有的环境场所都应该是受众的自我延伸。那么，在设计过程中，如何让受众感受到场所对他的自我所起的延伸作用，成了环境设计师一项内隐的工作内容。环境设计师应当努力认识、理解、分析受众的自我概念、自我形象，并在设计案中体现出来，使这种自我形象通过环境的形象与意象，向更宽更深的层面延伸出去。

四、填补"理想自我"与"现实自我"之间的差距

每个人都有现实自我和理想自我。就正常人而言，二者是有机联系在一起的：现实自我决定了个体如何选择理想自我，而理想自我又给现实自我的发展提供指导和动力。

对神经症患者而言，二者的关系却与此迥然不同。心理学家霍妮指出，由于父母不适当的对待方式，如冷漠、拒斥、敌意和羞辱等造成了个人对自己的现实自我产生歪曲的印象和负面的估价，认为现实自我是低下的、被人瞧不起的；相反，理想的自我是完美的、能够被接受认可的。理想自我绝不会是那个可鄙的现实自我的延伸。这样，一端是不值一钱、猥琐龌龊的现实自我；另一端则是尽管美好但却不着实际、幻想味十足的理想自我。所以说，在有些人身上，现实自我和理想自我之间有着天壤之别。

简单来说，现实自我是责任，理想自我是梦想。通常情况下，人们对自己有许多的期待，这些构成了人们内心的理想自我，而现实的自我往往和理想自我有着巨大的差距，从而使其出现过度的自信或者自卑，难以悦纳自我，无法进行自我完善。人类总试图在理想自我与现实自我之间寻找到平衡点。

设计师不仅要充分考虑普通人的理想自我与现实自我的关系，也要在必要的时候考虑神

经症患者的理想自我与现实自我的巨大差距。在做不同类型的场所的环境设计时，努力去缩小两者之间的差距，进而抚平因这种落差造成的心理伤痛。

五、自我概念与环境设计伦理

设计伦理学对于现代设计师来说并不是一个陌生的名词，设计伦理就是要求设计中必须综合考虑人、环境、资源的因素，着眼于长远利益，发扬人性中美的、善的、真的方面，运用伦理学取得人、环境、资源的平衡和协同。

设计师的自我概念与设计伦理是一对相辅相成的概念。这种相互作用又可以称为相互设计伦理。

最早提出相互设计伦理性的是美国的设计理论家维克多·巴巴纳克，他在 20 世纪 60 年代末出版了他最著名的著作《为真实世界的设计》。在此书中，巴巴纳克明确地提出了设计的三个主要问题：

（1）设计应该为广大人民服务，而不是只为少数富裕国家服务。在这里，他特别强调设计应该为第三世界的人民服务。

（2）设计不但为健康人服务，同时还必须考虑为残疾人服务。

（3）设计应该认真地考虑地球的有限资源使用问题，设计应该为保护人类居住的地球的有限资源服务。从这些问题上来看，巴巴纳克的观点明确了设计的伦理在设计中的积极作用。

设计伦理作为设计艺术在新世纪所思考的新的艺术设计的方向，恰恰解决了现代设计艺术处理综合设计关系的问题，使设计艺术有了时代性的实际理论的指导。设计伦理性所赋予设计艺术和谐性的"人"的关系，重新回归到包豪斯所确立的，后来被称为"国际主义"风格的设计原则："设计的目的是为了人"，重新呼吁设计界的人文精神。

本章小结

本章首先介绍了个性与个性理论；然后论述了针对个性的环境设计策略；最后根据自我概念的内涵与外延推导出了自我概念与环境设计表达之间的关联。

第八章　需求与环境设计激发

在所有的经济活动中，需求指在一定的时期，在一个既定的价格水平下，受众愿意并且能够购买的商品数量。

在经济活动中，营销是一个发现需求并且满足需求的过程，供需双方通过交换创造价值，而营销就是对这个过程的管理，从而让这个过程变得更有效，通过管理创造价值最大化。

在商业营销中，需求有以下规律：当影响商品需求量的其他因素不变时，商品的需求量随着商品价格的上升而减少，随着商品价格下降而增加。这就是研究者常说的需求规律。只有向右下倾斜的需求曲线才符合需求定理。在经济学中，研究者一般认为影响需求的因素包括：商品本身价格、替代品的价格、互补品的价格、受众的收入水平、受众的偏好、受众的预期、受众规模。

根据这些一般性的论断，可以推导出：环境设计宣传与营销的目标就是发现环境空间需求、满足空间需求、激发环境需求。环境空间需求可以分为个体空间需求和场所设计需求。

个体空间需求：指个体受众对某种空间场所的特定需求。

场所设计需求：指受众全体对某种空间场所需求的共同要求。

第一节　马斯洛的需要层次理论

马斯洛需求层次理论是行为科学的理论之一，由美国心理学家亚伯拉罕·马斯洛于 1943 年在《人类激励理论》论文中所提出，书中将人类需求像阶梯一样从低到高按层次分为五种，分别是：生理需求、安全需求、社交需求（爱和归属感）、尊重需求和自我实现需求五类。

一、需要的五个层次

马斯洛理论把需求分成生理需求（Physiological needs）、安全需求（Safety needs）、社交需要（爱和归属感）（Love and belonging）、尊重（Esteem）和自我实现（Self-actualization）五类，依次由较低层次到较高层次排列。在自我实现需求之后，还有自我超越需（Self-Transcendence needs），但通常不作为马斯洛需求层次理论中必要的层次，大多数会将自我超越合并至自我实现需求当中。

第一层次：生理上的需要。它包括：呼吸、水、食物、睡眠、生理平衡、分泌、性。

如果这些需要（除性以外）任何一项得不到满足，人类个人的生理机能就无法正常运转。换而言之，人类的生命就会因此受到威胁。在这个意义上说，生理需要是推动人们行动最首要的动力。马斯洛认为，只有这些最基本的需要满足到维持生存所必需的程度后，其他的需要才能成为新的激励因素，而到了此时，这些已相对满足的需要也就不再成为激励因素了。

第二层次：安全上的需要。它包括：人身安全、健康保障、资源所有性、财产所有性、道德保障、工作职位保障、家庭安全。

马斯洛认为，整个有机体是一个追求安全的机制，人的感受器官、效应器官、智能和其他能量主要是寻求安全的工具，甚至可以把科学和人生观都看成满足安全需要的一部分。当然，当这种需要被相对满足后，也就不再成为激励因素了。

第三层次：社交需要（情感和归属的需要）。它包括：友情、爱情、性亲密。

人人都希望得到相互的关系和照顾。感情上的需要比生理上的需要来得细致，它和一个人的生理特性、经历、教育、宗教信仰都有关系。

第四层次：尊重的需要。它包括：自我尊重、信心、成就、对他人尊重、被他人尊重。

人人都希望自己有稳定的社会地位，要求个人的能力和成就得到社会的承认。尊重的需要又可分为内部尊重和外部尊重。内部尊重是指一个人希望在各种不同情境中有实力、能胜任、充满信心、能独立自主。总之，内部尊重就是人的自尊。外部尊重是指一个人希望有地位、有威信，受到别人的尊重、信赖和高度评价。马斯洛认为，尊重需要得到满足，能使人对自己充满信心，对社会满腔热情，体验到自己活着的用处价值。

第五层次：自我实现的需要。它包括：道德、创造力、自觉性、问题解决能力、公正度、接受现实能力。

自我实现的需要是最高层次的需要，指个体向上发展和充分运用自身才能、品质、能力倾向的需要，通常在基本需要得到满足后出现。

通俗理解：假如一个人同时缺乏食物、安全、爱和尊重，通常对食物的需求是最强烈的，其他需要则显得不那么重要。此时人的意识几乎全被饥饿所占据，所有能量都被用来获取食物。在这种极端情况下，人生的全部意义就是吃，其他什么都不重要。只有当人从生理需要的控制下解放出来时，才可能出现更高级的、社会化程度更高的需要——安全的需要。

二、五种需要的排列关系

（1）五种需要像阶梯一样从低到高，按层次逐级递升，但这样次序不是完全固定的，可以变化，也有种种例外情况。

（2）需求层次理论有两个基本出发点，一是人人都有需要，某层需要获得满足后，另一层需要才出现；二是在多种需要未获满足前，首先满足迫切需要；该需要满足后，后面的需要才显示出其激励作用。

（3）一般来说，某一层次的需要相对满足了，就会向高一层次发展，追求更高一层次的需要就成为驱使行为的动力。相应的，获得基本满足的需要就不再是一股激励力量。

（4）五种需要可以分为两级，其中生理上的需要、安全上的需要和社交类感情上的需要都属于低一级的需要，这些需要通过外部条件就可以满足；而尊重的需要和社交类自我实现的需要是高级需要，他们是通过内部因素才能满足的，而且一个人对尊重和自我实现的需要是无止境的。同一时期，一个人可能有几种需要，但每一时期总有一种需要占支配地位，对行为起决定作用。任何一种需要都不会因为更高层次需要的发展而消失。各层次的需要相互依赖和重叠，高层次的需要发展后，低层次的需要仍然存在，只是对行为影响的程度大大减小。

（5）马斯洛和其他的行为心理学家都认为，一个国家多数人的需要层次结构，是同这个国家的经济发展水平、科技发展水平、文化和人民受教育的程度直接相关的。在发展中国家，生理需要和安全需要占主导的人数比例较大，而高级需要占主导的人数比例较小；在发达国家，则刚好相反。

三、优势需要决定行为

所谓优势需要是指在各种需要中最为强烈的，最具指向性的需要。当受众有多种需要时，受众的行为是受到优势需要支配的。比如，在外出游玩时，人们既有愉悦身心的需要，也有保护生命财产的安全的需要。在参与高难度的游玩项目时，人们追求娱乐和情绪刺激的需要占据了优势，安全需要退后，其行为就变得异常大胆。优势需要也是人们明知自己的行为有风险但还是要去参加，或者明知道一个场所有危险但还要进入其中的原因。

四、需要层次理论的局限性

（1）人的动机是行为的原因，而需要层次理论强调人的动机是由人的需求决定的。
（2）需求归类有重叠倾向。
（3）需要层次理论具有自我中心的倾向。
（4）需要满足的标准和程度是模糊的。

第二节　针对受众基本需要的环境设计策略

马斯洛提出人的需要有一个从低级向高级发展的过程，这在某种程度上是符合人类需要发展的一般规律的。

马斯洛的需要层次理论指出，人在每一个时期都有一种需要占主导地位，而其他需要处于从属地位。这一点对于环境设计工作具有启发意义。

马斯洛需要层次论的基础是他的人本主义心理学，人的内在力量不同于动物的本能，人要求内在价值和内在潜能的实现乃是人的本性，人的行为是受意识支配的，人的行为是有目的性和创造性的。在环境设计过程中遵循人本主义的心理学理论，这对于环境设计具有积极意义。

一、关于环境设计能否创造需求的争论

1. 按需设计与需要层次

按需设计是指受众已经出现某类需求，而环境设计师在设计时满足受众已有的这些需求。如：人们对餐厅的心理需求主要是出于生理需求和安全需求。环境设计师在做设计时，只要去满足这些需求就可以了。在创需设计层面，设计师要理清受众的需要层次，而后逐步去实现。

2. 创需设计与自我实现

创需设计是指受众对于某类场所原本并没有的需求，是由设计师去发现并引导出更多的需求的设计类型。创需设计需要设计师对受众需求及场所特性都有深刻的认知。对于设计师与受众来说，都是一种潜能的开发和自我实现的过程。

3. 设计师心理与"高峰体验"

马斯洛提出的"高峰体验"，是指人们在自我实现的过程中，出现的一种融合了喜悦、自豪及满足的心理状态。环境设计师在做出一个让自己极为满意的作品时，就会出现此类心理状态。

二、基于马斯洛需要层次理论的各种环境设计策略

马斯洛的需求层次理论，在一定程度上反映了人类行为和心理活动的共同规律。马斯洛从人的需要出发探索人的激励和研究人的行为，抓住了问题的关键；马斯洛指出了人的需要是由低级向高级不断发展的，这一趋势基本上符合需要发展规律的。因此，需要层次理论对企业管理者如何有效地调动人的积极性有启发作用。

个人需求的层次内容是由个人自己的价值观和世界观决定的。平凡的人同样具有尊重和自我实现的需求。这里自我实现需求的内容不是以社会普遍价值观为标准的，例如成为所谓的"成功人士"，而是来自于个体自身的价值观。比如"老大的幸福"。所以，平凡人的自我实现是根据其自身的价值观定义的，而遵从世俗价值观的人却没有办法用这种价值标准衡量出平凡人的自我实现。所以，这恰恰证明了自我实现是一个更高层级的需求，只有通过其个体的内在行为来满足而非外在的条件。

（1）生理需求→满足最低需求层次的场所设计，受众只要求场所环境具有一般功能即可。

（2）安全需求→满足对"安全"有要求的场所设计，受众关注场所环境对身心健康与财产安全的影响。

（3）社交需求→满足对"交际"有要求的场所设计，受众关注场所环境是否有助提升自己的交际形象。

（4）尊重需求→满足对场所环境有与众不同要求的场所设计，受众关注场所环境的象征意义。

（5）自我实现→满足对场所环境有自己判断标准的场所设计，受众拥有自己固定的风格类型需求层次越高，受众就越不容易被满足。

经济学上，"受众愿意支付的价格≌受众获得的满意度"，也就是说，同样的场所，满足受众需求层次越高，受众能接受的场所环境定价也越高。场所设计的竞争，总是越低端越激烈，价格竞争显然是将"需求层次"降到最低，受众感觉不到其他层次的"满意"，愿意支付的价格当然也低。

三、环境空间类型与需求的关系

人类对于自身的需求并不是时时清晰明了的。许多时候，人类的行为会受到多种需求的影响。因此，设计师在做不同空间类型的环境设计时，应当充分考虑受众的多种需求，并准备好机动灵活的解决方案与策略。这就如同古代人的占卜术，同样的卦象可以有多种解释。面对这种情况时，设计师要做的事就是提供一个机动灵活的方案，然后再依据受众的需求给予相应的解答。

空间是建筑最根本的内涵，空间是环境设计最基本的要素之一。因此为了满足人们物质空间之外的不同情趣和精神层面需求的设计，设计者应根据人们的需求进行环境空间设计。

建筑环境空间的划分依据是人们使用空间类型的需求。当今社会快速发展，物质文化立体化、多样化、相互穿插、上下交叉，再加上照明的光影、采光、虚实、明暗、陈设的简单和复杂或在空间高低、大小、曲折和艺术造型等的各个方面都会产生符合各类使用要求的复杂的空间。但在合理划分使用环境空间的过程中，环境设计师的空间设计应该考虑使用者在日常行为过程中在不同场所生理、心理的需求变化，只有在设计之初掌握了使用者的这些需求类型，并且将这些方面和"人"有机地结合起来，在空间设计的过程中将每一个细节都表达出来，一个建筑环境空间才能符合使用者的需求类型，这个环境空间的设计才具有意义。

设计源于人类在自然界中生存的需要，是人类社会得以发展进步的重要因素。人类具有主观能动性，可以能动地改造世界，而设计则是人类对自然界进行改造而实践的一部分。维克多·帕帕克将设计解释为："为一件期待得到并可以预见的东西，所作的计划与方案就是设计的过程。设计是为创造一种有意的秩序而进行的有意识的努力。"也就是说，环境设计师做的设计是带有最终目标和服务对象的。

1. 设计者的责任和目标——满足"人的需求"

在原始社会，早期人类为了躲避野兽袭击而搭建树屋。在发现自己的同伴、家人被攻击后，一些聪明的人开始思考一种目标，这个目标最终可以为自己服务。于是，他开始预想、规划寻找一切可以利用的材料来实现他预计的目标。他选择树作为支撑结构，在这个基础上利用树枝、木材、藤绳等作为材料，经过多次的探索与实践，最后建造出了那个对于他们来说相对安全舒适的空间，这也可以说是建筑早期的雏形。这个设计可以说是有价值的、有意义的。因为这个设计的最终目标真切、直观地反映了人的需求，而经过数亿年文明的进化与发展，人们所进行的一切设计正是从人们的需求这个出发点所进行的。

当社会分工逐渐完善后，设计师这一职业产生了，他们肩负起了对这种最基本愿望实现的责任。他们需要以最专业的眼光洞察需求者的需要，在各种现实限制条件下和有限的经济范围内满足这些需求。所谓的"经济、实用、美观"归根到底是"人的需求"的原则性问题。环境设计师要成为一个客观的设计者，承担起对实现这种本原性需求的责任，这也是设计者应该主动追求的目标。

李朝阳在《环境空间设计》一书中提道："环境空间不但反映人们的生活活动和社会特征，还制约人和社会的各种活动；它不但表现人类的文明和进步，而且又影响着人类的文明和进步，制约着人和社会的观念和行为。"人与空间无时无刻不发生着某种接触与关联，因而两者之间必然产生相互联系相互作用的关系，环境设计师要创造适于人们居住的空间环境，环境设计最终就是要服务于人类的。"空间设计不只是把人类的需求转化成实际应用，它同时也包含了设计者对于这些需求所给的诠释"。环境设计师设计的东西需要能动地、现实地复现自己，从而在所创造的世界中直观自身，这样的目标才是有意义的、有价值的。

图 8.1　原始社会的生活场景复原图　　　　图 8.2　原始社会的住宅复原图

2. 建筑环境空间划分的依据——需求类型

在环境空间的规划中，设计师应遵照功能的需要，设计出功能和形式相符合的种种丰富空间来。在处理和表现手法上，也应是多种多样的。环境空间的类型可以根据需求空间类型的性质和特点来加以区分，以利于在设计组织空间时选择和利用。

从空间的开场与封闭方面来讲。开敞和封闭是相对而言，开敞空间的程度取决于空间是否有侧界面，在侧界面的围合上开各种洞的大小和启用这些的控制能力，并且在程度上开敞空间和封闭空间也有一定的区别，例如介于两者之间的半开敞空间与半封闭空间，主要取决于它的功能，即空间的使用性质和周围环境的关系，以及人们视觉和心理的需求。相对来说开敞空间是外向型的，且限定性和私密性比较小，主要强调与空间环境的渗透、交流、借景，以及与大自然周围空间的融合，但是它可以提供更多、更美的环境外景观以扩大视野。除此之外，使用过程中开敞空间的灵活性较大，方便经常变换环境布置，而在心理效果上开敞空间经常表现为开朗，但在景观关系和空间性格上，开敞空间是收纳、开放的。相对而言，封闭空间用界面性高的围护结构包围起来，在视觉、听觉方面都具有很强的隔离性，而其给使用者的心理效果与开场空间恰好相反，是领域感、安全感和私密性。

设计师应该多关注实际生活中人们对独立空间的使用以及私密性空间的人的生理、心理需求，注意使用者的生活习惯，注重空间舒适感和个性的私人空间与公共空间的再结合和分配。例如，香港建筑设计师张智强先生设计的"自宅"空间规划。他将该住宅设计成为既有会客、起居功能，又有卧室和书房的空间。他根据自身日常行为习惯、根据自身的需求类型，利用有效整合、计算、规划、划分、重组及转化的空间设计手法，将单一的空间组合变成一个丰富的而且相对独立的空间环境，创造出一个适合自己的、舒适的居住环境。

环境空间的面积大小并不是决定设计优劣的关键。在设计规划的过程中，小空间设计处理的关键是：设计师在划分出更多类型的使用空间的同时，巧妙地利用对空间功能的组织和设计使空间在使用过程中的感受更加多元和丰富。这样的空间感受既增加了使用者对空间使用的有效性，又能起到节约空间面积的作用。这样使用者在心理上和精神上都能得到满足。

3. 建筑环境空间与使用者的人性关怀

空间是供人们流动和聚集的场所，不同的人来到了同一个空间，虽然会有不同的感触，但是对建筑的基本要求还是基本雷同的，公共的空间供休息者消遣，同时也希望有着属于自己的一小片私密空间，这犹如受众对卧室设计的希望，总希望卧室设计保持着一点私密和神秘感。这是人们的基本需求，而现在许多的公建都没有做到这几点，一个能够吸引人的空间并不是要多么富丽堂皇犹如古代的宫殿那么气派，受众需要的是一种给人舒适的气氛和感觉。能满足不同层次的需求和最基本的要求。

私密性与公共性问题。私密性是人类的基本需求之一。人既是自然的人，又是社会的人，作为自然的个体，人们具有保持个人私密性的需求，但人生在世，必须要和外界交往。公共性是一个综合性的范畴，它和私密性的心理学范畴是不相同的。作为公共性的另一面，空间的公共性包括两个方面的含义：一方面，空间对每个人来说是开放的，每个人都有权利充分使用它；另一方面，该使用空间必须有能力支持每个使用者的活动，满足人们在此空间中展现自我，可以和别人共享一些东西的需求。

《华沙宣言》中有一句话最能表达人们对居住空间环境的基本要求，即"为人类居住建筑的设计应提供这样一个生活环境，既能保持家庭、个人、社会的特点，又有足够的手段保持使用者互相不受干扰，又能进行面对面的交流。"通常来说私密性有孤立、匿名、亲密、保留这些基本形态。"孤立"即指一个人希望有独处空间来供自己独处；"亲密"指需要一个空间供几个人相处不愿意受他人打扰；"匿名"即指需要一个空间，在这个空间内人们希望混迹于人群之中，不被认识，不愿和别人交流，没人能叫出彼此的名字；"保留"即指一些人不想让别人完全知道自己的信息。

因此，私密性可以说就是强调人对个人或者人对社会有一定的支配权。所以私密性不是通常大多数人所想的消极的远离或者封闭，而是自己积极主动的选择。另外，"私密性"不仅针对个人，也针对一个群体，即这个"团体"有时也有"拒绝外界打搅、独处"的愿望，因此在这方面所涉及的受众对象是多层次的。

第三节　针对行为动机的环境设计策略

一、动机的定义

动机，在心理学上一般被认为涉及行为的发端、方向、强度和持续性。动机为名词，在作为动词时则多称作"激励"。在组织行为学中，激励主要是指激发人的动机的心理过程。通过激发和鼓励，使人们产生一种内在驱动力，使之朝着所期望的目标前进的过程。

动机是激励和维持人的行动，并将使行动导向某一目标，以满足个体某种需要的内部动因。学习动机是学习的主要条件和直接推动受众进行学习的内部动力。动机本身不属于行为活动，它是行为的原因，不是行为的结果。

二、动机的种类

（1）生理性动机和社会性动机（按照动机的起源进行划分）；

（2）近景性动机和远景性动机（按照动机影响范围、持续作用时间进行划分）；

（3）高尚动机和低级动机（按照动机的正确性和社会价值进行划分）；

（4）主导动机和辅助动机（按照动机在活动中的地位与作用大小不同进行划分）；

（5）意识动机和潜意识动机（按照对动机内容的意识程度不同进行划分）；

（6）外在动机和内在动机（按照动机的起因不同进行划分）；

（7）物质性动机和精神性动机（按照动机对象的性质进行划分）。

三、动机的功能

（1）动机是在目标或对象的引导下，激发和维持个体活动的内在心理过程或内部动力。动机是一种内部心理过程，不能直接观察，但是可以通过任务选择、努力程度、活动的坚持性和言语表示等行为进行推断。动机必须有目标，目标引导个体行为的方向，并且提供原动力。动机要求活动，活动促使个体达到他们的目标。

（2）动机具有激活、指向、维持和调整功能。动机是个体能动性的一个主要方面，它具有发动行为的作用，能推动个体产生某种活动，使个体从静止状态转向活动状态。同时它还能将行为指向一定的对象或目标。当个体活动由于动机激发而产生后，能否坚持活动同样受到动机的调节和支配。

四、动机冲突

当个体同时出现的几种动机在最终目标上相互矛盾或相互对立时，这些动机就会产生冲突。

1. 双趋冲突

当个体的两种动机分别指向不同的目标，只能在其中选择一个目标而产生的冲突。

2. 双避冲突

当个体的两种动机要求个体分别回避两个不同目标，但只能回避其中一个目标，同时接受另一个目标而产生冲突。

3. 趋避冲突

当个体对同一个目标同时产生接近和回避两种动机，又必须作出选择而产生的冲突。

五、动机的联合

当个体同时出现的几种动机在最终目标上基本一致时，它们将联合起来推动个体的行为。强度最大的是主导动机。它对其他动机具有调节作用。这种调节作用主要表现为：

（1）主导动机有凝聚作用，将相关动机联合起来，指向最终目标；同时主导动机还决定个体实现具体目标的先后顺序。

（2）主导动机具有维持作用，将相关动机的行为目标维持在一定的目标上，阻止个体行为指向其他目标。非主导动机的影响力较小，但其作用也是不可忽视的。非主导动机可以增强或削弱这种动机联合的强度。

六、动机的唤醒理论

赫布和柏林等人认为：人们总是被唤醒，并维持着生理激活的一种最佳水平，不是太高也不是太低。对唤醒水平的偏好是决定个体行为的一个因素。他们提出了三个原理：

（1）人们偏好最佳的唤醒水平，刺激水平和偏好之间的关系是一条倒 U 形曲线；

（2）简化原理，即重复进行刺激能使唤醒水平降低；

（3）个人经验对于偏好的影响。研究表明，富有经验的个体偏好复杂的刺激。

七、空间使用者的行为动机与环境设计的关系

如今，城市和建筑设计对人类的行为影响正在逐渐增大。城市和建筑是人类主要的行为的承载场所。从历史上来看，两者之间相互作用关系是一种渐渐密切的过程。远古时期，建筑处于发展的初级阶段，起到的仅仅是一种遮掩和防护作用。人类文明的进步使得城市与建筑的功能日益完善和复杂，几乎可以满足人类的全部行为动机。

图 8.3 公园环境空间与行为规律

人类行为动机受城市与建筑的影响很大，而空间使用者的行为动机又为环境的发展提供

了强大的动力。换句话说，行为与空间的关系是不可分割的。优秀的空间设计可以极大地增进人们的主动性和交流性，活跃城市社会；相反，缺少思索和考虑的空间设计只能限制人类的有益行动、阻碍人与人之间的沟通，有时候甚至会刺激不利行为和负面行为的发生，这也成为当今很多城市问题产生的源头。

分析环境空间与行为动机的相互影响，是设计师的职业修养的重要体现，也是设计灵感的来源。

然而，环境空间的拥有者并不是设计师本人，而是委托方、企业、投资方。在城市与建筑建设过程中，私有化和土地使用效率占有重要的地位。因此，分析投资人和使用者的行为动机和利益角度就显得非常重要。

1. 空间活力与行为活力

空间活力与行为活力是不可分割的，在弄清空间活力的影响因素和增进空间活力的方法之前，环境设计师必须认识一下专门性、封闭性、集中性是如何侵占空间活力的。

专门的空间导致活力的丧失，其实这是一个陈旧的论题，其不利从欧洲老工业区的衰亡中就可以看到。

封闭的空间问题主要出现在与外界的交流环节上。这种可达性在空间中体现为可达性——行为可达性和视线可达性。

行为可达性影响着人们的交通和疏散；视觉可达性影响空间连续性、可识别性等人们的心理情况、这一环节非常重要，一旦出现问题，会对人们对空间的舒适度的感受产生巨大的影响。

集中性对城市建筑空间的负面影响更可能表现出街区和建筑群中的单一化。

其实，为了提升城市和建筑空间的活力，建筑师可以做的还有很多很多，这触及一些空间活力设计要素。在这方面，资料显示的结果大多都不一样。如通过《建筑环境共鸣设计》《建成环境的意义——非语言表达方式》和《自在生成论》等书，可以总结出几种空间活力的影响因素：尺度、内部组织可变性、空间形态、边界形态、交通情况。

2. 尺度影响与行为动机：大尺度与小尺度

大尺度空间为人类的行为供给更多的选择，也具备承受更加复杂的行为方式的能力，同时在视野上给予广泛的范围，因此可以很有效地增加空间活力，进一步增强人类行为的丰富性和选择性。

小尺度空间是人类生活中的行为的活力尺度，更易于改变，具有很好的适应性，很多时候大尺度要小尺度衬托。

建筑中尺度的控制因素主要有两方面：进深和层高。这些都是决定建筑的采光和通风的因素，当建筑有良好的天然采光和通风时，同时也有了更强的活力。

有活力的进深为 9～13 米，进深小于 9 米则中间走廊太短小，使用率不高，而大于 13 米则无法分割小空间，从而不能确保正常的自然采光和通风。因此，控制建筑的开间和进深可以保证最大活力。

研究表明，当建筑高于 4 层空间时活力会下降。

图 8.4　城市中的空间尺度与行为

城市中尺度的控制因素主要有两方面：入口和道路。入口决定安全性与可达性，道路决定街区的大小，两者相互牵制、相互制约。

街区出入口是影响私密性的重要原因，同时人口也与安全性有关。通过设计规范制约街区和建筑尺度。

3. 行为动机与内部组织可变性：固定面积和可变面积

固定面积：结构、管线和交通的集中部分，如厨房、卫生间，无法经常变动空间活力相对消极。

可变面积：建筑的主要日常使用部分，几乎不受设施和结构布置限制，是行为积极部分，也是产生空间活力的主要空间。

可变面积不能太琐碎，否则会失去产生活力的条件，这方面的运用如巴黎蓬皮杜文化艺术中心。水暖电管线和结构构件等集中在外侧可最大化地解放可变面积，使内部空间拥有最大化的适应性活力。

4. 空间形态对行为的影响

建筑空间和城市空间都要有合理的长宽比例。合理的建筑空间比例与空间尺度会令人感到舒适。建筑中长宽比一般为 $1:1\sim2:1$，是人类最能适应的，也可供给更多的使用要求。合理处理房间开间和进深也能促进自然采光和通风从而增进房间的适应性。这些都增加了房间的实用性。

城市空间在比例与尺度方面显示出较大的可选择性，方正的空间成为户外活动的集中场所——市民广场，狭窄较长的空间用于巷子、胡同等的交通空间。

随着计算机辅助设计的加入，空间呈现多维度复杂形态，成为不断增加空间活力的原因之一，但也有一定的局限，过于灵活而忽略了使用率，会造成大量的无法使用空间，反而降低了空间活力。

图 8.5　巴黎蓬皮杜艺术中心

图 8.6　环境空间中裸露的天棚管道

图 8.7　城市广场空间与人类行为

5. 边界形态与行为动机

空间的性质和使用情况通过边界来划分，因此，边界形态是发起区域边缘活力建造的基本点。

建筑底部、步行道沿线都有一定的活力因子，然而很多时候确实距离相邻的两个区域的人的行为存在着差距，造成这种隔离性过强的因素就是边界。在一定程度上增强边界区域的活力共享有利于提升空间的丰富性。

同时，气候也对此有较大的影响，温暖地区偏向于环境向室外流动，寒冷地区则相反。但一定要注意私密性，可以通过水平距离来调节。

6. 交通情况对行为的影响

交通对行为的影响可以从建筑空间和城市空间两方面来论述。

建筑空间中，垂直交通核心周围的公共空间中的人流较大，加上疏散、等待、休息等多种行为，对经过的人其空间活力更加突出。距交通核心较远的房间则拥有更好的私密性，对于人类更有活力。

图 8.8 城市道路设计与人的行为

图 8.9 道路设计与人的行为动机

城市交通的重点是人流和车流。对人行人，机动车无疑是降低空间活力的主要因素，因此人车分流是增进空间活力的首要选择，但是也不是绝对化的。机动车在人们的生活中是必不可少的，片面的将机动车分割出去反而会造成不便，"地下停车"不失为一个好的方案。

同时在城市人行道设计中，也要注意分析人行道的使用情况，据使用率划分等级合理分配空间来产生活力这是一个好的选择。

当然，人类自身对空间的制约因素不止这几种，还包括：宗教信仰、文化程度、年龄等。

空间的塑造是环境设计师不可推卸的责任，因为人类不能跳出城市和建筑的范围通过其他方式开展自己的生活。当然这也是全社会努力的目标，从业主利益的公众性提升到后期管理的高效和民主，以及促进人类良性行为方式的形成，这些都需要设计师不懈地努力。

第四节 受众的介入与环境设计策略

受众介入程度，这个概念是消费者心理学当中的"消费者介入"概念的延伸。消费者介入（involvement），也译作消费者卷入、消费者涉入、消费者紧密联系度、消费者参与度等。消费者介入是指消费者在搜索、处理商品相关信息所花时间和消费者有意识地处理商品相关信息和广告所花精力，它决定消费者对信息类别的遴选和作出购买的决策。根据消费者投入的时间、精力的程度，可将商品分为高度涉入商品和低度涉入商品，其商品特性决定了其广告传播方式和效果上的差异。

高度涉入商品：消费者的品牌忠诚度较高，如汽车、教育、保险。

低度涉入商品：消费者的品牌忠诚度较低，如生活日用品。

根据环境设计专业的特色，可以把受众或环境的使用者理解为消费者，把环境设计作品理解为商品，把环境设计师的心理策略理解为广告或其他传播信息。如此，受众的环境介入度就是指环境的使用者或者受众在搜索、处理场所的相关设计意图中所花的时间与受众有意识地处理场所的设计信息所花的精力，它决定了使用者或受众对场所的选择和做出使用和体验的决定。根据使用者或受众投入的时间、精力的程度，可将环境与场所分为高介入的场所和低介入的场所。

高介入的场所：居所、个人工作室、娱乐空间、私家花园等。

低介入的场所：会议中心、大型商场、商业街道、工厂车间等。

在环境设计方面，应当以环境受众的介入程度来指引环境设计师的精神建构工作。

一、受众的介入程度

对不同种类的场所的体验，受众所花费的时间和精力是不同的。受众得到的心理和生理感受度也是不同的。

影响受众对环境场所介入程度的因素：

（1）个人特性：需要、重要性、兴趣、价值观。

（2）刺激特性：方案差异性、传播来源、传播内容。

（3）情境特性：购买/使用、场合。

二、积极的与消极的行为动机

人类动机对行为具有始发、选择和导向、强化的机能。

（1）始发机能。动机是人类行为的直接意愿，驱使人们产生某种行为。

（2）选择和导向机能。动机是人们评价周围事物和进行学习的基础，能指导人们作出相应的选择，从而使行动朝着特定的方向和预期的目标前进。

（3）强化机能。行为结果对动机有反作用。动机会因为良好的效果而加强，使该行为重复出现，也会因坏的结果削弱以至消失，从而使该行为不再出现。

对于行为来说，有的动机趋向行动，是积极的动机；而有的动机回避行动，属于消极的动机。在环境设计中，必须要正视受众的两种动机。比如，在商场门口，有的动机促使受众进入，而有的动机则阻碍受众进入。环境设计师不仅要搞清楚是什么原因让受众产生进入的动机，还要搞清楚是什么因素让受众产生了不进入的动机。

三、低介入情况下的环境设计策略

所谓低介入，就是指场所的使用者对于环境投入的注意力较少，不会花过多的时间与精力去体会场所的设计意图和环境氛围。在这种情况下，环境设计师要设法引起空间使用者的无意注意，并采取手段让这些受众对场所产生较强烈的印象。在这种情况下，环境设计师要应用以下原则：

（1）运用新奇的造型元素与造型手法引起受众的注意；

（2）运用音响与光影集中受众的注意力；

（3）运用突出的视觉形象来方便受众记忆空间；

（4）需要赋予环境空间以某种特定的意义和内涵；

（5）出其不意，与受众的习惯、成见相悖。

四、高介入情况下的环境设计策略

所谓高介入，就是指场所的使用者对环境非常关注，他会花较多的时间与精力去体会环境氛围，并且试图了解环境设计的意图。在这种情况下，环境设计师要重点把握使用者的有意注意规律。其设计策略包括以下几种：

（1）尽量与受众的预期相一致，在空间细节的处理上要精致。

（2）运用到的所有造型元素要协调。

（3）环境空间的特异性不宜过分突出。

（4）空间设施应当是舒适的。

（5）尽量让受众的注意力集中到他们正在从事的行为上。

本章小结

本章首先介绍了马斯洛的需要层次理论；然后论述了针对受众基本需要的环境设计策略；紧接着又介绍了行为动机理论，并且推导出了针对行为动机的环境设计策略；最后分析了受众的介入与环境设计策略之间的关联。

第九章　态度与环境设计说服

俗话说："态度决定一切。"受众的态度是环境设计师的"命门"，受众满意则说明设计师的工作获得了成功。但受众的态度并不会一直是满意的状态，它会随着时间、空间，甚至受众自身的变化而发生变化。作为环境设计师，要知道如何去使受众满意，如何在受众有不利的态度时进行说服。

第一节　受众的态度

一、态度的构成

态度是人们在自身道德观和价值观基础上对事物的评价和行为倾向。态度表现在对外界事物的内在感受（道德观和价值观）、情感（即"喜欢—厌恶""爱—恨"等）和意向（谋虑、企图等）三个方面。激发态度中的任何一个表现要素，都会引发另外两个要素的相应反应，这也就是感受（道德观和价值观）、情感（即"喜欢—厌恶""爱—恨"等）和意向（谋虑、企图等）这三个要素的协调一致性。

一般来说，态度的各个成分之间是协调一致的，但在他们不协调时，情感成分往往占有主导地位，决定态度的基本取向与行为倾向.

态度是指人们对事物存在的价值或必要性的认识，它包括道德观和价值观，价值观以得可偿失为条件来影响人们的行为，而道德观则能使人们不惜任何代价甚至是不惜生命来达到一些目标目的；态度中的情感是和人的社会性需要相联系的一种较复杂而又稳定的评价和体验，它包括道德感和价值感两个方面；意向是指人们对待或处理客观事物的活动，是人们的欲望、愿望、希望、意图等行为的反应倾向。

态度来源于人们基本的欲望、需求与信念，从认知过程来说也就是道德观与价值观，就行为过程来讲，可分为个体利益心理、群体归属心理和荣誉心理三个层次。

在很多人看来，态度往往是极具感情色彩的。可以通过态度了解一个人的爱好、兴趣以及厌恶的事情。当然有的时候态度也成为不良情绪的代言。心理学上对态度的释义为自我道德观念以及价值观念的事物评价。不同的角度对于事物的认识以及了解的差异性非常大，如果加上主观的情绪，其反应是非常强烈的。

二、态度的功能

1. 工具性功能

工具性功能也叫适应功能，这种功能使得人们寻求酬赏与他人的赞许，形成那些与他人要求一致并与奖励联系在一起的态度，而避免那些与惩罚相联系的态度。如孩子们对父母的态度就是适应功能的最好表现。

2. 认知功能

从认知心理学的观点出发，态度有助于受众组织有关的知识，从而使世界变得有意义。对有助于获得知识的态度对象，人们更可能给予积极的态度，这一点相当于认知图式的功能。

3. 自我防御功能

态度除了有助于人们获得奖励和知识外，也有助于人们应付情绪冲突和保护自尊，这种观念来自于精神分析的原则。比如某个人工作能力低，但他却经常抱怨同事和领导，实际上他的这种负性态度让他可以掩盖真正的原因，即他的能力值得怀疑。

4. 价值表现功能

态度有助于人们表达自我概念中的核心价值，比如一个人青年人对志愿者的工作持有积极的态度，那是因为这些活动可以使他表达自己的社会责任感，而这种责任感恰恰是他自我概念的核心，表达这种态度能使他获得内在的满足。

三、态度的维度

（1）方向，即态度指向，个体对态度对象是肯定指向还是否定指向。包括是与否、赞同与反对、接纳与拒绝、喜欢与厌恶。
（2）强度，即态度方向的强度。
（3）深度，即个体对态度对象的卷入程度。
（4）向中度，即某种态度在其整个态度价值体系中的核心程度。
（5）外显，即某种态度在其行为方式和行为方向上的外露程度。

四、态度的三要素

态度通常是指个人对某一客体所持的评价与心理倾向。换句话说，就是个人对环境中的某一对象的看法，是喜欢还是厌恶，是接近还是疏远，以及由此所激发的一种特殊的反应倾向。态度的心理结构主要包括三个因素，即认知因素、情感因素和意向因素。

1. 认知因素

认知因素就是指个人对态度对象带有评价意义的叙述。叙述的内容包括个人对态度对象的认识、理解、相信、怀疑以及赞成或反对等。

2. 情感因素

情感因素就是指个人对态度对象的情感体验，如尊敬—蔑视，同情—冷漠，喜欢—厌恶等。

3. 意向因素

意向因素就是指个人对态度对象的反应倾向或行为的准备状态，也就是个体准备对态度对象做出何种反应。

五、态度的特性

《心理学大辞典》及通常的心理学教科书都认为：态度具有对象性、评价性、稳定性和内在性四个特性。

（1）对象性——态度具有对象性，态度是有对象的，且总是针对某种事物。

（2）评价性——态度具有评价性，它意味着是否赞同该事物；

（3）稳定性——态度相对于情绪具有稳定性，它是一种对事物比较持久的而不是偶然的倾向。

（4）内在性——态度是个体内在的心理状态，往往不能为别人所直接观察到，但它最终会通过当事人的言行表现出来。

六、影响态度的因素

态度不是与生俱有的，而是在后天的生活环境中，通过自身、社会化的过程逐渐形成的。在这个过程中，影响态度形成的因素主要有如下几点：

1. 欲望

态度的形成往往与个人的欲望有着密切的关系。实验证明，凡是能够满足个人欲望，或能帮助个人达到目标的对象，都能使人产生满意的态度。相反，对于那些阻碍目标，或使欲望受到挫折的对象，都会使人产生厌恶的态度。这种过程实际上是一种交替学习的过程，它说明欲望的满足总是与良好的态度相联系。有人曾对某种种族偏见（态度）的发展进行过研究，认为这种偏见具有满足某些个人欲望的功能。例如有些人需要借蔑视其他种族，以发泄自己在生活中压抑已久的敌意或冲动行为。这说明态度中的情感和意向成分与欲望的满足有着密切的关系。

2. 知识

态度中的认知成分与一个人的知识密切相关。

个体对某些对象态度的形成，受他对该对象所获得的知识的影响。例如，一个人阅读过某种科技著作，了解到原子武器爆破力的杀伤性，就会产生对原子武器的一种态度，这就是说态度的形成是受知识影响的。

值得一提的是，态度的形成不单纯受知识的影响。心理学家进行过有趣的调查，他们把调查对象分成两种态度组，即有严密组织的宗教态度者（特征是：态度分明、无意成分少，情绪色彩低）与无严密组织的宗教态度者。结果发现前者能够认识并且接受自己的优点和缺点，而后者则只接受自己的优点，把自己的缺点掩盖起来。

因此，还有人在高中受众中调查了对犹太人的态度，发现反犹太态度的人，对非犹太人也不友善，而没有反犹太偏见的受众，对其他人也都友善。这说明种族偏见（态度）与个人的宽容性有密切关系。

3. 个人经验

一个人的经验往往与其态度的形成有着密切的联系，生活实践证明，很多态度是由于经验的积累与分化而慢慢形成的。例如，四川人喜欢吃辣椒，山东人喜欢吃大葱的习惯，就是由于长期的经验而形成的一种习惯性态度。当然有时也会出现只经过一次戏剧性的经验就构成了某种态度。例如，在某一次逗狗的游戏中被狗咬伤，很可能从此就不喜欢狗，甚至害怕狗，即所谓"一朝被蛇咬，十年怕井绳"。

4. 价值观

价值观影响甚至决定了态度，并需通过态度去体现。态度和价值观的异同点在于：二者都有助于明确个人经验和指导行动，态度和价值观都可以维持和改变，但一般认为态度比价值观更易于改变。态度是比较具体的、众多的，价值观则超越具体事物而涉及行动的标准和目的。价值观可以说是对抽象目标的积极的反应倾向，如对正义、真理、自由等。

5. 心向、定势

态度与心向或定势有所不同。心向或定势是普通心理学的概念，而态度是社会心理学的概念。心向或定势是指在一定情境下采取一定行动的准备性、倾向性，这种准备性或倾向性是暂时的。态度则是指对一定社会客体采取一定反应的倾向性，这种倾向性是较为持久的、稳定的。心向或定势一般是无意识的，或处于低意识状态下；而态度一般是有意识的，态度并不是都处于同一的意识水平，有些处于高意识水平，有些处于低意识水平，处于低意识水平的态度之间的不一致难以被觉察。提高这种不一致的意识水平，就可能解决这种不一致，这对于态度改变有一定的启示。

七、态度形成的三阶段理论

凯尔曼提出了态度形成的三阶段理论，即依从—认同—内化。

1. 依从

依从指个体为了获得奖励或逃避惩罚而采取的与他人表面上相一致的行为。依从不是个体自愿的，而是迫于外界的强制性压力采取的暂时性的行为。在态度形成的过程中，依从是很普遍的现象，在个体早期生活中，态度的形成很大程度上依赖于依从。

2. 认同

认同是个体自愿地让自己的态度和行为与心目中榜样的观念和态度相一致。实际上，受众很多时候都是依照社会中其他角色的态度来指导自己的思想和行为。

3. 内化

内化是指个体真正从内心相信并接受他人观点，使之纳入自己的态度体系成为有机组成部分。内化在个体态度形成的过程中起着非常重要的作用。研究者知道，每个团体都有其一定的规则，有的明确，有的模糊，但团体不可能对所有的行为都制定一定的规则，这就要求成员在大多数场合下都自觉地按照社会的期望来行动。

八、关于态度的其他理论研究成果

1. 态度平衡理论

海德的态度平衡理论重视人与人之间的相互影响在态度转变中的作用。海德认为，在人们的态度系统中存在某些情感因素之间或评价因素之间趋于一致的压力，即如果出现不平衡，则向平衡转化。海德指出，人们在改变态度时，往往遵循"费力最小原则"，即个体尽可能少地改变情感因素而维持态度平衡。

2. 认知失调论

费斯廷格的认知失调理论认为，态度改变是为了维持各项态度之间的一致。如果态度中有两种认知不一致，就会造成认知失调；如果失调认知的成分多于协调认知的成分，则会引起更大的失调；认知失调给个人造成心理压力使之处于不愉快的紧张状态。此时，个体就会产生清除失调、缓解紧张的动机，通过改变态度的某些认知成分，达到认知协调的平衡状态。费斯廷格认为，认知失调有四种原因：逻辑的矛盾、文化价值冲突、观念的矛盾以及新旧经验相悖。

消除、减少认知失调的途径：改变或否定失调的认知因素的一方，使两个认知因素协调；引起或增加新的认知因素以改变原有的不协调关系；降低失调的认知因素双方的强度。

3. 社会交换论

社会交换理论从个体对得失权衡与比较后产生的趋向与回避动机的角度解释态度的形成与转变，认为决定个体采取何种态度以及转变态度的关键是诱因的强度。态度持有者不是被动接受环境的影响，而是主动对诱因周密计算的选择者。态度是肯定因素（得）与否定因素（失）的代数和。个体选择何种态度取决于这种态度能使其获得什么，失去什么，总收益如何。但是个体并非永远是理智计算的决策者，而且个体对这种精确的计算过程也未必能意识到。也就是态度改变是"两害相权从其轻，两利相权从其重"，平衡利弊的结果。

4. 态度的习得模仿理论

个人态度的形成是有阶段性的。儿童最初从家庭中习得很多待人接物的态度，这时的态度是十分具体的，范围是狭窄的，概括性和稳定性都很低。后来，随着活动范围的扩大，知识的增长，少年儿童的态度就逐渐概括化。到了青年期，随着对人生意义的探索，理想、信念和世界观基础的形成，个人比较稳定的态度就出现了。

从态度的习得方式来看，条件反射的学习是态度形成的基础。人们在满足需要过程中，可以形成特殊的态度。对于能满足需要并引起快感的客体一般会形成肯定的态度，而对妨碍需要满足的事物就容易形成否定态度。美国心理学家洛特等人于1960年做过如下实验：将互不相识的儿童按3人一组进行划分，每组分配玩一种有趣的游戏，有的小组儿童获得奖品，而另外的小组不发奖品，然后要求每个儿童提出共度假期的名单。结果发现，得奖组儿童选择同组儿童作玩伴者较多，而无奖组儿童选择同组儿童作玩伴者则较少。实验说明，得奖的快感促使同组儿童彼此产生了肯定态度。

态度也能以社会赞许或不赞许的奖惩方式按照条件学习的原则形成。因此，儿童的某些态度有时是可以按照教育者的某些要求，或言语的暗示，经过条件学习而形成的。心理学家厄尔利对此曾进行过有趣的研究。被试是60名四、五年级的小受众，在彼此熟悉的基础上经过社交测量，其中有个别儿童喜爱单独活动，被认为是"孤独者"。实验者先让全体受众学习一些作为配对用的形容词，然后要求受众把一些积极的形容词如"友好的""幸福的"跟一半"孤独者"的名字相匹配（实验组），而另一半"孤独者"（对照组）的名字则要求配以不好不坏的中性形容词。在实验后，对受众在游戏中的行为进行观察，结果发现，许多受众愿意接近实验组的而不愿接近对照组的"孤独者"。实验表明，受众对"孤独者"的态度是可以通过言语性条件反射的建立而改变的。

个人对没有直接经验和亲身感受的事物的态度，可以在观察别人情绪反应的基础上产生，这称为替代性的情绪激发。儿童许多待人接物的态度，就是通过观察模仿权威性的社会范例（父母、教师、同伴）习得的。有人认为，通过概念形成的程序获得某种态度也是可能的，因为当人们对某客体进行归类和评价时，就形成了对该客体的态度。

九、态度的一致性

一般来说，态度的各个成分之间是协调一致的，但在他们不协调时，情感成分往往占有主导地位，决定态度的基本取向与行为倾向。

十、态度的测量

态度测量一般使用总加量表法和语义分析法。在总加量表中一般用满意、一般、不满意等来表示受众的态度。对于受众态度的测量通常会以环境空间满意度调查问卷的方式呈现并统计出来。

环境空间的满意度调查对设计师的工作有积极的意义。环境设计师工作的每一阶段都需要运用到心理学法则。环境设计的6S法则就是建立在环境满意度评价体系基础上的心理学法则。这个法则的运用是从与客户会谈开始的，并且在设计方案的几个步骤中交错出现。环境设计师的工作步骤与 6S 法则的对应关系如下：

第一步：接受设计任务或设计委托——场所特性——Site features。在此阶段设计师的首要任务是明确设计任务，因此树立起场所特性的意识非常重要。

第二步：调查研究——场所特性——Site features。在此阶段，设计师要把场所特性与受众的心理活动规律联系起来考虑。

第三步：与客户会谈——满足——Satisfactory，设计师在此阶段应当充分利用已有资料，对怎样做出让人满意的方案有总体性的认识。

第四步：设计创意，制作方案——安全的——Safety；舒心的——Soothing；陌生的——Strange；美感——Sense of beauty。在此阶段需要充分考虑设计细节，受众的各种需求在此阶段要加以考虑。

第五步：再次与客户会谈——满足——Satisfactory。此过程一般需要拿着初步的设计方案，与开发商或投资者洽谈。在此过程中，设计师要始终围绕环境的真正受众的满意度数据进行谈判。

第六步：确定方案，绘制施工图——安全的——Safety；舒心的——Soothing；陌生的——Strange；美感——Sense of beauty。此过程是方案修正与细化的过程，会有更多的细节需要处理。因此，更要始终把受众的各项需求融入工作过程中。

第七步：图纸交付施工——满意的——Satisfactory。此过程，应保持施工与设计意图的一致性，需要在施工过程中考虑受众的总体态度。

第八步：交付使用——安全的——Safety；舒心的——Soothing；陌生的——Strange；美感——Sense of beauty。此过程是受众完成的，受众投身到环境中，对环境的体会是全方位的，他们的各项需求应当在环境中得到满足。

第九步：用后评价——满足——Satisfactory，在此过程中，由设计师或中立团体作出调查，环境受众作出满意或者不满意的评价。"满意评价"会刺激相似设计的兴起，而"不满意评价"则会导致新的场所设计需求的出现。

从以上的对应关系，可以看出 6S 法则的使用是一个循环往复的过程。在这个图形中，始终处于核心地位的就是环境受众的满意度。环境受众的满意度是建立在各种心理需求得到满足的基础之上。通过图形，研究者可以看出：环境受众的满意度是检验环境设计优劣的根本标准。作为一名环境设计师，必须深入地了解环境受众的需求，积极掌握环境受众的心理活动规律，并且能够在环境设计过程中熟练地应用这些知识，从而最终提高环境设计的受众满意度。

把这个过程图形化就得出这样的结果：

正因为 6S 系统是一个循环往复的过程，而且最终的满意一定包含了诸多方面的满意，因此对于环境评价当中的满意度调查，应当从原来的二元态度量表转换成立体的态度度量体系。这种立体转换包括了三个方面：

（1）环境满意程度不应是数值的平均，而应当是数值的叠加。

（2）满意度不应是单纯类型的测评，而应是多维度的测评。

（3）满意度调查不仅针对直接受众，还应当包括设计师、开发商、间接受众等。

在环境评价的满意度调查中，最终的满意度应当包括了人们的各类需求的满意度。

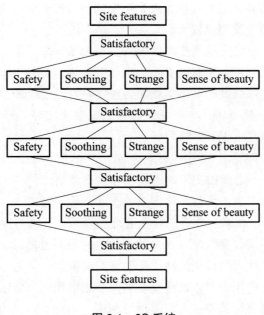

图 9.1　6S 系统

第二节　受众态度的改变

态度一经形成虽较为稳定，但在一定的条件下，还是可以转变的。比如对某类环境空间的喜好就可能会随着时间与年龄的变化而产生改变；对某类设计风格的厌恶也有可能伴随着知识的扩展而发生转变。

一、态度的转变机制

1. 影响态度改变的因素

影响态度改变的因素有很多，其中最主要的因素包括：传递者、沟通信息、接受者和情境等。

（1）传递者。

信息的传递者——传递者的威信、与接受者的相似性都会影响他提出的信息的说服效果。威信越高，与接受者的相似性越大，说服的效果越好。

说服的意图——如接受者认为传递者刻意影响他们则不易改变态度；但如果他们认为传递者没有操纵自己的意图，心理上没有阻抗，对信息的接受较好，易于转变态度。

说服者的吸引力——接受者对高吸引力的传递者有较高的认同，因而容易接受他的说服。

（2）沟通信息。

信息差异——任何态度转变都是在沟通信息与接受者原有态度存在差异的情况下发生

的。如果传递者的威信较高，这种差异越大，引发的态度转变就越大；如传递者的威信低，这种差异适中，引发的态度改变也较大。

畏惧——它与态度转变的关系不是线性关系。在大多数情况下，畏惧的唤起能增强说服效果。但是，如果畏惧太强烈，引起接受者心理防御以至否定畏惧本身，结果却只能是态度转变较少。研究发现，中等强度的畏惧信息能达到较好的说服效果。

信息倾向性——对一般公众，单一倾向信息说服效果较好；对文化水平高的信息接受者，提供正反两方面的信息，说服效果较好。

（3）接受者。

原有的态度与信念——已经内化了的态度作为接受者信念的一部分，难以改变；已成为既定事实的态度，即说服者根据直接经验形成的态度不易改变。

接受者的人格因素——依赖性较强的接受者信服权威，比较容易接受说服；自尊较高、自我评价较高的接受者不易改变态度。社会赞许动机的强弱也是影响态度转变的闲素，高社会赞许动机的接受者易受他人及公众影响，易于接受说服。

个体在面临改变态度的压力时，其逆反心理、心理惯性、保留面子等心理倾向会使其拒绝他人的影响，从而影响态度转变。人们通常会利用一些自我防卫的策略来减少说服信息对自己的影响，比如笼统拒绝、贬损来源、歪曲信息、论点辩驳等。

（4）情境。

态度转变是在一定背景下进行的，以下情境因素会影响态度转变。

预先警告——它有双重作用。如接受者原有态度不够坚定，预先警告可促使其态度改变；但预告也可能有抵制说服的作用，例如，预告与接受者的利益有关时往往使其抵制态度转变。

分心——它的影响也是复杂的。如果分心使接受者分散了对沟通信息的注意，将会减弱他对说服者的防御和阻抗，从而促进态度转变；如果分心干扰了说服过程本身，使接受者得不到沟通信息则会削弱说服效果。

重复——沟通信息重复频率与说服效果呈倒 U 型曲线关系，即中等频率的重复，效果较好；重复频率过低或过高，说服的效果均不好。

2. 态度改变的功能

态度的改变对于事物的发展具有决定性的作用。设计师的态度与受众的态度改变都会直接影响环境设计的发展与变迁。

3. 影响态度改变的主、客观因素

态度改变一般是在社会交往过程中进行的。交往过程中影响者与接受者的关系和交往方法对态度改变的影响是研究的主要课题。研究表明，从影响者的特点来看，那些信誉高而又富有经验的人，比那些信誉低而又缺乏经验的人有更大的成效，能引起接受者更多的态度改变；从影响者与接受者的相似性来看，有相似性的影响者比没有相似性的说服力要大，这是因为他们对于接受者具有更大吸引力和可信任性的缘故。在交往方法方面，一般来说，为了使接受者信服影响者的观点，有单面说明和双面说明两种办法。所谓单面说明，就是只提对影响者观点有利的论据（理由）；双面说明则是同时提出有利与不利的论据，但指明前者优于后者。研究表明，两种方法的效果和接受者的原始态度有关系。对于开始倾向影响者观点的接受者，单面说明更有效果，可以加强其过去的肯定态度；而对于那些开始时反对影响者观点的接受者，双面说明则更为有效。

二、态度改变与环境设计

1. 对受众不良态度的改变

改变受众的不良态度或建立一种新态度虽然比较困难，但并不是不可能的。在这方面有的设计师采取强制执行的办法，这最多也只能引起暂时表面上的改变，有时甚至会引起受众情绪紧张和抗拒。只有当设计师耐心细致地引导受众对改变态度的要求有所认识，并由受众自己作出选择和决定时，真正的态度改变才是可能的。设计师引导受众的主要措施：① 及时向受众提出明确具体的要求。例如，在遇到新情况时设计师预先指出情况的变化，提出改变态度的必要性，受众就有可能自己想方设法改变旧态度，并以新的态度适应新环境。② 引导受众通过相应的活动去改变原有的态度。例如，当受众不喜爱某一类环境空间时，如果设计师能组织受众参观或参与此类环境空间的设计与建设活动，使他逐步理解它的重要性，并设法使之在工作生活中经过努力取得成功，他的态度就会逐渐改变。③ 设计师持续的要求和及时鼓励是受众改变旧的不良态度形成新态度的前提。因为旧的不良态度是比较稳固的，因此要改变它，没有坚持不懈的要求和在有所改变时及时鼓励是不行的。④ 依靠社会群体改变受众的态度，其效果往往更好。群体对成员的态度有较大影响。群体能否有效地影响受众的态度依赖于以下条件：个人必须愿意归属于这个群体；群体对个人具有吸引力；群体应当有更大的凝聚力；改变态度的要求必须成为群体一致的要求；提出态度要求的成员必须有威信；要全力发现并设法消除集体中存在的某些阻碍个体态度改变的因素，如隐蔽的舆论与"规范"。

2. 态度改变与智力、自尊特性

多数影响者的劝说以讲明道理为主，但如能注意用不良态度造成的具体后果激发接受者的情绪反应，一般能引起更大的态度改变。有的研究表明，接受者的特点对态度改变也有影响。有的人接受影响较顺利，而另外一些人却对说服常常持对抗态度。这和他们的智力水平和个性特点有关。在智力水平与态度改变的关系上，有两种意见：一种意见主张智力水平与态度改变呈正相关，认为高智力会增强理解，能克服对说服的异议；另一种意见认为聪明人比智力低的人更容易发现说服观点中的弱点和漏洞，从而接受劝说的可能更小，所以二者呈负相关。一般说来，二者关系不大。最易被说服的人可能是对说服理解清楚而抗拒力不强的人。另外，影响态度改变的个人特点是自尊。在这方面，早期的研究表明，高自尊的人对自己的能力和态度有自信，被说服的可能性较小。近几年来的研究则发现二者的关系是交错的，最易被说服者是具备中等自尊强度的人，高自尊强度和低自尊强度的人是最难被说服的。

第三节　环境设计说服的机制

所谓说服，是指好好地向对方说理，使之接受，试图使对方的态度、行为朝特定方向改变的一种影响意图的沟通。

一、常见的沟通方法

下面结合具体的教育实例来探讨一下设计师说服性沟通的技巧。

1. "单面说服"与"双面说服"

当你就某一话题企图说服对方时，仅仅提示自己主观的说服方法谓之"单面说服"。一并指出反对的观点和自己主张的缺陷的说服方法谓之"双面说服"。那么，哪一种说服方法更有效呢？根据已有的研究，对原先的观点与说服方向相反的受众和高层次的受众，双面说服更有效；对原先的观点与说服方向一致的受众和低层次受众，单面说服比较有效。因此，单面说服与双面说服的效果并不单纯，必须考虑受众原先的观点和不同的年龄，研究相应的说服方法。但无论是在演讲还是在与受众谈心的过程当中，如果说上一句"如果我有什么不妥当或者不全面的地方，希望你们能够批评指正"，往往更容易得到受众的认可和接受。这样做会给受众一种亲切感、一种可信赖感，同时也改变了设计师高高在上、唯我独尊的地位，受众也能够认识到设计师和自己是平等的。

2. "含蓄婉转"与"直截了当"

说服的结论应该明白地表示出来，还是有所保留，让受众自己引出来呢？在说服意旨单纯的场合和受众智力水准高的场合，不明示结论更为有效；在主旨复杂的场合和受众智力水准较低的场合，明示结论较为有效。当然，即使不明示结论，设计师也必须传达给受众能够理解的信息，使对方理解你想说些什么。对低层次受众的说服，应尽量浅显易懂，明明白白地提供结论，这样更能见效。现在的受众都比较讲究颜面，尤其是青年受众，如果直接指出他们的错误，他们也许会碍于面子不肯接受，如果用含蓄婉转的方法跟他们沟通，给他们留有思索的空间，让他们自己认识到问题的严重性，让受众主动提高要比设计师声嘶力竭的说教要有效得多。例如，处于青春期的学生们，成熟得比较早，"早恋"现象比较严重，但对待这个问题，只能"疏导"不可"堵塞"，直截了当地制止往往会适得其反，如果含蓄地说出老师不赞成这种做法，委婉地指出这将对学业、生活等方面产生哪些负面影响，让他自己从这片沼泽地中走出，也许会达到预期的目的。

3. "威胁性"说服法

在日常生活中人们常常使用带有威胁性的说服，例如，为了防止学生打架斗殴，学校里常常播放一些预防青少年犯罪的教育类视频。这种说服方法是否有效呢？根据心理学家伸田博己的研究，有一定威胁强度的说服比较有效。不过，这种说服倘若不加以仔细考虑，也会产生种种问题，如：设计师所批判的一些做法会成为受众效仿的对象。因此，伸田认为，采用威胁性说服应考虑下列几点：

（1）不仅仅显示威胁，而且还要显示对付威胁的有效办法，否则容易产生混乱。

（2）威胁必须有现实感。倘若缺乏现实感，发出信息者的威胁意图受到怀疑，那么强度威胁就会带来反感。

（3）焦虑倾向和较敏感的受众对强度威胁容易产生防卫性机制，对这种受众采用强度威胁必须慎重。从教育的角度讲，不宜随意利用恐怖感情引起受众不必要的焦虑。

4."阶段要求"法

说服不是一次就能完成的，有时需要反复实施。在教育实践中往往要求反复地说服。说服是不是愈反复愈有效呢？根据卡西奥波等人的反复效应研究显示，反复次数（1、3、5）和说服效果之间成倒 U 字形关系（反复三次效果最好）。也就是说，说服不是一次有效，而是反复多次较为有效。只有这样，才能真正改变对方的态度与行为。在教育情景中，可以持续地反复进行说服，但不宜次数太多，让受众产生厌烦心理，重要的是设计师要有耐心，直到打开受众的心扉为止。和这种说服的反复有关，说服有所谓的"阶段要求法"的技巧。这种技巧是指，起初进行小小要求的说服，一旦获得承诺，即使做出更大要求的说服，也容易被接受。因此，不宜直接对受众施加压力，分步骤进行说服将更为有效。

5."角色扮演"法

模拟性、假想性、即兴式表演某一情景中的角色，掌握、训练特定的态度和行为，或者借此改进人际关系，称为"角色扮演"。根据贾尼斯等人的研究，扮演和自己的观点相反的角色，从该角色出发说服对方，比单纯的作为听众，更能朝说服方向改变自己的态度和见解。通过这种角色技法让受众扮演和自己立场相反的角色，有可能引导受众朝设计师期望的方向发展，站在对方的立场考虑问题，对于深化受众之间的相互理解也是有好处的。例如，群体中有个受众脾气特别暴躁，总喜欢对别人发脾气，并且对周围的一切都挑三拣四，在与他谈心的过程当中，说服者多次建议他"换把椅子坐坐"，即把自己想象成自己的同学，当周围有一个不随和的人会有什么感受，经过多次谈心后，他基本上能够认识到自己心理上处于亚健康状态，并且有意识地控制自己的情绪，努力调整好自己的心态。

6."相互说服"法

设计师通过受众群体团体的干部和周围的受众进行说服的方法也相当有效，使处于同等环境中的干部和受众好好理解设计师说服的意图和旨意，并积极配合设计师的工作，比设计师直接去说服更有效，当然，这要以受众之间已建立起一定的信赖关系为前提。例如，文科班女生比较多，比较文静、害羞，上课时安安静静，下课问问题的学生也很少，在班会课、上课时多次启发、动员，但基本上没有任何效果，后来，找到相对比较喜欢质疑的学生，让他设身处地地在同学面前讲讲自己问问题的感受，并多多鼓励、带动周围的同学一起走进老师的办公室。在这之后，群体中一带二、二带四、四带八，质疑的风气越来越浓，学习成绩自然也有很大的进步。

7."团体决议"法

设计师通过团体决议的方式，按照团体规范、气氛去从事说服工作，也可以引导受众朝一定方向改变。团体决议方式比起个别化教育和演讲更容易改变受众的态度和行为。设计师可以引导受众归纳出若干启示和导引，通过受众自身的讨论做出团体决议，比设计师的直接影响更能有效地使每一个受众和受众群体全体成员的见解方式发生改变。

8."期待"法

1968年美国心理学家罗森塔尔和雅各布森做了一个实验，他们来到一所学校，随意抽出一部分学生的档案，告诉老师，这些学生将来都会有很大的成就，然后就离开了，半年以后，当他们再次来到这所学校，发现当初他们指定的那些将来会有很大成就的学生，在学业上都有很大的进步，而其他学生在学业上取得的进步就不那么明显。这个实验很好地说明了设计师的期待效应的作用。换个角度，期待法也可推广为整体规范和团体动力学促进个体发展的方法。根据凯利和沃尔卡特的研究，愈是高度评价自己所归属的团体的规范，愈能接受符合规范的说服，同时也显示出对违反规范的说服的抵制。因此，设计师在说服之前，给受众们以最高的期望值，时时刻刻告诉受众们，在设计师的心目当中，他所面对的受众是最优秀的，同时也相信受众们不会令设计师失望。在这种鼓励式的说服之下，受众将会比较好地按照设计师的期望路线发展。积极的期待是以受众对设计师的信任为前提的，只有设计师热爱受众、同情受众，理解受众，做受众的知己和朋友，受众才会信任他，才会向他所期待的方向努力，当然设计师对受众的鼓励、期待并不是一味的迁就、放任，也并不是孤芳自赏，把一切建立在不可实现的空中楼阁中，而是分析实际情况，给受众一个正确而合理的期待。

这几种说服沟通的技巧并不是孤立独行的，它们相互融合在一起，相互渗透，相互支持。如果把几种方法融会贯通在一起，一定会得到较好的效果。但要知道设计大师们在与受众沟通的过程当中，能够达到预期结果，语言在其中起到了独特的魅力。设计大师在语言艺术上应达到三种境界：一是情在言先，语言是情感的载体，情感是语言的灵魂，没有情感的语言是干瘪的。别林斯基说："充满爱的语言，可以使劝说发出熊熊的烈焰和热。"情感是语言的表达过程中的乘号，语言中充满情感，会使语言的感染力成倍地增加。二是理在言中，中国有句俗语，"有理走遍天下，无理寸步难行"。尤其对待世界观正在形成和变化的受众，不仅要让他"知其然"，还要"知其所以然"。三是意在言后，谈话虽然结束但意味深长，让受众慢慢地去反思，去品味，产生"余音袅袅，绕梁三日而不绝"的效果。在三种境界的指引下，使沟通的技巧不断地推陈出新，不断地丰富发展，使设计师在与受众沟通的过程当中，能够走进受众的心灵深处，真正地起到"润物细无声"的作用，同时使受众能够真正地理解设计师的良苦用心，在设计师的指导下，完善自己的人生观、世界观。

二、说服技巧举例

1. 调节气氛，以退为进

在说服时，你首先应该想方设法调节谈话的气氛。如果你和颜悦色地用提问的方式代替命令，并给人以维护自尊和荣誉的机会，气氛就是友好而和谐的，说服也就容易成功；反之，在说服时不尊重他人，拿出一副盛气凌人的架势，那么说服多半是要失败的。毕竟人都是有自尊心的，就连三岁孩童也有他们的自尊心，谁都不希望自己被他人不费力地说服而受其支配。

2. 争取同情，以弱克强

渴望同情是人的天性，如果你想说服比较强大的对手时，不妨采用这种争取同情的技巧，从而以弱克强，达到目的。

3. 善意威胁，以刚制刚

很多人都知道用威胁的方法可以增强说服力，而且还不时地加以运用。这是用善意的威胁使对方产生恐惧感，从而达到说服目的的技巧。
威胁能够增强说服力，但是，在具体运用时要注意以下几点：
第一，态度要友善。
第二，讲清后果，说明道理。
第三，不能过分，否则会弄巧成拙。

4. 消除防范，以情感化

一般来说，在你和要说服的对象较量时，彼此都会产生一种防范心理，尤其是在危急关头。这时候，要想使说服成功，你就要注意消除对方的防范心理。如何消除防范心理呢？从潜意识来说，防范心理的产生是一种自卫，也就是当人们把对方当作假想敌时产生的一种自卫心理，那么消除防范心理的最有效方法就是反复给予暗示，表示自己是朋友而不是敌人。这种暗示可以采用种种方法来进行：嘘寒问暖，给予关心，表示愿给帮助，等等。

5. 投其所好，以心换心

站在他人的立场上分析问题，能给他人一种为他着想的感觉，这种投其所好的技巧常常具有极强的说服力。要做到这一点，"知己知彼"十分重要，唯先知彼，而后方能从对方立场上考虑问题。

6. 寻求一致，以短补长

习惯于顽固拒绝他人说服的人，经常都处于"不"的心理组织状态之中，所以自然而然地会呈现僵硬的表情和姿势。对付这种人，如果一开始就提出问题，绝不可能打破他"不"

的心理。所以，你得努力寻找与对方一致的地方，先让对方赞同你远离主题的意见，从而使之对你的话感兴趣，而后再想法将你的主意引入话题，而最终求得对方的同意。

有一个小伙子固执地爱上了一个商人的女儿，但姑娘始终拒绝正眼看他，因为他是个古怪可笑的驼子。这天，小伙子找到姑娘，鼓足勇气问："你相信姻缘天注定吗？"姑娘眼睛盯着天花板答了一句："相信。"然后反问他："你相信吗？"他回答："我听说，每个男孩出生之前，上帝便会告诉他，将来要娶的是哪一个女孩。我出生的时候，未来的新娘便已经配给我了。上帝还告诉我，我的新娘是个驼子。我当时向上帝恳求：'上帝啊，一个驼背的妇女将是个悲剧，求你把驼背赐给我，再将美貌留给我的新娘。'"当时姑娘看着小伙子的眼睛，并被内心深处的某些记忆搅乱了。她把手伸向他，之后成了他最挚爱的妻子。

三、霍夫兰德的说服模式

1959 年霍夫兰德和詹尼斯提出了基于信息传播过程的说服或状态改变的模型，即说服的传播模型。说服模型的每个环节都表明了所关联的重要因素：传递者或信息源涉及的问题是，他是否从自己所维护的看法中得到个人的好处。客观性或无私性成为可信的基本条件。意见传播，也就是进行说服。主要取决于信息的本身，但传播方式方法对说服效果亦有影响，接受者是被说服的对象。中心问题是信念和人格（人性）。情境因素对说服过程的影响主要涉及警告与分心。

1. 说服模型所关联的重要因素

（1）传递者涉及的问题是，他是否从自己所维护的看法中得到个人的好处。传播者和信息源的客观性与无私性是可信的基本条件。

（2）意见传播，也就是进行说服，主要取决于信息本身，但是传播方式方法对说服效果也有影响。差距与畏惧是它的两个重要变量，即传递的意见与说服对象的初始态度之间的差异，这种差异应当达到足以引起说服对象的心理不平衡或紧张状态，才有望达到说服效果。

（3）接受者是被说服的对象。它的中心问题是信念与人格，接受者对原初观点的自信度越高，可能改变的幅度就越小。

（4）情境因素对说服过程的影响主要涉及警告与分心。警告可以理解为预告，原先对其观点的自信度低，预告便有利于态度的改变，否则就会增强对说服的抵制；此外，如果预告内容与个人无利害关系，它将促进态度的改变，反之便可能阻挠接受说服。

2. 说服的传播模型的主要内容

（1）这一说服过程必须是在一种情境中进行的，所以说服过程势必受到周围环境的影响。

（2）传递者和信息源。力争让受众切实感受到其中的意义。

（3）意见传播。也就是说说服效果取决于信息本身，传播的方式方法对说服效果亦有影响。

（4）接受者是被说服的对象，其中心问题是信念与人格。

第四节　环境设计评价体系与环境设计策略

一、环境设计评价体系

1. 城市居民环境评价体系

在世界范围内，对于城市环境评价体系的研究已经较为普及。一般来说，评价体系包括了以下内容：居住条件、安全、卫生、教育、医疗、交通、娱乐、福利等。

2. 乡村居住评价体系

乡村居住评价体系的研究比较滞后。近年来的研究也是建立在城市居住评价体系的基础之上进行的。随着国家综合国力的提升，城市和乡村的生活质量都有了较大提高。在大力提升城市居民幸福指数的同时，环境设计工作者也不能忽略广大农村居民的幸福诉求。正是因为在各项基础设施建设中，忽略了乡村居住评价体系的建构与引导，才会出现诸多乡村建设问题。其中，"农民缺乏自我身份认同""乡村居民幸福感较低"等都是比较显著的问题。

图 9.2　传统乡村的面貌

建立乡村居住评价体系不是一件容易的事情。它与社会的各个方面紧密相关。但从心理规律层面出发去做一些阐释和分析，还是可以得出一些结论的。

（1）建立科学全面的乡村居住评价体系，其主要意义如下：

第一，评价体系明确，有利于建设重点的突出，可避免新农村建设中可能出现的资金与资源浪费问题。

第二，评价体系有极高的实用性和适用性，有利于国家建设资金在全国范围内的调拨与管理。

第三，有利于推进更加人性化的新农村建设规划。

第四，有利于乡村居住环境的有序改善，切实缩小城乡生活水平的差距。

第五，有利于提高乡村居民的归属感和幸福感，进而使乡村居民的社会参与度提高。

第六，有利于和谐乡村、和谐社会的长远发展。乡村和谐发展，能保障整个社会的和谐发展。

总的说来，这项研究将本着提升乡村居住满意度，努力构建社会主义和谐社会的目的去深入。

（2）乡村居住评价体系研究的主要内容：

第一，乡村居民居住满意度的田野调查。

第二，城市居住模式与居住评价体系成因分析。

第三，乡村居住模式分析。

第四，城乡居住模式差异性分析。

第五，现行的乡村居住评价体系的成因分析。

第六，全面科学的乡村居住评价体系的建构。

（3）乡村居住评价体系研究的基本思路：

第一，从进行具体的乡村居住满意度的访谈入手进行研究。做具体的田野调查，目的是要分析乡村居住满意度较低的问题所在，找出乡村建设的可行性办法和可控性指标。在研究中，会涉及的问题包括：为什么乡村居民许多都想到城市里去生活，而城里人有许多又向往乡村生活？人们的乡村居住诉求到底是什么？引起人们不满的因素有哪些？这些因素在建设过程中是否能够规避？

第二，为了从根本上解决乡村建设方面的诸多问题，必须建立起一套完备的可行性高的乡村居住评价体系。在总结前人研究成果的基础上，努力分析乡村居住与城市居住的共性与差异，最终建构出科学的乡村居住评价体系。这些研究将有利于乡村居民幸福感的建构，有利于城乡之间健康互利的关系的可持续发展。

第三，研究者不能忽略乡村与城市存在的差异，这些差异既存在于物质层面，也存在于精神层面。只有理清这两方面的差异，才有可能建立起更合理更人性化的乡村居住评价体系。城乡居住评价体系的差异来源于居住模式的差异。这些差异包括了几个大的方面：人与环境的互动和关系在本质上存在不同；人们对出行的要求的差异；社会福利在乡村的推进速度较为缓慢；乡村居民的受教育水平不高；乡村居民的社会参与程度较低等等。这些差异必然会导致居住评价体系中指数因子的变化。以中东部发达地区的城市与近郊农村为例作对比研究。

第四，作为一个系统的，具有普遍意义的评价体系，应当从社会学，甚至哲学的高度来建构。

"以人为本"是居住评价体系的核心。人与城市、人与乡村、城市与乡村是一个个相互影响和制约的有机体。这个体系内部存在某些特定的运行规律。在人与城市的互动中，人的评价体系建构起来了。而人与乡村的互动模式是不同的，因而必然会导致居住评价体系的建构模式的差异。在找寻和研究这些差异的过程中，研究者们应当努力构建乡村居住评价体系的成因图谱。

二、受众满意度调查与环境设计策略

环境设计的最终目的是要设计并建造出让受众满意的环境与场所。环境设计的优劣与好坏也要归结于受众的评价。因此，受众满意度调查的工作就显得十分重要。通过满意度调查可以明确受众的态度，并使设计师充分地总结经验和教训。

受众满意度调查是一项繁杂的工作。设计受众满意度问卷的有以下几点原则：全面性原则、代表性原则、区分度原则和效用度原则。问卷调查一般包括了以下几个步骤：第一步，确定问卷调查的目的、制订编题计划、写出问卷指导语。第二步，编写问卷。问卷的编写又包括几个基本步骤：草拟题目、确定问卷形式（问卷形式分为：开放式问卷、封闭式问卷和混合式问卷）、制定和修订问卷。第三步：问卷预测。第四步：问卷项目的选取。第五步：问卷项目的编排（集中式和分散式）。第六部：问卷下发与回收。第七步：问卷调查分析报告。所有的步骤都要认真完成，尤其是第七个步骤，它需要设计师投入较大的精力去做，以求从中得出更多的有利于设计发展的数据与结论。

三、受众的不满与环境设计策略

问卷调查的目的是了解受众的真实态度。如果受众满意，证明设计师的工作是成功的。而受众不满，一方面是对设计师的否定，同时也从另一个侧面对设计师的工作提出了新的要求。环境设计的进步是建立在受众的不满这一基石上的。因此，设计师要充分利用受众的不满。

四、空间使用者的不满与环境设计创新

有人将环境设计的目的定义为"以科学为机能基础，以艺术为表现形式，为了塑造一个精神与物质并存的生活环境而采取的理性创造生活"。而环境设计创新强调的是：艺术表现形式的新颖，技术表现手法的创新，以及能够使这种"新颖"得以持续、评价、完善和充分的发展，这样的设计才称为创新。

因为对现有的空间环境存在不满，使用者才会表达出新的空间需求，也才能激发设计师的新的空间创意。对环境空间的不满主要表现在对家居空间环境的不满。人们对自家住宅经常进行装修与翻新就是这种不满的直接表现。最近，家居业相关机构发布了一项家居满意度调查数据，结果显示，76% 的用户对传统家居模式不满意，其中有近 80% 的原因和定制相关。认为家居与装修风格不协调的占 56%；认为家居尺寸不合适造成空间使用率低下的占22%。虽然是投诉数据，但是这也说明家居定制已成为业界极具发展潜力的商机。

在房地产市场蓬勃发展的今天，个性化的装修风格逐渐受到人们的追捧，家居定制因此也成为一种时尚生活的标志。未来的定制行业不可避免地会被互联网带来的移动浪潮所影响，会是革新甚至是革命。设计行业就目前的受众态度与环境设计创新提出了以下观点。

1. 环境设计需要遵循"以人为本"的思想

设计的最终目的并不是成果，而是满足人们的需求，随着现代建筑的普及和人们生活水平的提高，人们对生活质量的要求也越来越高。就我国不同年代的套型模式来说，居住标准在不断地提高。从 20 世纪 50 年代的多户合住型到 70 年代末的居室型，再到 80 年代的方厅型，90 年代的起居型、安居型，以及如今注重生活品质，主张表现自我生活特征和情趣的舒适型等。环境空间设计经历了一次又一次的革新。就这些改变的根本，主要是社会的发展和人们生活方式的改变。

以人为本的设计理念主要是以人的需求作为设计的主要目的，以人的活动作为主要设计

依据，创造出最适合人们使用的空间形式。环境设计是环境艺术，不是纯艺术，却具有技术加应用的纯艺术因素。这种因素提升了环境的品位与价值，体现了人们在环境空间设计中对自然环境的一种美的追求，但环境设计不是单纯地追求艺术美，要兼顾功能舒适方面。在设计时，设计师要融入自己的情感，用图形、色彩和最直接的手段，将那些地域性的哲学直接打入心灵深处，设计要结合艺术，而艺术源于生活。所以，设计师的设计要满足人们的需求。艺术往往都是表现人的看法和观点，也就是说是源于人们自己的活动。所以，设计出人们想要的、需要的、喜欢的设计才能满足长期的发展。人们生活在这样的环境中，可以获得生活和精神需求的满足，陶冶情操，达到情感上的协调，从而进入一种忘我的境界，这就是设计的目的。

以人为本的设计理念既重视人们生活需求的一面，也兼顾与自然的和谐统一。比如说最震撼的建筑流水别墅就是以"与自然相结合"为主要设计手段。虽然环境设计和建筑设计在设计手法上不同，但是设计主题上是一致的。在环境设计中，在兼顾风格的同时，家居的布置也是主要的环节之一，好的布置风格直接影响人们的日常生活。家具是完全按照人的尺寸来设计的。所以，在环境设计中，以人为本的思想是设计创新的必要条件，如果不尊重这一条件，再出色的设计也只是纸上谈兵，没有实际用途。所以不管设计将发展到什么高度，以人为本的思想也绝对不会变化。

图 9.3　住宅客厅的环境设计方案

2. 环境设计需要结合可持续发展策略

可持续发展理念下的建筑环境设计体现出一定的生态化特征、绿色化风格，各项设计是本着绿色节能环保的原则进行的，从装潢材料的选择、设计风格的确定，到施工技术的采用都体现出低碳、低能耗的特点，因为只有这样的设计原则和设计风格才符合可持续发展的理念。

生态环保原则。可持续发展理念下的建筑环境设计必然体现出一定的生态功效与环保功效，注重生态无毒害材料的选择、生态装饰技术的运用等，只有这样才能实现建筑环境设计的可持续发展。

与大自然的融合。可持续发展理念下的建筑环境设计，体现出回归大自然、走向大自然的特点，体现出对大自然可再生能源、资源的充分利用，因为自然界的能源，例如光能、风能、太阳能等都是取之不尽用之不竭的，充分利用这些能源资源能够减少对其他非再生能源的开发和利用，实现人类社会的可持续发展。

图 9.4 极具科技感的卧室设计方案

3. 环境设计需要洞察设计发展方向

改革开放后，我国的环境设计虽然没有出现完整的风格，但是度过了模仿东、西方传统环境设计和西方现代环境设计时期，渐渐地开始了创新历程。从近几年建筑的关注方向和设计的指导思想可以看出，使用新材料，采用新工艺，创造了环境新的界面造型和空间形态的设计大受欢迎，给人以耳目一新的感觉，是比较有新意的设计。另外，设计师在设计过程中一般都会融入民族文化和时代特色，通过艺术语言综合、重构，使简练的环境界面及空间形态蕴涵较深厚的文化神韵和意境。比如人民大会堂内的上海厅、广东厅和小礼堂，时代感都很强，表现出了新时代的文化特点。

环境设计随着社会的发展会出现以下几种趋势：

（1）设计结合自然。随着环境保护意识的增强，人们向往自然，热爱生活，喜欢自然的事物，喜欢融入大自然，回归大自然。

（2）设计带有民族特色。目前，大多设计都强调高度现代化，所有建筑大同小异。随着社会物质财富的不断丰富，人们对文化的、传统的东西越来越珍惜，设计也是一样，要具有民族特色。

（3）高度现代化。随着科学技术的发展，环境设计中也会采用先进的材料，使设计达到最佳声、光、色、形的匹配效果，实现高速度、高效率、高功能，创造出更加适合人们需求的环境空间。

（4）高技术高情理化。国际上工业先进国家的环境设计正向高技术、高情感化方向发展，高技术与高情感结合，既重视科技，又强调人情味。

（5）个性化。大工业化生产给社会留下了千篇一律的同一化问题。为了打破同一化，人们追求个性化。

（6）服务方便化。城市人口集中，为了高效、方便，国外十分重视发展现代服务设施，从而使环境设计强调"人"这个主体，以让消费者满意、方便为目的。

（7）新型材料广泛应用。随着新型建筑材料、装饰材料的普遍运用，未来的家居将变得妙不可言。

本章小结

本章首先介绍了态度的概念和常见的态度理论；然后论述了受众态度改变的过程与条件；紧接着又分析了环境设计说服的机制；最后阐述了环境设计评价体系以及与评价体系有关的环境设计策略。

第十章　环境设计的微观心理因素分析

所谓环境设计的微观心理因素分析，就是分析影响消费者行为的内环境，即分析影响环境受众行为的个体要素。这些要素主要指：环境受众的年龄、性别、个性和家庭。

第一节　年龄与环境设计心理

从年龄上区分环境场所的特点，有助于环境的设计与建设。一般情况下，按年龄将环境场所划分为儿童专用的空间、青年人专用的空间和中老年人专用的空间。

一、儿童专用的环境空间

这里所说的儿童，是指广义上的儿童，即未成年人。它包括新生儿、乳儿、婴儿、幼儿、儿童和少年。儿童专用的空间包括：住宅中的儿童房、幼儿园、小学和儿童游乐场所、儿童餐厅等。在这些环境场所的设计中，必须充分认识儿童的身心特点，做出满足儿童的生理与心理需求的环境空间。

儿童的生理特点包括以下几种：身体的生长速度较快；活动能力逐步提高；需求日益复杂。

儿童的心理特点与他们的生理特点联系非常紧密，主要有以下特点：自主能力提高；除生理需求与安全需求外，社交需求与社会需求增加；行为的模仿性强，趋同心理明显。

总的来说，儿童对环境空间的心理需求包括以下几个方面：

首先，我国城市中，儿童在家庭消费的总开支中约占 40%。因此，儿童专有环境设计的市场潜力巨大，而且容易开发，但还未全面开发。

其次，研究儿童专有空间的环境设计，要根据各年龄阶段儿童的心理特点来设计孩子们喜爱的环境场所。一般情况下，造型有趣、想象力丰富的空间设计，装修精良、色彩绚丽、富有童话色彩的装潢，能引起儿童的注意，诱发他们的购买动机，促成他们的购买行为。儿童家具的设计，应当轻便、造型生动活泼、富有情趣，能给孩子们带来欢乐和愉悦。

最后，开发儿童专有空间，还要把握家长的心理，要注意家长的审美动向。比如：家长越来越重视儿童的早期教育和智力投资；在家庭消费中，智力投资的比重普遍上升。因此，在儿童的专有空间的设计中，应当保留出容纳此类活动的空间。

二、青年人使用的环境空间

青年人使用的空间包括：高级中学、大学校园、歌舞娱乐场所、竞技类运动场所、时尚快捷型餐厅等。在青年人适用的环境设计中，环境设计师要充分认识青年人的生理与心理特点，做出满足青年人生理与心理需求的设计方案。

青年的生理特点包括：身体发育成熟；体力处于最佳状态；精力充沛有活力。

青年人的心理特点与他们的生理特点有关，但也有完全相悖的地方。其特点包括：

（1）由于家庭负担轻，经济收入中直接用于自身消费的份额很大，青年人的消费能力相对最强。

（2）生理的成熟与心理的不够成熟相悖离，表现为：独立性与依赖性共存；强烈的求新、求异与识别能力低相矛盾；情绪热情奔放、追求时尚和缺乏理智判断相矛盾；理想与现实相矛盾等。

（3）青年人是消费的主体，在对所有与消费场所有关的环境进行设计之前都必须研究青年人的消费心理。青年人的消费心理包括：青年人的消费意愿强烈多样；消费倾向标新立异；消费中情感色彩较浓；冲动性的购买行为较多；炫耀欲和同调性普遍存在；青年容易被不良导向引诱，易上当受骗。

总的说来，青年人的环境需求心理主要包括以下几点：

（1）青年人约占我国人口的三分之一，是环境设计受众中举足轻重的一部分。

（2）青年人的生活方式具有求新求奇的倾向，求美、求名的动机强烈。因此，设计师对青年专用场所的开发和设计要注意新颖和时尚。空间造型要美观，注重外观的美感，至于造价的高低并不是最重要的。

（3）青年受众的环境设计要以审美价值和威望名誉为主。这是出于对青年人的"炫耀欲"需求的满足来进行的设计。

（4）青年人活跃，影响广泛，他们在环境场所中的消费行为能在较大程度上影响中老年人，从而扩大此项环境设计的知名度。

三、中老年人使用的环境空间

中国老龄化问题日益严重，中老年人在总人口中的比例正在加大。重视老年人的生存状况，改善老年人的生活环境，已成为环境设计师的共识和重要任务。在环境设计方面，常见的中老年人专用的空间包括：老年住宅、养老院、疗养中心、健身场所、高档餐厅、社区活动中心等。在中老年人使用的环境空间设计中，要针对中老年人的生理与心理特点进行分析，以便做出符合中老年人各项需求的设计方案。

中老年的生理特点包括：身体渐弱；精力减退；容易疲劳。

中老年人的心理特点与生理特点紧密相关，主要包括以下几点：注重保健；求实随俗；自尊心强；意志坚定难转移。

总的说来，中老年人对环境的心理需求主要包括以下几点：

（1）中年人一般都是上有老、下有小，因此，他们虽然收入较高，但直接用于个人的消费部分并不多，他们的消费是自我压抑的。他们对自己使用的环境的设计要求一般较低。中年人比较注重家庭和子女的环境空间需求。

（2）中老年的环境场所需求集中稳定。他们相信自己的经验与习惯，不为环境类型所动，一般根据心理和生理变化的特点，相应地增减需求。

（3）中老年人对健康极为重视，健身场所对于中老年人具有极大的吸引力。

（4）由于外来文化和青年文化的示范效应，中老年环境消费观念也在发生着变化。他们的自我压抑现象将逐步缩小，他们使用的场所也日趋复杂。他们的场所选择决策将从求实求廉的动机向求新求美的动机转化。

四、无明显年龄界定的公共环境空间

如果一个场所是所有年龄阶段的人都适用的，那么设计师在进行设计时，就要充分考虑各阶段人群的生理与心理需求。不管是环境空间，还是室外环境设计，都应做到无障碍设计。除了生理上的无障碍设计，还应当考虑不同的年龄层的心理需求的差异。在设计方案中找到合适的解决方案来满足各年龄段人群的心理需求。

五、使用者年龄与空间设计的关系

设计来源于生活，也服务于生活。生活中的各种微观因素影响并制约着设计。对于环境设计来说，使用者年龄属于微观的心理因素，它的影响非常深远。比如在住宅的环境设计中，设计师首要先分析使用者的家庭结构，而使用者的年龄就是首先要加以考虑的因素。设计师必须要把握不同的年龄层次对于环境的不同需求，并进行有针对性的空间布局与细节设计。

1. 儿童房的设计

儿童的身心健康与儿童房的空间及环境设计有着密切的关系。考虑到儿童的天性，在设计中应避免呆板、僵硬的设计，活泼、有创意的设计有助于培养儿童乐观向上的性格。所以儿童房的设计应遵循以下几个原则：

图 10.1　儿童房的空间设计

（1）共同设计。对于孩子来说，他们在颜色、图案方面逐渐有了明显的喜好，让他们自己选择自己喜欢的家具和模拟自己想要的搭配方式是明智的选择。父母可以拿着颜色板和各种图案与孩子们聊天，以求了解孩子们对颜色、图案和形状的喜好，让孩子共同参与设计、布置自己的房间。

（2）照明设计。最好选择能调节明暗、角度的灯具，夜晚把光线调暗一些，增加孩子的安全感，帮助孩子尽快入睡。孩子入睡后，一定要把灯关掉。因为孩子在灯下睡觉，视力会受到损害，患近视的概率要比在黑暗中入睡的孩子高得多。自然光其实是最健康、最令人愉悦的光线。儿童房要选择采光好、向阳、通风的房间。白天应打开窗户、窗帘，尽可能让阳光照射进来。

（3）材质选择。由于儿童的活动力强，所以在儿童房设计的选材上，宜以柔和、自然的材质为佳，如地毯、原木、壁布等。当然，以木地板为最佳，是儿童房建设首选材质。

（4）色彩的选择。色彩的熏陶对于塑造儿童的性格有着重要的潜移默化的作用，用颜色和图案来装点儿童房必须相当讲究。色调应以明快、

图 10.2　儿童房的材质设计：
地毯、原木、壁布

亮丽、轻松、愉悦为主，避免沉闷、压抑。如果小孩的性格存在某些缺陷，就必须在色彩上进行纠正，明快的色调可以使孩子性格开朗、思维开放。

图 10.3　儿童房色彩设计

（5）安全与健康的环境。

由于小孩正处于活泼好动、好奇心强的阶段，容易发生意外，再设计时，需处处费心，如在窗户上设护栏、家具尽量避免棱角的出现、采用圆弧收边等。材料也应采用无毒的安全建材。家具、建材应挑选那种耐用的、承受破坏力强的、使用率高的。

（6）成长空间设计。小孩子都喜欢涂鸦，经常有家长因为孩子在屋子墙壁上涂画而生气。与其这样，倒不如在儿童房墙壁上挂一块小白板或小黑板，让孩子有一处可随性涂鸦、自由张贴的小天地。在设计时预留展示空间，让孩子动手写写画画，不仅能充分发掘孩子的想象力和创造力，还能培养其独立性。

图 10.4　儿童房游戏空间规划

2. 老年房的设计

我国老龄化趋势越来越明显，"关注老人健康""提高老人生活质量"已经成为设计师们的重要任务。如何满足老年人的居住需求，已成为环境设计师正在面临的、迫切需要考虑的问题。老年人到底喜欢使用怎样的环境空间呢？

（1）色彩要沉稳、淡雅。老年人的一大特点是喜欢回忆过去的事情，所以在色彩的选择上，应偏重于古朴、色彩平和的装饰色，这与老年人的经验、阅历有关。

（2）装修要安静。老年人好静。可放置一些老人们爱看的书报杂志，让其老有所乐，老有所为，过好每一天。老人房的设计也要因人而异，比如家中有爱看书的老人，那么房间可设计成书斋型卧室；如老人有过军旅生涯，其卧室最好布置一些与军事有关的装饰品，可引发老人们对往事的追忆和无限的思考。对家具的基本要求是门窗、墙壁隔音效果好，不受外界影响，比较安静。

（3）家具要圆滑。老年人一般腿脚不便，流畅的空间意味着他们行走和取物便捷。家中的家具尽量靠墙而立，且不宜过高，以方便他们拿放物体，为了避免磕碰，那些方正见棱角的家具应越少越

图 10.5　老人的卧房空间环境设计

好。在所有家具中，床铺对于老年人至关重要。老年人的床铺高度要适当，应便于上下、睡卧以及卧床时自取床下的日用品，不至于稍有不慎就扭伤摔伤。

（4）合理的光线及照度。从科学的角度看，色彩与光、热的协调和统一，能为老年人增添生活乐趣，令人身心愉悦，有利于消除疲劳、带来活力。所以对于阳光的引入设计要特别注意，太强的太阳光会让老人觉得不适，所以避免中午的直射光或者让其变成漫反射光。另

外，卧室灯光的设计也要特别注意，老年人一般视力不好，起夜比较勤，晚上的灯光强弱要适中，也可以考虑使用小夜灯。

图 10.6　年轻人喜欢的空间环境设计

3. 年轻人喜欢的空间环境设计

满足年轻人的环境需求，也就相当于迎合了社会上占据主导地位的群体的环境需求。从事不同职业、具有不同兴趣的青年人其环境需求也不同。但因为青年人有一些共同的特征，因此在为青年设计环境空间时，也有一些共同的规律可循。

此外，身体或心理上有障碍的使用者，他们的环境需求就更为特殊，需要进行特别设计。

总之，不同的年龄段的空间使用者对环境设计有着不同的要求。在环境设计的过程中，需要分析不同年龄的受众的心理需要，设计方案一定要有针对性。

第二节　性别与环境设计心理

地球上生活着几十亿人，这些人中有一半是男性，另一半是女性。两性之间存在着各种生理差异，也存在着各种心理差异。在进行环境设计的时候，环境设计师必须充分考虑两性之间的差异。在针对男性受众做设计时，要充分考虑男性的生理与心理特点，满足男性的生理与心理需求；在针对女性受众做设计时，又需要充分考虑女性的生理与心理特点，满足女性的生理与心理需求。

一、男性专用场所与男性环境需求

一般来说，在家庭环境设计、公共环境设计等方面，起决策作用的多为男性。因此，了解男性受众的心理特点是环境设计师的重要工作。男性专用场所包括：男卫生间、男浴室、抽烟区、酒馆、男士专用卧室、男士的办公室、健身房等。在对男性专用场所进行设计时，尤其需要迎合男性的环境需求心理。

图 10.7　某 KTV 包间设计：具有典型的男性审美倾向

男性的生理特点包括：体格较为强壮；有力量；运动机能发达。

男性的心理特点包括：男性擅长逻辑思维的记忆、意义记忆、理解记忆；男性有较好的抽象思维和逻辑思维能力；男性的情绪稳定性较好；男性更大胆，更具攻击性、支配性和自信心。

男性的环境心理需求包括：

（1）男性的环境需求的动机较被动，有需要时才会使用相关环境空间与场所。

（2）男性有较多的出于满足嗜好的环境空间需求，男性的嗜好比女性多，而且较为强烈。

（3）男性的决策较理智自信，在决策之前就物色好了环境类型，决策比较迅速；一旦决策，较少后悔；在环境使用过程中，会满足于"还行""还过得去"。

（4）男性对价格不如女性敏感，他们比较看重质量，只要商品合意，往往不在乎价格高低，不愿意讨价还价。

（5）男性的求便心理比女性突出。一般会选择就近行动；男性讨厌排队，并且喜欢使用方便的物品。

（6）男性的自尊心较强，遇事"爱面子"，尤其不愿意让别人怜悯自己，觉得那是无能的表现。重视环境的品质，不愿在价格上纠结也是自尊心强、好面子的表现。

（7）男性的自我表现欲较强，比如请客、送贵重礼物等，都是自我表现欲强烈的体现。

（8）男性受众对自己的风格定位上有时是很随便的，但在对家庭环境进行设计时却十分认真积极。这是男性的家庭主导地位得以体现的时刻。在家庭环境设计时，男性为优势决策一方，他们相信亲身经历，不愿人云亦云；分析能力和判断能力较女性强，不易发生感情冲动式决策。

二、女性专用场所与女性环境需求

在现实生活中，女性不但为自己挑选消费场所，还要主持全家人的生活，其决策类型和因素也是不容忽视的。因此，充分了解女性环境接受心理也是非常必要的。女性专用场所包括：女卫生间、女浴室、美容院、女士居所、女士的办公室等。对女性专用空间进行设计时就需要充分考虑女性的环境需求心理。

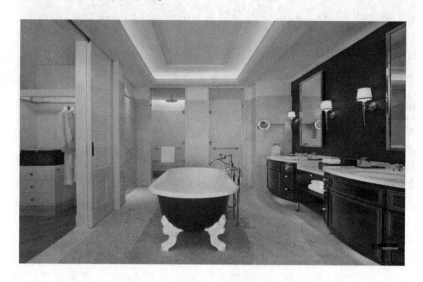

图 10.8　某浴室环境设计：具有典型的女性审美倾向

女性的生理特点包括：女性较柔弱，协调性较好。

女性的心理特点包括：女性擅长描述性记忆、情绪记忆与机械记忆；具有较好的具体思维能力及形象思维能力；女性较多虑；富同情心，易产生移情作用；女性的情绪稳定性差、易受暗示、遵从性强。

女性的环境心理需求包括：

（1）女性有较为强烈的空间行为动机，比如去购物一定会去商场，去买菜就一定会去菜市场或超市。

（2）女性的环境选择一般出于求实的动机。特别是已婚妇女，出于对生活的精打细算，她们在环境空间的选择上更加务实。

（3）女性的从众心理较强，会因为他人的行为而影响到自己的选择。

（4）女性的自信心不强，在环境设计的决策过程中容易变换反复。

（5）女性的爱美心理较强，喜欢对自身及生活场所进行修饰美化。

（6）女性受众擅长情绪记忆和具体形象思维，因此比较注重直观，在空间造型、外部设计、装修设计及陈设装潢上的考虑多于男性。

（7）女性的联想力强，喜欢自我卷入，有时不能客观地分析优缺点，而是凭经验来决策。

三、没有特定的性别界定的环境场所设计的心理原则

如果一个场所，没有特定的性别倾向，如餐厅、影剧院、茶楼等，在做此类环境场所的设计时，环境设计师应当充分考虑两性的共同的心理需求。同时还要避免一些两性之间都忌讳的元素。

图 10.9　男女共用场所的环境设计：需要避免任何一方觉得不适

第三节　个性与环境设计心理

所谓个性，是指西方亦称为人格。它是指人的外在自我和内在自我的总和。它是一个人身上表现出的本质的、经常的、稳定的心理特征，主要反映在兴趣爱好、能力、气质和性格上。

一、兴趣爱好与环境设计心理

所谓兴趣，就是一个人对一定事物所持的积极态度，反映一个人优先对一定的事物发生注意的倾向。相同年龄层次的人通常具有一些共同的兴趣爱好。不同的兴趣爱好，反映出不同的个性特点。比如，对颜色的爱好也能从侧面反映出人们的不同的个性特征。

还有一些兴趣是与人们的生活方式直接相关的。所谓生活方式是指一个人怎样生活，它是个性的外显成分之一。对生活方式的研究，是做出成功的环境设计案例的科学途径。生活方式包含着三个维度：活动（Activities）、兴趣（Interests）、意见（Opinions）。活动是指工作、业余消遣、休假、购物、体育、待客等；兴趣是指对家庭、食品、娱乐、服装流行式样的兴趣；意见是自己对社会问题、政治、经济、环境、文化等问题的意见。

通过三个维度的分析与描述，环境设计师可以发现生活方式不同的受众群，为环境设计的市场细分提供依据。

二、能力与环境设计心理

能力是指直接影响活动效率，使活动顺利完成的个性心理特征，它是先天素质和后天环境培养教育综合形成的。它分为一般能力（智力）和特殊能力（美术能力、音乐能力等）。二者之间存在有机的联系，一般能力为特殊能力提供基础和条件，特殊能力又能促进一般能力的提高。

环境设计能力是指设计师对环境的认知能力、识别能力、挑选能力、评价能力、鉴赏能力、对商品信息的理解能力和决策判断能力的协同表现。设计师的环境设计行为，需要多种能力的综合运用。受众对环境的使用与介入也需要多种能力的协同作用。

三、气质类型与环境设计心理

气质，俗称脾气，是个体典型的表现与心理过程的动力方面的特点。包括心理活动的速度、强度、稳定性和指向性方面的内容。一般人的气质可以分成胆汁质、多血质、黏液质、抑郁质四种基本类型，有时也叫作兴奋型、活泼型、安静型和抑制型四类。它们在行为方式上的表现各不相同。

对于环境与场所的选择，不同的气质类型的受众就会有不同的决策倾向。根据气质类型可以把环境受众划分为六大类型：习惯型、理智型、定价型、冲动型、想象型和不定型。

四、性格与环境设计心理

性格是指个体对现实的态度和与之相适应的习惯化的行为方式，它具体反映在对现实的态度、意志、情感和理智方面的性格特征。从某种角度来说，性格与价值观的关系比较紧密。价值观是一套关于事物、行为之优劣、好坏的最基本的信念和判断。价值观同人们生活、成长的年代有密切的关系。价值观有六大类，分别是理论型、社会型、经济型、权利型、审美型和宗教型。在现实生活中，很少有典型的某种类型的消费者存在。每一个消费者都或多或少地具备六种价值观。有的社会学家用七个层次来描述人的价值观和生活形态。层次一：反应性的生活形态，以婴儿为代表；层次二：宗族的生活形态，依赖性强，易受传统与权威人物影响；层次三：自我中心的生活形态，只对权力有兴趣，自私，极具攻击性；层次四：一致性的生活形态，不能忍受模棱两可，也不能接受与自己不同的意见；层次五：操纵的生活形态，是一种寻求社会地位与名望的状态；层次六：社会中心的生活形态，认为友爱与和睦最重要；层次七：存在的生活形态，这类人不能接受不同的价值观，反对僵化的制度。

五、个性与环境设计的市场细分

所谓市场细分，就是指以某些特定的依据和标准把目标市场划分为若干个小的部分，有利于进行针对性的设计。

1. 市场细分类别

细分市场所依据的变量很多，概括起来大致有以下几种：地理细分，就是按照消费者所处的地理位置来细分市场；人口细分，是指按照年龄、性别、家庭结构、家庭生命周期、收入、职业、教育等"人口变量"来细分市场；心理细分，是按照受众的个性、动机、生活方式、态度和兴趣等心理变量来细分市场；社会文化细分，是依据社会学和人类学的各种因素，诸如社会阶层、参照群体、家庭生命周期阶段、风俗习惯等来细分市场；使用者行为细分，是依据环境空间的使用率和对设计师的信任度来划分市场。

2. 个性与心理市场细分

进行心理细分的前提是，设计师对受众个性与空间行为之间的关系进行深入的研究。心理学家曾试图寻找特定个性与特定的商品爱好之间的关系，结果在对吸烟者的研究中发现：吸烟者的成就需要一般高于不吸烟者。吸过滤嘴香烟者表现出更为强烈的优胜和成就需要；而吸不带过滤嘴香烟者，对独立自主的需求较高。根据这个结果，设计师就能较有针对性地设计包装。

3. 个性特征与新环境的接纳

对于新环境的接纳，有三种个性特征起着重要作用。第一种是个性的固执程度，它是指个体对不熟悉的事物和信念，或者是自己所持信念相反的信息的态度。第二种是个性的内外指向性，受众的性格是内向与外向，将会影响到新环境被接受的速度。第三种是个性的宽容度，它是指个体在接受新事物时甘愿冒的风险的程度。受众的宽容度越大越容易接受新环境。

第四节　家庭与环境设计心理

家庭，在社会学中的定义是社会的最基础的组成单位。一般是以婚姻、血缘或收养关系为基础组建起来的。在家庭因素中，对环境设计有影响的有两方面，一是家庭结构类型，另一个是家庭生活周期。

一、家庭结构特征与环境设计心理

在当代中国，有三种常见的家庭类型：夫妻式家庭、核心式家庭和复合式家庭。所谓夫妻式家庭是指由一对年轻夫妇和老年夫妇组成的单一的家庭结构；核心式家庭是指由一对夫妻加上后代组成的家庭；而复合式家庭是指由三代或三代以上的人共同组成的大家庭。

不同的家庭结构有不同的环境空间需求。比如，夫妻式家庭对于居住空间的需求就比复合式家庭要低，他们对参与公共环境的需求却比较高。复合式家庭对家庭居住环境要求较高，而对公共空间的需求较低。

二、家庭生活周期与环境设计心理

家庭生活周期，也叫作家庭生命周期，是指一个家庭从建立、发展到最终解体的整个过程。一般典型的核心家庭生活周期分为五个阶段：独身期、新婚期、父母期、父母后期和解体期。处于不同阶段上的家庭，其环境需求存在很大差异。

独身期：此时经常接触的环境空间包括：服装店、娱乐场所、化妆品店、美容美发店、旅游空间等；独身期对居住环境要求较低，通常满足其基本的生活起居需求就可以了。

新婚期：这一时期经常接触服装店、家具店、商场、娱乐场所、影剧院等场所。新婚期对居住环境要求有所提高，不仅要求居住环境具备一定的基本生活功能，还要求其具有一定的审美功能和归属感。

父母期：这一时期常接触的环境包括儿童用品店、学生用品店、商场、超市、服装店、玩具店等；这一时期的居住环境需求变得更为复杂，空间类型更加丰富。

父母后期：此时期经常出入的场所有商场、家居馆、化妆品店、书店等；父母后期对居住环境的需求更多的来自于心理层面，如：家庭归属感、荣誉感和爱。

解体期：此时常去的场所有老年活动中心、健身场地、书店、医院、公园及各类旅游场所等。在居住环境方面，则比较注重亲情与安全。

以居住空间为例，在独身期一间宿舍、一居室、甚至集体宿舍中的一张卧床就能满足基本的居住要求；在新婚期则一居室或两居室才能满足要求；进入父母期则至少需要两居室才能满足日常的使用需求；而进入解体期后，人们又回到独身期时的状况，一居室或宿舍甚至是疗养院中的一张卧床就能满足基本居住需求。

三、家庭环境设计的种类

家庭环境设计的内涵是家庭成员为了一定的需要和目的，对自己的物质与精神文化生活空间等进行组织、决策、计划、指挥和调节。

广义的家庭环境设计内涵包括：

（1）家庭起居空间设计；

（2）家庭会客空间设计；

（3）家庭文化娱乐空间设计；

（4）家庭健身空间设计；

（5）家庭物品储存空间设计；

（6）家庭交通空间设计；

（7）家庭公共活动空间设计。

对于某些特殊家庭的环境设计，如两地分居家庭、不完全家庭、残疾人家庭的日常设计等，都应做专门研究。

本章小结

本章首先论述了受众的年龄与环境设计心理的关联；然后论述了受众的性别与环境设计心理的关联；最后阐述了受众的家庭因素与环境设计心理的关联。

第十一章　环境设计的宏观心理因素分析

宏观因素包括社会文化心理、社会亚文化心理、社会阶层心理、社会群体心理、从众心理、时尚现象等。这些因素从不同的层面影响着环境设计。

一方面，它们影响着环境设计师的创作；另一方面，它们影响着环境受众的接受心理。

第一节　社会文化与环境设计

社会文化心理包括物质文化与精神文化两个层面。物质文化的传承是可见的，它对人们的心理影响也比较浅显；而精神文化的传承就复杂一些，它对人的心理影响比较隐晦，需要不断挖掘和推敲。

一、社会文化的概念

广义上的文化指人类社会历史实践过程中人类所创造的物质财富和精神财富的总和。狭义上的文化是指社会的意识形态以及与其相适应的文化制度和组织机构。文化属于历史的范畴，每一社会都有和自己社会形态相适应的社会文化，并随着社会物质生产的发展变化而不断演变。作为观念形态的社会文化，如哲学、宗教、艺术、政治思想和法律思想、伦理道德等，都是一定社会经济和政治的反映，并又给社会的经济、政治等各方面以巨大的影响作用。在阶级社会里，观念形态的文化有着阶级性。随着民族的产生和发展，文化又具有民族性，形成传统的民族文化。社会物质生产发展的历史延续性决定着社会文化的历史连续性。社会文化就是随着社会的发展通过社会文化自身的不断扬弃来获得发展的。

二、社会文化的重要作用

(1) 提高人民群众的生活质量，满足广大人民群众的文化需求。

(2) 保障基层群众的基本文化权益，促进人的全面发展。

(3) 巩固文化大发展大繁荣的群众基础，促进政治、经济和文化的协调发展。

三、社会文化的主要内容

1. 粗俗文化

粗俗文化是指流行于社会底层的粗糙而原始的文化现象。比如：酒桌上的猜数划拳、车展上的裸露模特等。

2. 大众文化

大众文化是指流传于民间的，被社会普遍认可的文化现象。主要包括节庆、民俗、戏曲、民歌民谣、手工艺等。

3. 小资文化

小资文化是指流传于城市中，中等收入阶层中间的倾向于休闲意味与生活享受的文化活动，包括旅游、运动、美食、美容等美化生活的各项活动。

4. 精英文化

精英文化是知识分子及其精英们创造及传播的文化。旨在表达他们的审美趣味、价值判断和社会责任。我国新文化运动时期出现过以文化精英为主导的精英文化，其后也出现过以政治精英为主导的精英文化，现在初见端倪的则是以经济精英为主导的精英文化。

5. 权威文化

权威在现代社会中被广泛使用，已成为人们笃信参照的标准，亦是彰显人、机构、组织、企业等实力的代名词，它代表着地位、实力、信誉、威望、权力，而权威文化就是指受到权威人士或权威机构倡导而流行起来的文化现象。

在现实生活中，人们常常对各种文化现象加以主观评判，往往又不大注意对"雅文化"和"俗文化"的两种含义加以区别，由此造成了一些严重的误解，甚至偏见。例如在某些潜意识中，一味地视古为雅、视今为俗；以寡为雅、以众为俗；以远为雅、以近为俗；以静为雅、以动为俗；以庄为雅、以谐为俗；以虚为雅、以实为俗，等等。在这些观念中存在着一种片面化、表面化、简单化的倾向，实际上是以少数人的口味为准，把他们所欣赏的文化风格当作了唯一的标准，无形中已经预先地包含着脱离现实、轻视群众的成分，从而忽视了大众世俗生活的文化权利。

就现代观点来看，这是应该摒弃的陈腐偏见。因为说到底，"大众文化"才是民族文化最深厚的基础，是最本真的"文化文本"，是民族文化伟力的根源。没有了普通大众的世俗生活，人类文化就将失去生命力的源泉。

作为一名环境设计师，对于"俗、雅"与"大众、精英"之间的联系，要有具体的、实事求是的分析判断，不能轻易在它们之间画等号。不要以为"大众文化"只能是粗野简陋的，而"精英文化"则必然是高雅精致的。事实上，文化的"雅俗高低"是要在每一次的创造中具体地显现和接受评判的，并不是固定不变的。《诗经》中的作品，原本是当时的民谣俚曲，却成为后世的风雅之师；而许多当年被视作风雅之极的宫廷御制，如今大都和其他文化糟粕一道成了历史的垃圾。此外，如《水浒传》《西游记》等小说原都是来自民间的"大众文化""俗"文化产品，现在则成了传统文化中的瑰宝，成了雅文化。应该说，不论大众的还是精英的文化，都有自己的"俗"和"雅"，都有自己从低向高、从浅入深、从粗到精的发展提高问题。历史证明，"大众文化"也可以有自己的精品，有自己的高贵和优美；而"精英文化"也难保不出粗俗之作，也有它们的俗气、无聊和空洞。只有凭借创造的智慧和精心的劳动，而不是凭借某种身份，才能产生精品。对任何人和任何文化形式来说，都是如此。

同时，设计师对"文化世俗化"的现象也应有冷静的思考。"雅俗"本身是对文化现象品位的一种描述和判断，它以文化产品和文化行为的质量为中心，并不是对文化主体（精英或大众）的界定，不应该将二者轻易地等同或混淆。同时，在如何看待"雅、俗"与"精英、大众"之间相互关联的问题上，则直接或间接地反映出人们在文化观念上的根本立场和思维方式的差别，而在涉及根本文化立场的问题上，环境设计师更要旗帜鲜明地坚持人民主体论。

四、社会亚文化的内容

亚文化是整体文化的一个分支。它是由各种社会和自然因素造成的各地区、各群体文化特殊性的方面。如因阶级、阶层、民族、宗教以及居住环境的不同，都可以在统一的民族文化之下，形成具有自身特征的群体或地区文化，即亚文化。

亚文化（subculture）又称集体文化或副文化，指与主文化相对应的那些非主流的、局部的文化现象，指在主文化或综合文化的背景下，属于某一区域或某个集体所特有的观念和生活方式，一种亚文化不仅包含着与主文化相通的价值与观念，也有属于自己的独特的价值与观念，并构成亚文化。亚文化是一个相对的概念，是总体文化的次属文化。一个文化区的文化对于全民族文化来说是亚文化，而对于文化区内的各社区和群体文化来说则是总体文化，而后者又是亚文化。研究亚文化对于深入了解社会结构和社会生活具有重要意义。那就是在都市处于非中心——或者说处于边缘地位的人，共同创造与享有的特殊文化，而且它是相对于主流文化而言的。一般来看，这些文化极少被专业出版物、媒体与展示单位所介绍，甚至也不为专业的文化学者所重视。

亚文化有各种分类方法，罗伯逊将亚文化分为人种的亚文化、年龄的亚文化、生态学的亚文化等。如年龄亚文化可分为青年文化、老年文化；生态学的亚文化可分为城市文化、郊区文化和乡村文化等。亚文化直接作用或影响人们生存的社会心理环境，其影响力往往比主文化更大，它能赋予人一种可以辨别的身份和属于某一群体或集体的特殊精神风貌和气质。

在环境设计方面，环境设计师还要注重一些具体的亚文化范畴：

（1）青年亚文化——它代表的是处于边缘地位的青少年群体的利益，它对成年人社会秩序往往采取一种颠覆的态度，所以，青年亚文化最突出的特点就是它的边缘性、颠覆性和批判性。问题在于这种处于破坏、颠覆状态的亚文化容易使涉世未深的青少年产生错觉，从而将全部媒体上的青年亚文化内容当作主流文化来接受，把亚文化宣扬的价值观念当作主流的健康的价值观念加以吸收。其实，青少年就是借助使用媒介这一活动来实现对成年人掌控世界的逃避和抵抗。

（2）青年人的群体文化活动是亚文化结构的一种，与当代青年的生活息息相关。在 20 世纪中后期，青年亚文化处于蓬勃发展的时代。比如前卫着装、朋克、嬉皮士、摇滚乐，这些青年行为从文化到生活影响着社会的各个层面。这些现象也成为英、美国家 20 世纪 60 年代的文化景观。青年就是通过这些活动创造出了新的大众文化形式。这种带有反叛色彩的青年文化明显受到了后现代设计思想的影响。青年亚文化在当代的变化，突出地表现为"充满愤怒"的抗争意识弱化，取而代之的是以狂欢化的文化消费来抵制成年人文化。

（3）单身文化——它正通过单身俱乐部这种组织形式向主流文化扩散，单身者群体性思维方式和行为方式，例如两性交往的开放性等直接或间接地影响了主流社会。主流社会在对单身亚文化漠视的同时，也将这种变化悄悄地融入自己主流渠道中去。在住宅设计中必须正视单身人群的需求。

（4）企业亚文化——它包括了一组对立统一的基本生存样态：企业主文化与企业亚文化。它们可能同步生成，也可能不同步生成。各类具体的企业文化都是在特定的文化背景下和适宜的文化气候下才能形成。

从文化主体对企业文化选择和倾向性上看，非决策层行为主体容易选择、接受、奉行和建设企业亚文化（尤其当企业决策层充当不开明的角色，与非决策层形成明显的文化隔阂、冲突时），因而，企业亚文化可能是非当权者文化，是下级或下属文化，是民间文化，是富有反抗性的文化。当然，在决策层中所形成的官官相护，以及企业所出现的"任人唯亲"现象，从概念归属上看也属于企业亚文化的范畴。

从文化体层次阶段来看，企业亚文化是企业总体主文化的次级文化。这是由于组织分层设立各种机构，各层次机构均具有其特定的业务、职责、权限，各层次机构人员的组成情况也不同，故会出现有着其特定的文化内涵与表现形式的次级文化，但在总体上保持与企业主文化一致的前提下，并不妨碍企业文化的贯彻与落实。如部门文化、子系统文化、车间班组文化等都属于次级文化。

从文化体的组织性质来看，企业亚文化又可以称作企业总体文化的非正式组织文化。所谓的非正式组织文化就是非制度性群体文化。就一个社会而言，所谓非制度性群体，指的是一种不符合社会规范文化的群体。这种小群体一般都不是按照社会合法文化规范组织起来，它的形成主要是为了追求一种思想感情的满足。由于大规模群体、制度性群体的目标主要是非个人性的，通常会限制个人需求和情感上的满足。因此，为了弥补这种不足，为了寻求更多的个人满足，就在上下级之间或同级朋友之间互动，建立起友情，非制度群体便应运而生，并且滋生出一种同类的文化意识。这种非正式组织文化有的产生于一定的组织形式，如俱乐部文化、派别文化、"沙龙"文化、"哥儿们"文化等等；有的甚至并没有特定的组织形式，只是一些同病相怜、志趣相投的人不约而同地走在一起而形成的相同的文化形式。

（5）同性恋亚文化——同性恋是一种独特的文化现象，是社会学研究的理想课题。说它"理想"，是因为同性恋现象外延清晰，内涵独特；同性恋作为一种亚文化，有它独特的游离于主流文化的特征；同性恋者作为一个亚文化群体，具有独特的行为规范和方式。因此，世界各国的社会学者都很喜欢这个题目，对它做过大量的研究。同性恋问题一直是全世界范围内存在广泛争论的现象。各种文化都曾斥责和反对过这种行为。西方社会也一度因为艾滋病对同性恋产生过恐慌。但随着社会的进步与理解，人们已经开始慢慢接受了这些人，使他们有了更多的空间，也衍生出了自己的文化。

五、社会文化与空间感受

琼·Y. 格雷格在她的《空间的文化模式》一文中指出：不同文化背景的人对空间有着不同的感觉。东西方不仅仅是在空间模式上存有差异。当研究者观察西方不同文化中城市空间规划的时候，还目睹了跨文化空间感知的多样性。例如，美国的城市布局通常是沿着一个网格展开，轴心一般是南北向和东西向。街道和建筑物按顺序编号。这种布局为美国人创造出了完美的感觉。然而，当美国人在巴黎这样布局的城市中漫步时，他们往往会迷路。因为巴黎的街道是从中央辐射开来的。此外，巴黎的主干道是以名字命名的，而不是按序编号，而且常常不用经过几个街区就变换街名。美国人对当地人如何能够到处行走感到疑惑，而巴黎人却似乎行动自如。

爱德华·霍尔在《无声的语言》一书中认为：法国城市空间布局的特点仅仅是反映法国文化特征中中央集权的一个方面。因此巴黎是法国的中心，法国政府和教育系统高度集中。在法国人的办公室里，最为显赫的人物会将他们的办公桌摆在中央位置。

琼·Y. 格雷格在她的《空间的文化模式》中写道："人类学家不知道为什么一种文化会产生一种时空观，而另一种文化却会发展另一种时空观。空间感知也许是针对特定环境的。"

另外，人口稠密的程度、耕地的多少、海洋与山脉之类天然屏障的有无以及一个地区特征性路标的多少等人文因素也会影响人类的空间感知。

在某些文化中，空间感的一个重要方面就体现于人们所需的彼此感觉舒适却又不觉拥挤的"私人空间"。北美人彼此感觉舒适所需的空间距离大约是 4 英尺。而阿拉伯人和拉美人反而彼此靠近时才会感觉舒服。因此，不同文化的人可能会无意间侵犯别人的空间感。正如不同的时间观可能会造成文化上的冲突，不同的空间观也会引发同样的问题。

第二节　社会群体与环境设计

一、参照群体的概念

个体在心理上所属的群体，是个人认同的为其树立和维持各种标准、提供比较框架的群体。

参照群体具有规范和比较两大功能。前一功能在于建立一定的行为标准并使个体遵从这一标准，比如受父母的影响，子女在食品的营养标准、如何穿着打扮、到哪些地方购物等方面形成了某些观念和态度。个体在这些方面所受的影响对行为具有规范作用。后一功能，即比较功能，是指个体把参照群体作为评价自己或别人的比较标准和出发点。如个体在布置、装修自己的住宅时，可能以邻居或仰慕的某位熟人的家居布置作为参照和仿效对象。

人们总希望自己富有个性和与众不同，然而群体的影响又无处不在。不管是否愿意承认，每个人都有与各种群体保持一致的倾向。看一看班上的同学，你会惊奇地发现，除了男女性别及其在穿着上的差异外，大部分人衣着十分相似。事实上，如果一个同学穿着正规的衣服来上课，大家通常会问他是不是要去应聘工作，因为人们认为这是他穿着正式的原因。请注意，个体并未将这种行为视为从众。尽管人们时常要有意识地决定是否遵从群体，通常情况下，人们是无意识地和群体保持一致的。

二、群体类型划分的依据

参照群体的含义随着时代的变化而变化。参照群体最初是指家庭、朋友等个体与之具有直接互动的群体，但现在它不仅包括了这些具有互动基础的群体，而且也涵盖了与个体没有直接面对面接触但对个体行为产生影响的个人和群体。

三、受众的相关群体与设计师的相关群体

在实际研究中，研究者根据不同的标准将社会群体划分成不同的类型。一般而言，社会学界通常采用以下五组分类：

（1）初级群体与次级群体；
（2）正式群体与非正式群体；
（3）内群体与外群体；
（4）所属群体与参照群体（通过成员的身份归属来划分）；
（5）血缘群体、地缘群体、业缘群体与趣缘群体。

四、群体影响的三种类型

群体对场所体验行为的影响主要包括以下三种：

第一是示范性，即相关群体的环境体验行为和体验方式为受众提供了可供选择的模式，

第二是仿效性，相关群体的场所体验行为引起受众的仿效欲望，影响他们对环境与场所的选择。

第三是一致性，即由仿效而使场所体验行为趋于一致。相关群体对环境体验行为的介入程度视场所类型而定。

五、参照群体影响的程度

参照群体对其成员的影响程度取决于多方面的因素，下面对它们作一简要分析。

1. 环境场所使用时的可见性

一般而言，环境场所或环境设计师的知名度越高，群体影响力越大，反之则越小。最初的研究发现，环境场所的"炫耀性是决定群体影响强度的一个重要因素。后来的一些研究，探索了不同环境场所领域的参照群体对环境场所的选择所产生的影响。其中，研究从环境场所知名度和环境场所的必需程度两个层面对场所体验情形进行分类，然后分析在这些具体情形下参照群体所产生的影响。

2. 环境场所的必需程度

对于居所、办公室等日常生活空间，场所体验者比较熟悉，而且很多情况下已形成了习惯性体验，此时参照群体的影响相对较小。相反，对于奢华场所或非日常生活场景，如高档会所、游艇等环境场所，体验时受参照群体的影响较大。

3. 环境场所与群体的相关性

某种活动与群体功能的实现关系越密切，个体在该活动中遵守群体规范的压力就越大。例如，对于经常出入豪华餐厅和星级宾馆等高级场所的群体成员来说，着装是非常重要的；而对于只是在一般酒吧喝喝啤酒或在一个星期中的某一天打一场篮球的群体成员来说，其重要性就小得多。

4. 环境场所的生命周期

有的学者认为，当环境场所处于导入期时，场所体验者的环境场所的选择与决策受群体影响很大，但环境设计师的选择与决策受群体影响较小。在环境场所成长期，参照群体对环境场所及环境设计师选择的影响都很大。在环境场所成熟期，群体影响在环境设计师选择上大而在环境场所选择上小。在环境场所的衰退期，群体影响在环境场所和环境设计师选择上都比较小。

5. 个体对群体的忠诚程度

个人对群体越忠诚，他就越可能遵守群体规范。当参加一个渴望群体的晚宴时，在衣服选择上，研究者可能更多地考虑群体的期望，而参加无关紧要的群体晚宴时，这种考虑可能就少得多。最近的一项研究对此提供了佐证，该研究发现，那些强烈认同西班牙文化的拉美裔美国人，比那些只微弱地认同该文化的场所体验者，更多地从规范和价值表现两个层面受到来自西班牙文化的影响。

6. 个体在体验中的自信程度

研究表明，个人在体验专业型的场所时，最易受参照群体影响。这些环境场所，如演艺和展示的场所体验，既非可见又同群体功能没有太大关系，但是它们对于个人很重要，而大多数人对它们又只拥有有限的知识与信息。这样，群体的影响力就由于个人在体验这些环境场所时信心不足而强大起来。除了体验中的自信心，有证据表明，不同个体受群体影响的程度也是不同的。

自信程度并不一定与环境场所知识成正比。研究发现，知识经验丰富的汽车体验者比那些新手更容易在信息层面受到群体的影响，并喜欢和同样有知识的伙伴交换信息和意见。新手则对汽车没有太大兴趣，也不喜欢收集环境场所信息，他们更容易受到环境和推销人员的影响。

六、参照群体对个体的影响

参照群体对场所体验者的影响通常表现为三种形式，即行为规范上的影响、信息方面的影响和价值表现上的影响。

1. 规范性影响

规范性影响指由于群体规范的作用而对场所体验者的行为产生影响。规范是指在一定社会背景下，群体对其所属成员行为合适性的期待，它是群体为其成员确定的行为标准。无论何时，只要有群体存在，毋需经过任何语言沟通和直接思考，规范就会立即发挥作用。规范性影响之所以发生和起作用，是由于奖励和惩罚的存在。为了获得赞赏和避免惩罚，个体会按群体的期待行事。环境商声称，如果使用某种环境场所，就能得到社会的接受和赞许，利用的就是群体对个体的规范性影响。同样，宣称不使用某种环境场所就得不到群体的认可，也是运用规范性影响。

2. 信息性影响

信息性影响指参照群体成员的行为、观念、意见被个体作为有用的信息予以参考，由此在其行为上产生影响。当场所体验者对所购环境场所缺乏了解，凭眼看手摸又难以对环境场所品质作出判断时，别人的使用和推荐将被视为非常有用的证据。群体在这一方面对个体的影响取决于被影响者与群体成员的相似性，以及施加影响的群体成员的专长性。例如，某人发现好几位朋友都在使用某种环境设计师的护肤品，于是他决定试用一下，因为这么多朋友使用它，意味着该环境设计师一定有其优点和特色。

3. 价值表现上的影响

价值表现上的影响指个体自觉遵循或内化参照群体所具有的信念和价值观，从而在行为上与之保持一致。例如，某位场所体验者感到那些有艺术气质和素养的人，通常是留长发、蓄络腮胡、不修边幅，于是他也留起了长发，穿着打扮也不拘一格，以反映他所理解的那种艺术家的形象。此时，该场所体验者就是在价值表现上受到参照群体的影响。个体之所以在毋需外在奖惩的情况下自觉依群体的规范和信念行事，主要是基于两方面力量的驱动。一方面，个体可能利用参照群体来表现自我，来提升自我形象；另一方面，个体可能特别喜欢该参照群体，或对该群体非常忠诚，并希望与之建立和保持长期的关系，从而视群体价值观为自身的价值观。

七、服从与环境体验行为

服从是个体在社会要求、群体规范或他人意志的压力下，被迫产生的符合他人或规范要求的行为。个体服从有两种，一是在群体规范影响下的服从，二是对权威人物命令的服从。社会生活要求每一个体服从基本规范，任何一个群体，不论其规模大小与层次高低，都要求其成员遵守一定的规章制度，完成其承担的工作任务，以实现群体目标并维护团结。

美国社会心理学家 F.奥尔波特曾作过关于服从的现场调查，发现 75%的汽车司机都能绝对服从交通规则，拒不服从者仅占 0.5%。

1963 年美国社会心理学家 S.米尔格拉姆曾进行了一项关于服从权威的实验研究，引起了社会心理学界的重视。他用登载广告的方式公开征招被试者，并告诉他们参加的是一项研究惩罚对于学习效果影响的实验。每次实验均由真假被试者各 7 人参加，分别扮演设计师与学生。实验者要求假被试者用选择的方式，从四个呈现的刺激词中选择 1 个，若选择正确，真被试者就继续呈现刺激词；若选择错误，就给予电击，电击的强度以电钮上标明的文字"弱电击""中等电击""强电击""特强电击""剧烈电击""极剧烈电击""危险电击""极危险电击""致命"表示。在实验过程中，假被试者装作多次出错，真被试者在指出其错误后即给予电击，开始假被试者发出呻吟声，随着电压升高，假被试者叫喊怒骂，装作昏厥过去，但实验者却不断地督促真被试者继续按规定增加电击强度，并表示由实验者承担一切责任，与施电击的真被试者无关。结果发现，有 26 个被试者（整个实验有 40 人参加，占 65%）服从了实验者的命令，尽管他听到了假被试者的叫喊和哀求，但屈服于权威的压力继续施行电击直到最后。有 14 个被试者（占 35%）认为用电击去惩罚一个素不相识的人不道德，从而抵制权威的压力，维持道德和良心。实际上，充当假被试者并没有受到任何电击，所有呻吟、叫喊和哀求等反应，都是播放事先准备的录音，真被试者不明其真相。该实验引起了西方学术界的强烈反响，有些学者认为，服从是一种十分复杂的社会现象，服从行为的产生受情境、政治、历史、道德、法律、传统习惯等社会文化因素的影响，单从心理学角度来研究人们对权威的服从，尚不足以说明人们对生活中权威命令的执行。有些学者认为，该实验缺乏科学道德。也有的学者认为，作为科学实验，就会有牺牲，何况服从实验结束后，即向被试者作了解释，也未危害被试者的身心健康。对于通过广告公开征招被试者，有学者认为，由于被试者是自愿参加的，并有报酬收入，可能被试者会产生一种"迎合"心理，增加了服从的人数比例。也有人认为，实验取样未做到随机化，可能缺乏代表性和普遍性，实验结果的推广价值不大。但是，大多数社会心理学家认为，该实验设计巧妙，指标客观，实验结果有一定的说服力。

为揭示影响服从的主客观因素，研究者又进行了一系列的实验与测验。一方面，研究者控制了实验情境中实验者的权威程度、惩罚者与被惩罚者的距离、惩罚者接受权威指令的直接性等因素，发现被试者的服从行为与上述客观因素均有函数关系。另一方面，研究者采用性格量表测定被试者的权威主义人格倾向，发现其服从行为与权威主义人格有内在联系；采用美国心理学家 L. 科尔伯格的道德判断两难法测定其道德判断水平，发现处于科尔伯格道德判断低水平者，坚持服从用电击惩罚他人的人数比例很大；相反，中断实验，拒不服从者，其道德判断水平都较高，从而表明服从行为与人格特征有关。

八、角色与环境的使用行为

"角色"一词源于戏剧，自 1934 年米德（G.H.Mead）首先运用角色的概念来说明个体在社会舞台上的身份及行为以后，角色的概念被广泛应用于社会学与心理学的研究中。

社会学对角色的定义是"与社会地位相一致的社会限度的特征和期望的集合体"。此处，它也是"社会角色"的简称，指个体在特定的社会关系中的身份及由此而规定的行为规范和行为模式的总和。具体地说，就是个人在特定的社会环境中相应的社会身份和社会地位，并按照一定的社会期望，运用一定权力来履行相应社会职责的行为。它规定一个人活动的特定范围和与人的地位相适应的权利义务与行为规范，是社会对一个处于特定地位的人的行为期待。

在社会生活中，处于一定社会地位的人扮演着多种角色，集许多角色于一身，就是一个角色丛。

比如设计师角色，包括以下三方面的意思：一是设计师的角色就是设计师的行为。二是设计师角色表示的设计师的地位和身份。三是设计师角色意指对设计师的期望。

在企业管理中，组织对不同的员工有不同的期待和要求，就是企业中员工的角色。这种角色不是固定的，会随着企业的发展和企业管理的需要而不断变化，比如在项目管理中，某些项目成员可能是原职能部门的领导者，而在项目团队中其角色可能会变为服务者。角色是一个抽象的概念，不是具体的个人，它本质上反映一种社会关系，具体的个人是一定角色的扮演者。

角色可以由不同的职位和岗位担任，职位、岗位和角色的综合表现形式就是相应的职位说明书、岗位说明书和角色说明书。

角色与其"扮演者"既有的岗位不存在冲突，可以理解为：既有岗位职责没有描述（或者不可能描述）的内容可因为其角色的分配而充实。

在环境设计领域也有许多种角色。不同的场所也有不同的社会角色出现。

第三节　社会阶层与环境设计

社会阶层是人们在社会生活中因某些共同点或一致的特征而组成的社会集团。社会阶层具有结构性，象征着社会成员的分层，被社会成员认为最理想的阶层，就是社会的上层；反之就是社会的下层。居于两者之间的，还有中上层、中层、中下层等。研究表明，个人的环境消费支出形态与经济收入水准之间无显著的关系，但与社会阶层关系很大。因此，在环境设计的受众中，搞清他们的社会阶层就显得非常重要。

一、社会分层的因素

影响社会分层的因素很多，但主要因素是社会成员的经济收入、教育水准和职业。

（1）经济收入通常反映个人成就和家庭背景，在一定程度上也是权利和地位的象征。不同收入的消费者，往往有不同的消费心理和消费行为。我国改革开放初期，一些人的消费行为变得越来越极端，如名牌迷、讲排场、炫财富、宠物热等。

（2）教育水准不同导致环境消费价值观、环境消费行为不同。

（3）社会职业也是世人判断他人社会地位时所使用的重要标准。大多人认为：法官、医生、科学家、政府官员和大学教授是社会地位最高的五种职业。这一划分原则在大学生毕业择业时表现得最为明显。

这三大因素是划分社会阶层的主要标准。但社会的构成是复杂的，在进行社会分层时，除了此三大标准外，还有一些其他因素需要考虑，包括思想文化、宗教信仰、政治地位以及城乡差别、成员的年龄差异等。总之，在划分社会阶层时，采取综合指数更为合理。

二、社会阶层的特征与环境设计心理的关系

社会阶层的特征，包括同质性、认同性、多元性和动态性。不同社会阶层的人对人、对物的态度不同，信念不同，价值观念也不相同。即使收入水平相同，所属阶层不同，其生活方式和消费行为也有显著的差异。但是，近年来社会阶层之间消费行为存在的差异逐渐减少了。

三、社会阶层对环境设计的具体影响

社会阶层对消费行为的具体影响主要是通过影响消费者的消费场所选择心理、消费倾向、信息选择心理及消费目标来实现的。

社会阶层对消费场所的选择，大部分的消费者，尤其是女性消费者，倾向于在符合自己身份的商店里购买商品，在符合自己身份的饭店就餐等。在商店选择上，不同阶层的消费者存在着差异。高阶层消费者注重时髦豪华；低阶层消费者注重价格因素。影响着社会成员的消费和储蓄比例。社会阶层越高，储蓄倾向越大，消费倾向越小；社会阶层越低，储蓄倾向越小，消费倾向越大。

不同的社会阶层在消费信息的选择方面也有差异。一般来说，低社会阶层的消费者并不进行过多的信息调查；而高阶层的消费者，一般比较注重商品信息的调查与选择。高阶层的消费者多接触报纸和杂志；低阶层多喜欢传闻轶事和娱乐刊物。所以，设计师应当把握不同阶层消费者对宣传内容和媒体类型的需求规律。应当运用不同的传播媒介，这样才能获得较好的传播效果。

不同的社会阶层有不同的消费目标。有追求价廉、实惠的，也有追求品质的。设计师要根据不同阶层的需求，设计出不同档次、不同品种的环境场所，让各层次的消费者均可找到自己喜欢的产品。

总的来说，中国社会由下而上共分四个阶层，各个阶层都有自己的消费特点与需求规律。

（1）底层：草根阶层，包括失业者、退休者、蓝领。这一层的环境受众经济收入较低，对于物质世界的需求较强烈，而精神世界的追求较低。在做相关的环境空间设计时要重点考虑受众的生理需求与安全需求。

（2）第二层：主力劳动者，包括白领、基层公务员。这一层的环境受众有一定的经济基础，对于自身的身份与地位有较清楚的认识。在做这些受众相关的环境空间设计时，设计师重点要考虑物质与精神相结合，要努力做到设计意图明确和生活理念清晰。

（3）第三层：中产阶级，包括高级白领、专业人士、经理人、中下企业主、中级公务员。这一层次的人们一般经济收入较高，基本能做到衣食无忧，精神上有了一定的追求。设计师在做与此类受众相关的项目时，重点要考虑精神世界的建构元素，尽量做到满足受众的爱与尊重的需求、发展的需求等。

（4）决策者阶层：高级企业主、高级专家、高级公务员。这一层次的受众位于社会的顶端，一般对世界都有自己的认知和看法。设计师在做相关项目时，重点是找到受众的兴趣点，尽量满足受众的自我实现需求。

作为设计师应该根据不同的社会阶层的喜好与需求，设计并创造出令目标受众满意的环境空间。

第四节　社会心理现象与环境设计

社会心理现象既是心理现象的一种，又有别于一般的心理现象。它是指在周围社会情境下，在他人或人群影响下，人的心理上的主观感觉与变化。社会心理现象主要包括：从众、

暗示和流行等。

一、从众心理

从众是指个体在社会群体的无形压力下，不知不觉或不由自主地与多数人保持一致的社会心理现象，通俗地说就是"随大流"。

从众指个人受到外界人群行为的影响，而在自己的知觉、判断、认识上表现出符合于公众舆论或多数人的行为方式。通常情况下，多数人的意见往往是对的。少数服从多数，一般是不会错的。但缺乏分析，不作独立思考，不顾是非曲直地服从多数，随大流走，则是不可取的，是消极的"盲目从众心理"。

某学者曾进行过从众心理实验，结果发现，测试人群中仅有少数的被试者没有发生过从众行为，保持了独立性。可见从众是一种常见的心理现象。从众性是人们与独立性相对立的一种意志品质；从众性强的人缺乏主见，易受暗示，容易不加分析地接受别人意见并付诸实践。

1. 从众因素

（1）群体因素：一般地说，群体规模大、凝聚力强、群体意见的一致性等，都易于使个人产生从众行为。

（2）情境因素：主要包括信息的模糊性与权威人士的影响力两个方面。即一个人处在这两种情况下，易产生从众心理。

（3）个人因素：主要反映在人格特征、性别差异与文化差异等三个方面。

一般来说，智力低下、自信心不足、性格软弱者较易从众；女性比男性容易从众；不同文化背景的人，其从众表现有一定差别。就个人从众的发生情况看，从众可能是盲目的，也可能是自觉的；可能是表面的顺从，也可能是内心的接受；而就其意义来说，从众可能是消极的，也可能是积极的。

2. 从众弊端

（1）从众导致个性消失。

现在的家长都非常重视对学生特长的培养，不管是英语、足球、跆拳道、围棋还是钢琴、古筝、奥数，什么都让孩子学，有的孩子甚至在一年内学了 6 种特长，业余时间被剥夺不说，连正规的文化课都没学好，本想突出个性，结果什么也不精。这就是从众心理惹的祸。

（2）从众的心理使个人获得了匿名感。

从众的心理在群体高度一致性的基础上使个人获得了匿名感，因此个人做事会无所顾忌。这种情况通常会在个体做出一些违背原则的事情时出现。过马路闯红灯就是一个很好的例子。

（3）从众的心理给个人带来了淹没感。

从众的心理因为群体的共同行为给个人带来了淹没感，扼杀了创新的勇气和锐气。"少数服从多数"，是人们在选举或者决策中经常会采用的方式，从课堂上的发言到开会时的表决，从思维的定式到惧怕风险的承担，无一例外的都有从众心理作祟。这种心理的产生，有的是因为利益，有的是因为怕出风头，有的是因为要明哲保身，有的是因为害怕承担责任，而这一切最终的结果就是将本来刚刚萌发的新思路和新观点活活扼杀在萌芽状态，这种心理影响了社会的创新。

生活中有不少从众的人，也有一些专门利用人们从众心理来达到某种目的的人，某些商业广告就是利用人们的从众心理，把自己的商品炒热，从而达到目的。生活中也确实有些震撼人心的大事会引起轰动效应，群众竞相传播、议论、参与，但也有许多情况是人为的宣传、渲染而引起大众关注的。常常是舆论一"炒"，人们就易跟着"热"。广告宣传、新闻媒介报道本属平常之事，但有从众心理的人常就会跟着"凑热闹"。

不加分析地"顺从"某种宣传效应，到随大流跟着众人走的"从众"行为，以至发展到"盲从"，这已经是不健康的心态了。多一些独立思考的精神，少一些盲目从众，以免上当受骗。

一般说来，群体成员的行为通常具有跟从群体的倾向。当他发现自己的行为和意见与群体不一致，或与群体中大多数人有分歧时，会感受到一种压力，这促使他趋向于与群体一致的现象，这就是从众行为。

从众现象在生活中比比皆是。大街上有两个人在吵架，这本不是什么大事，结果，人越来越多，最后连交通也堵塞了。后面的人也停住了脚步，抬头向人群里观望。

美国人詹姆斯·瑟伯有一段十分传神的文字，用来描述人的从众心理。他写道：突然，一个人跑了起来。也许是他猛然想起了与情人的约会，现在已经过时很久了。不管他想些什么吧，反正他在大街上跑了起来，向东跑去。另一个人也跑了起来，这可能是个兴致勃勃的报童。第三个人，一个有急事的胖胖的绅士，也小跑起来……十分钟之内，这条大街上所有的人都跑了起来。嘈杂的声音逐渐清晰了，可以听清"大堤"这个词。"决堤了！"这充满恐怖的声音，可能是电车上一位老妇人喊的，或许是一个交通警说的，也可能是一个男孩子说的。没有人知道是谁说的，也没有人知道真正发生了什么事。但是两千多人都突然奔逃起来。"向东！"人群喊叫了起来。东边远离大河，东边安全。"向东去！向东去！"……

看来，从众心理对人的影响确实很大。造成人产生从众心理的原因是多方面的。从众源于一种群体对自己的无形压力，迫使一些成员违心地产生与自己意愿相反的行为。

不同类型的人，从众的程度也不一样。一般来说，女性与男性相比更容易出现从众行为；性格内向、自卑的人与外向、自信的人相比更易出现从众行为；文化程度低的人与文化程度高的人相比更易出现从众行为；年龄小的人与年龄大的人相比更易出现从众行为；社会阅历浅的人与社会阅历丰富的人相比更易出现从众行为。

从众行为表现在方方面面，工作中、生活中、学习中，都有所表现。在工作中，了解人的从众心理，并恰当地处理其行为，是很有意义的。有的领导意见本是错误的，有些员工由于惧怕反对而对自己今后不利，而违心地投了赞成票，结果后面的人都跟着投了赞成票。如果这时，你能坚持住，无疑对单位今后的发展是有益的；有的老师的解题方法本来不是最佳的，由于很多学生不反对，而导致绝大部分学生效仿老师的那种解题方法。如果这时你能提出比老师的方法更好的解题方法，那不是会使很多学生少走弯路吗？

3. 从众心理分析

"从众"是一种比较普遍的社会心理和行为现象。通俗地解释就是"人云亦云""随大流";大家都这么认为,我也就这么认为;大家都这么做,我也就跟着这么做。

一位名叫福尔顿的物理学家,由于研究工作的需要,测量出固体氦的热传导度。他运用的是新的测量方法,测出的结果比按传统理论计算的数字高出 500 倍。福尔顿感到这个差距太大了,如果公布了它,难免会被人视为故意标新立异、哗众取宠,所以他就没有声张。没过多久,美国的一位年轻科学家,在实验过程中也测出了固体氦的热传导度,测出的结果同福尔顿测出的完全一样。这位年轻科学家公布了自己的测量结果以后,很快在科技界引起了广泛关注。福尔顿听说后以追悔莫及的心情写道:如果当时我摘掉名为"习惯"的帽子,而戴上"创新"的帽子,那个年轻人就绝不可能抢走我的荣誉。福尔顿的所谓"习惯的帽子"就是一种"从众心理"。

有的人对"从众"持否定态度。其实它具有两重性:消极的一面是抑制个性发展,束缚思维,扼杀创造力,使人变得无主见和墨守成规;但也有积极的一面,即有助于学习他人的智慧经验,扩大视野,克服固执己见、盲目自信,修正自己的思维方式,减少不必要的烦恼和误会等。

不仅如此,在客观存在的公理与事实面前,有时人们也不得不"从众"。如"母鸡会下蛋,公鸡不会下蛋"——这个众人承认的常识,谁能不从呢?在日常交往中,点头意味着肯定,摇头意味着否定,而这种肯定与否定的表示法在印度某地恰恰相反。当你到该地时,若不"入乡随俗",往往寸步难行。因此,对"从众"这一社会心理和行为要具体问题具体分析,不能认为"从众"就是无主见,"墙上一棵草,风吹一边倒"。

生活中,人们要扬"从众"的积极面,避"从众"的消极面,努力培养和提高自己独立思考和明辨是非的能力;遇事和看待问题,既要慎重考虑多数人的意见和做法,也要有自己的思考和分析,从而使判断能够正确,并以此来决定自己的行动。凡事或都"从众"或都"反从众"都是不行的。

4. 从众行为

从众行为一般有这样几种表现形式:

(1) 表面服从,内心也接受,所谓口服心服。

(2) 口服心不服,出于无奈只得表面服从,违心从众。

(3) 完全随大流,谈不上服不服的问题。

从众心理的客观影响既有积极意义,也有消极意义,最终主要看从众行为的具体内容。

5. 学生的从众心理

由于青少年的知识、经验都不足,自制能力又不强,因此在多数情况下,从众行为不同程度地带有盲目性。青少年中既有口服心服的"真从众",也有口服心不服的"假从众"。"真从众"往往是所提出的意见或建议正合本人心意,或者自己原无固定意向,或者是抱着"跟多数人在一起不会错"的随大流思想。"假从众"则往往是碍于情面或者免受群体的指责和惩罚。

在大学生群体中,常见的从众现象包括以下几种:

(1) 学习从众；

(2) 消费从众；

(3) 恋爱从众；

(4) 作弊从众；

(5)"班级效应"和"宿舍效应"。

引发大学生从众效应最值得注意的是"班级效应"和"宿舍效应"。

新生入学后，都在探索新的学习方法，寻求新的学习动力。班级、宿舍每个成员的学习态度、学习方法、学习成绩以及平时学习时间的利用，都成了其他成员最直接的"参照物"。他们在形成自己的学习特点的同时，在某些方面也程度不同地与班级、宿舍大多数人保持一致。不仅如此，作息习惯、生活情趣、业余爱好也易趋同和从众，共同合成对班级、宿舍成员的鞭策力。反之，庸俗的从众行为往往会导致班风、舍风消极落后。

随着大学生活的深入，同兴趣的同学相聚在一起，形成"趣缘圈"，成为大学生社交最广泛的形式。"趣缘圈"对大学生有极大的吸引力，往往对大学生思想观点的形成有很大的影响。

导致大学生从众心理的人群效力有所不同。据调查，首先，大学生最易从众于恋爱对象，尤其是女大学生；其次，从众于老生、老乡；再次，从众于室友或趣友；然后，从众于同班同学；最后，从众于同年级、同专业同学。

大学校园的从众行为，既有积极方面，又有消极方面。研究大学生从众现象，对于优化群体结构，利用从众行为的积极影响，防止其消极作用，具有重要的意义。

从众行为的过分普遍，反映了部分大学生自我意识弱化，独立性较差，缺乏个体倾向性的世界观、人生观、价值观，这是从众行为中消极现象抬头的主要原因，即使从众行为出现积极效应，但一旦失却这种从众氛围，又很容易不知所措，找不到自己努力的方向，走向社会后迷惘、失落，实际上这是从众现象最直接的后遗症。

此外，一味从众也容易导致大学生心理障碍的发生。从众的直接表现便是千军万马齐过独木桥，竞争过程的挫折、失落，很容易引发大学生精神压力过大，心理状况失衡。据调查，20%的在校大学生有不同程度的心理疾患。

从众心理人皆有之，但以被动为前提的从众，势必使你的独特失去价值。一味从众便意味着自己失去了一片晴朗的天空，抛却了一片属于自己的领地。盲目从众意味着部分大学生丢失了以个体色彩的思维和行动编织的草帽，在喧哗与骚动中麻木自己，"创新意识"在头脑中只成了四个机械的汉字，所接受的高等教育也锈蚀成了斑驳的条条框框，毕业证书和学位证书只成了人生进程中的标志，却难以成为升华人生的动力。

大学生应摆脱从众的盲目色彩，用独立的思想和明晰的脚印使自己主动融入集体的行列，这样，你将拥有一个真正属于自己的人生。

二、暗　示

暗示，是指人接受外界或他人的愿望、观念、情绪、判断、态度影响的心理特点。它是人们日常生活中最常见的心理现象之一。心理专家郝滨先生认为心理暗示是指用含蓄、间接的方式，对别人的心理和行为产生影响，是人们日常生活中最常见的心理现象。它是人或环境以非常自然的方式向个体发出信息，个体无意中接受这种信息，从而做出相应的反应的一种心理现象。心理学家巴甫洛夫认为：暗示是人类最简单、最典型的条件反射。从心理机制上讲，它是一种被主观意愿肯定的假设，不一定有根据，但由于主观上已肯定了它的存在，心理上便竭力趋向于这项内容。人们在生活中无时不在接收着外界的暗示。

1. 心理暗示的分类

用心理学术语来讲，心理暗示分为自我暗示与他暗示两种。

一般生活中人们习惯用"心理暗示"表示"他暗示"，于是生活中出现心理暗示与自我暗示并列的情况，其实，用术语来讲，这两个是包含关系，而不是并列关系。自我暗示是指自己的显意识不断重复，迫使潜意识接受显意识的思考内容从而得到改变。这样，自己的心理（心理活动）可以给自己的人格（潜意识）施加某种影响，改变自己的个性与人格。

暗示是潜意识对外界任何现象（包括听到、看到的一切）以及任何显意识行为（也就是思考）的认同、接收和储存。暗示不具有分辨力，无论有没有反对的声音存在，暗示都会产生效果。权威的暗示会出现良好的暗示效果，但没有任何权威性的暗示仍然会产生暗示效果。权威性与暗示效果有关系，与暗示的有无无关。

正因为暗示是利用潜意识的作用原理，所以各种各样的暗示都会被潜意识接收。当然，潜意识也不是盲目的，意识和潜意识之间存在着沟通和联系。但由意识控制潜意识的能力各人是不同的。同时，观念的形成是外因通过内因起作用。在内因方面，主观检验的水平由各人的智力结构和素质而定。

人都会受到心理暗示。受暗示性是人的心理特性，它是人在漫长的进化过程中，形成的一种无意识的自我保护能力和学习能力：当人处于陌生、危险的境地时，人会根据以往形成的经验，捕捉环境中的蛛丝马迹，来迅速做出判断；当人处于一个环境中时，会无时无刻不被这个环境所"同化"，因为环境给他的心理暗示让他在不知不觉中学习。

人无时无刻不受到心理暗示，心理暗示有强弱之分，但是心理暗示效果的好坏（正负）无法由人的显意识控制，也就是不管你愿不愿意，不管你觉得这对你好不好，你已经受到心理暗示了，而且无时无刻不在接受心理暗示。它是人的一种本能。

2. 心理暗示的消极作用

心理暗示有时会给人体带来不良的影响。例如"假孕"，它是指有的女性结婚后很想怀孕，由于焦虑而十分害怕月经按时来潮，使怀孕失败。由于这种迫切心情，所以当自己月经过期未来，就觉得自己怀孕了。很快又觉得自己开始厌食，恶心、呕吐，喜吃带刺激性的食物，于是到医院就诊，但经医生检查和化验后，发现并不是怀孕。这是因为想怀孕的强烈愿望及焦虑的心理因素，破坏了人体内分泌功能的正常进行，尤其是影响下丘脑垂体对卵巢功能的调节，使体内的孕激素增高和排卵受到抑制，从而出现暂时闭经的结果。

3. 心理暗示的积极作用

暗示也能对人体产生积极作用。比如，暗示可以发掘人的记忆潜力。有人作过实验，分别让两组学生朗读同一首诗。对第一组，在朗读前，主试告诉他们这是著名诗人的诗，这就是一种暗示。对第二组，主试不告诉他们这是谁写的诗。朗读后立即让学生默写。结果第一组的记忆率为 56.6%；第二组的记忆率为 30.1%。这说明权威的暗示对学生的记忆力很有影响。

人们为了追求成功和逃避痛苦，会不自觉地使用各种自我暗示，比如大难临头时，人们会安慰自己"快过去了，快过去了"，从而缓解痛苦情绪。人们在追求成功时，会设想目标实现时非常美好、激动人心的情景。这个美景就对人构成自我暗示，它为人们提供动力，有利于个体增强挫折耐受能力，保持积极向上的精神状态。

4. 空间领域的暗示

人的一生要学习几千种空间暗示。不同文化、不同地域的受众会出现完全不同的空间处理模式。不同的生活方式也会造成人们对空间类型的不同认知。空间暗示的作用过程也是不尽相同的。

环境设计中有一个常见的概念词汇叫作"领域"。"领域"可以通过物品的摆放与布局在空间中暗示出来。比如：在住宅设计中，"暗示"可以表现在：居住者通过摆放在大门前及通道旁窗台上的盆栽或小装饰物而意识到环境外空间界限。"暗示"在确定领域的同时，还可以形成空间使用者的个性，具有提供近邻交流的契机，进而促进近邻间相互交流的作用。

5. 颜色的暗示作用

环境设计中对色彩的运用极为广泛。大到整个空间环境的色调，小到陈设品的点缀都与色彩有关。了解色彩在心理层面的暗示作用将有利于设计师更好地运用色彩进行设计。

色彩有三大属性：色相、明度和纯度。对色彩的分析与掌控是建立在这三大属性的基础之上的。任何一个具体的事物在人眼中的形象都具有特定的色彩。环境空间事物的色彩三属性决定了它的心理暗示作用。比如：红色和蓝色的心理暗示作用不同；深红色与浅红色的心理暗示作用不同；黄色与黄绿色的心理暗示作用也不相同。

以下是一些具体色彩的心理暗示作用。

白色包括全部的光谱，有增强作用，对人体的全部能量系统有净化和排污作用，可以唤醒人体巨大的创造性。它能够稳定人的能量系统，使之整体提高。即白色放大各种颜色的疗效。

黑色也包含了全部的光谱，还是一种遮盖混乱的颜色。黑色是保护色，可以帮助特别敏感的人平静下来，帮助极端的人恢复平衡，特别是对那些失控的人，黑色和白色混合使用效果最佳，黑色可以激活下意识水平，帮助疏导冲动和疯狂的想法。但是，要谨慎使用黑色，过多使用黑色会引起沮丧，强化消极情绪和思想。千万不要单独使用，必须与其他颜色混合使用。

红色令人感觉温暖、主动，能够唤醒人们身体的生命力。红色有助于治疗感冒、弱循环和黏膜疾病。红色能增强体力和个人意志，可以刺激更深的激情，例如性和爱、勇气、仇恨和报复。红色还可以提高温度，促进血液循环。但是，过多使用红色会导致过分刺激，使病情恶化。

橘黄色是快乐和智慧色。它可以使身体恢复活力，促进食物吸收。该色主要与绿和蓝的调和色结合使用。可以用这种颜色治疗情感麻痹的人和心情沮丧的人，帮助人们重新唤起对生活的热情，唤醒人的自信与乐观，可以治疗消化类疾病，对于胃、肠、膀胱以及整个消化系统都有益处。金色和黄色的调和色对身体和大脑都有益处。

绿色平衡人的整体能量，增加人的敏感性和同情心。绿色有安神的效果，能够安抚神经系统。绿色对于负担过重的大脑有安神和激发活力的作用。适合治疗心脏类疾病、高血压、溃疡、疲劳和头痛。

蓝色对人们的身体系统起到冷却和放松的作用，镇静能量系统，还有抗菌作用。蓝色可以唤醒知觉缓解孤独，还可以激发艺术灵感。

深紫蓝色能够激活人们的面部表情，并平衡与之相关的各种体征。深紫蓝色也有镇静作用。人在默想以进入深层次意识的时候，可以用该颜色，它可唤醒专心和直觉，排除某些强迫的念头。但使用过多会导致抑郁症，并导致隔离感觉的产生。

紫色影响人的骨骼系统，抵抗病菌和内部清洁的能力非常大，对人的生理和精神都能起到净化作用。它帮助平衡体力和精神力量。紫色也有利于提高人体消化和矿物质利用，可以激发灵感和谦恭，紫色还有助于改善睡眠。默想的时候，紫色帮助打开往日的记忆。

粉红色可以唤醒怜悯心、爱心和单纯，可以缓解生气和被忽视感。它帮助刺激人体胸腺和免疫系统。默想的时候粉红色可以帮助人辨别真相。

柠檬色刺激大脑，有洁净作用。它有助于将毒素带到体表、排出体外。

金色是人体免疫系统的强力兴奋剂，帮助协调人的内在治疗能力，恢复体内平衡，恢复热情。

品蓝色抗菌性很强，促进有氧呼吸，治疗大脑迷糊，有助于防止负面生理状况对大脑的影响。

浅绿色冷却人体系统，舒缓发烧症状，平衡人体各系统。

浅粉蓝安抚人体系统，它综合了蓝色和绿色的功效，既能刺激又能净化系统。既对皮肤疾病有效，也对剧烈疼痛和耳痛有效。

银白色可以帮助发现和应用自身的想象能力，并开发天生的知觉。

棕色有助于提高基本常识和辨别力。有助于帮助人实时让步，让人有"退一步海阔天空"的感觉。

值得注意的是：色彩的暗示作用在运用时需要结合环境空间的具体条件来考量，并不能一概而论。

6. 暗示在空间中的作用过程

人们在观赏事物的时候，很大的一方面是受心理因素与空间环境对其吸引程度影响和决

图11.1　颜色暗示

定，这就是视觉与心理因素在起作用。基于此，在现代商业空间中，商家在对装饰处理上力

求得体且富有较强的秩序感,同时也要符合知觉定律,空间整体装饰取得形式新颖的效果。因此,对于视觉与心理因素系统的理解,能够更容易地接受相近相似及连续又完整的视觉图形,以及给商业空间环境的设计提供充足的理论依据。对这种视觉系统的相互作用,格式塔学派试图进行分类,并将其称为知觉定律。

良好的设计能够带动消费者的情绪,而良好的室内设计也能影响空间功能的实现。这些都与空间的心理暗示功效有关。正因为如此,研究者通常将环境中的视觉与听觉心理暗示因素作为深入研究的课题。

环境设计师创造一个建筑空间,想把美的信息传达给身临其境者,就一定要懂得空间形象和环境气氛的心理效应,并有意识地对人的心理活动进行安排和调度。在这一问题具体展开之前,概括分析一下不同空间形象的心理效应还是必要的。空间的形状基本取决于其平面。平面规整的,像正方形、正六角形、正八角形、圆形,令人感到形体明确、肯定,并有一种向心感或放射感,安稳而无方向性。这类空间适于表达严肃、隆重等气氛,在空间序列中有停顿或结束的感觉,其上部覆盖形式可以是平的、球面穹隆的、角锥或圆锥体的等等。矩形平面的空间,横向的有展示、迎接的感觉,纵向的一般具有导向性,其上部覆盖形式可以是平的、三角形的或拱形的。半圆形平面的空间有围抱感,用在空间序列中有束的感觉。三角形平面较罕见,会造成透视错觉。还有不规整的形状,任意的曲面、螺旋形或比较复杂的矩形组合,则令人感到自然、活泼、无拘无束,也许会有向某方向运动或延伸的感觉(视形状而定)。空间的大小、高矮也有不同的心理效应:大则显得气魄、自由、舒展、开朗;过大则显得空旷,令人产生自身的渺小、孤独感。小则显得亲切、围护感强、富于私密性;过小则局促、憋闷。高则显得崇高、隆重、神圣、向上升腾;过高则与过大毛病近似,甚至令人产生恐怖感。低则显得舒适、安全;过低则有压迫感。从空间的形状和容积(体积)来分析,空间气氛的形成还有更多的因素在起作用,如明暗、色彩、装饰效果等等。因为人的空间感受是一种综合的心理活动,不是简单的数学或物理量的迭加,受众对某建筑空间进行评价时,往往要具体环境具体分析。空间感又常常因人而异,不同的人有不同的心理特点,因此,对同一环境可能会有完全相反的反应。

图 11.2 学习活动与空间暗示

人在室内环境中，其心理与行为尽管有个体之间的差异，但从总体上分析仍然具有共性，仍然具有以相同或类似的方式作出反应的特点，这也正是环境设计师进行设计的基础。

（1）安全性暗示。

无论何时何地人都需要有一个能受到保护的空间，因此无论是在餐厅、酒吧还是在图书馆等地方，只要存在着一个与人共有的大空间，几乎所有的人都会先选择靠墙、靠窗，或是有隔断的地方，原因就在于人的心理上需要这样的安全感，需要被保护的空间氛围。当空间过于空旷巨大时，人们往往会有一种易于迷失的不安全感，而更愿意找寻有所"依托"的物体，所以现在的室内越来越多地融入了穿插空间和子母空间的设计，目的就是为人提供一个稳定安全的空间。

（2）领域性暗示。

人在室内环境中生活、生产，总是力求其活动不被外界干扰或妨碍。领域行为就是个人或团体，针对一个明确的空间所作的一种标志性的或保护性的行为或态度模式，包括预防动作及反应动作。赫尔以动物的环境和行为的研究经验为基础，提出了人际距离的概念，根据人际关系的密切程度、行为特征确定人际距离，即密切距离、人体距离、社交距离、公众距离。受不同环境、性别、职业和文化程度等因素的影响，人际距离也会有所不同。比如当人们处于其个人熟悉或不熟悉的环境中时，个人的空间距离会有非常明显的变化，在拥挤的公共汽车中，当人们感到其个人领域空间受到严重的侵犯时，人们往往通过向窗外看以避免目光的接触来维持心理上的个人领域空间。

（3）私密性暗示。

私密性是作为个体的人对空间最起码的要求，只有维持个人的私密性，才能保证单体的完整个性，它表达了个体的人对生活的一种心理的概念，是作为个体的人被尊重、有自由的基本表现。私密性空间是通过一系列外界物质环境所限定、巩固心理环境个性的独立的室内空间，如果说领域性主要在于空间范围，则私密性更涉及在相应空间范围内包括视线、声音等方面的隔绝要求。

暗示在室内设计中的应用面极广，首先可从材质方面进行分析。不同的材料有不同的质感表现和各具特色的构造细部，可以渲染及强化室内的环境气氛，进而影响人的心理。在创造空间时应对表层选材和处理十分重视，强调素材的肌理，暗示动能性。这种过滤的空间效果具有冷静的、光滑的视觉表层性，它牵动人们的情思，使生活在其中的人具有潜在的怀旧与联想，回归自然的情绪得到补偿。在造型纯净化、抽象化的过程中，在室内空间设计中，装饰材料的不同质感对室内空间环境会产生不同的影响，材质的扩大缩小感，冷暖感，进退感，给空间带来宽松、空旷、温馨、亲切、舒适的不同感受，在不同功能的建筑环境设计中，装修材料质感的组合设计带给人们的心理暗示应与空间环境的功能设计结合起来考虑。住宅空间环境以舒适方便、温馨恬静为前提，材料选择以质地平和、简洁、淡雅的自然材料为主，也可以点缀适量的玻璃、金属和高分子类材料，显示时代气息。当然，在室内空间环境的各因素上，材料质感组合搭配只是其中一个方面，材料造型、色彩、灯光照明、家具风格、装饰物品等，对烘托空间气氛也有不可忽视的作用。总之，装修材料的质感组合对环境整体效果的作用不容忽视，要根据空间的功能、气氛、业主的喜好等来选择组合不同的材料。在室内设计中，从界面到家具、从隔断到陈设，应当是各种材质简约与丰富、质感与品味、实用与个性的相互照应、有机组合，在越来越强调个性化设计的今天，装修材料的质感表现将成为室内设计中空间与材质运用的新焦点。

7. 在环境设计中应用心理暗示因素的注意事项

正因为心理暗示因素具有非常重要的作用，所以在设计中需要注意：

（1）对环境进行准确的空间定位，通过对商业空间进行具体的功能定位，来创造视觉与心理因素的舒适性。例如对快餐店的定位，紧密的桌椅、临街的大玻璃等元素就能很好地体现快餐文化的特色。

（2）在室内装修设计中要赋予商业展示特定的文脉内涵意义。中国有着五千年的历史文明，其中就有环境设计师取之不尽用之不竭的灵感资源。

（3）在室内环境设计工作中，应注意对虚实关系的把握，按照一定的节奏来分配虚与实的关系，形成和谐的局面。现代商业空间中，虚实关系无处不在，通过虚实的映衬主要是为了呈现节奏上的起伏，形成美妙的旋律感。

（4）通过调整空间构件尺度解决设计的有效的手段。室内设计对构建尺度的调节，在一般的室内设计装修中，未经规划的时候，往往会存在诸多缺陷和不足，例如比例不协调、不合理，这些造成了视觉与心理因素的不稳定性，空间缺乏整体性与协调感。

三、流 行

流行又被称为时尚，既是一种社会现象，也是一种历史现象和心理现象。它是对一种外表行为模式的崇尚方式。其特征是新奇性、相互追随仿效及流行的短暂性，如年年有其崇尚的流行色。

流行的事物、观念、行为方式等不一定是最近出现的，有的可以是在以前就出现或已经流行过的，只是在新的一段时间又流行起来。流行涉及社会生活的各个领域，包括衣饰、音乐、美术、娱乐、建筑、语言等。

社会成员通过追求所崇尚的事物获得一种心理上的满足。

时尚包括了几个类型：一般流行、时髦、摩登、时狂等。时髦是非理智的与过度性的行为模式或行为模式的流传现象，就持续时间讲，其处于风格与时尚之间。摩登是比一般流行要优美一些的行为方式和表现方式。人们对时髦、摩登及其他风行兴起的事物狂热追求，并达到一定情绪强度的时候，就形成了所谓的"时狂"，其表现得更剧烈、更短暂。

（1）时尚的心理基础包括：从众和模仿、求新欲望、自我防御与自我显示。

（2）流行现象与追求时尚的行为模式具有以下特征：

第一，无阶级性。它在各种不同的阶层、阶级间流传。它的发起人通常是社会名流，一旦开了风气就成为他们寻求地位或自我表现的手段。

第二，它是文明开放的社会都有的现象。其产生、流行与社会文明成正比；其流传的范围，有时可以跨越国家与地域的界线，直到全世界。

第三，以持续时间讲，时髦现象处于风格与时尚之间。

第四，它是自我宣扬的工具。借着时髦，标新立异，提高社会地位，但仍保留着原团体中一分子的地位，所以，它是自我个体化的手段。

第五，它的模仿性与暗示性强烈。如时装、化妆品等物质的流行，旅游、歌曲等行动的流行，消费观念、生活追求等社会风气的流行。

第六，时髦行为具有抒情性，它有时甚至是一种发泄不满或压抑情绪的社会运动。

时髦与时尚最显著的差别是时尚所流行的项目对社会来讲，微不足道，影响很小，时尚仅仅流行于某一阶层、社区或某一同质群体；而时髦则流行于社会各阶层与异质群体之中，时髦的流传时间显示出有组织的特性。

（3）流行具有以下几个特性：

新异性——流行的内容必须是新近发生的新颖样式；

一时性——流行的整个过程在社会生活中显得非常短暂；

现实性——流行突出反映了当时的社会和文化背景；

琐碎性——流行围绕生活中的"琐碎小事"兴起和消亡；

规模性——流行要有一定数量的社会成员参加。

（4）流行的传播方式主要有三种：

第一，自上而下的流行——这种流行是指社会上一段时间内出现的或某权威性人物倡导的事物、观念、行为方式等被人们接受、采用，进而迅速推广以至消失的过程。一般都是从社会的上层发起并通过一定的手段或自身的影响力推广到社会的各阶层的传播方式。较早的例子是《韩非子》中记载的"齐桓公好紫服"的故事。齐桓公喜欢穿紫色服饰，然后他的大臣为了讨好他，也开始穿紫色衣服，之后大臣们的仆从为了讨好大臣也穿紫服，之后就变成整个城市的人都穿紫色衣服。桓公知道后，觉得不妥，于是问谋臣，要如何才能让大家都不再穿紫色衣服？一个聪明的谋臣告诉桓公，只要他自己不穿，并表现出讨厌紫色衣服的样子，就可以让人们不再穿。桓公以及而行，果然很快就见不到穿紫色的衣服的人了。近代的"中山装"也是一个自上而下的典范。

第二，自下而上的流行——首先在社会的下层兴起并普及开来，之后影响到社会上层的信息传播方式。例如"牛仔裤"。牛仔裤原是美国底层的体力劳动者穿的工作服，但经过演化变成了青春与时尚的符号，之后社会各阶层都穿着牛仔裤，甚至美国总统在休息时也穿着它。

第三，横向传播的流行——由于某个事件或节点，在社会各阶层中自发扩展的信息传播方式。现代的许多博览会、新闻发布会都是以这种方式传播信息的。

在环境设计过程中，参考时尚自身的规律和特点，对开发时尚的环境设计有重要的启示意义。这些原则包括：反传统性原则、循环原则、新奇原则、从众原则、价值原则（奢侈原则）、年龄差异与性别差异原则。

四、环境设计新风格或新思潮的形成与传播

社会心理现象有从众、暗示、流行等几种主要类型，它们会在环境设计思想的形成与传播过程中起作用。环境设计思想的形成是一个复杂的过程。它既包括了个人心理发展的全过程，也包括了社会心理现象的各个方面。首先，由某位设计师或某几位设计师创造出一种设计风格或类型，因为某一事件或作品成为焦点，之后由媒体或大众传播并推广。环境设计风格一旦形成之后，想要迅速地推广，这也不是一件简单的事情。环境设计新风格的传播既需

要它本身的易传播特性，又需要设计师对流行传播方式的灵活运用。环境设计师可以通过各种途径和媒介，来宣扬自己的设计思想。比如参加周期性举办的世界博览会、建筑博览会、园艺博览会、艺术展演、家具展会等，这些都是迅速地、直接地宣传设计师和设计思想的好方式。

本章小结

本章首先论述了社会文化与环境设计的关联；然后论述了社会群体与环境设计的关联；紧接着又论述了社会阶层与环境设计的关系；最后阐述的是社会心理现象对环境设计的影响。

第十二章　环境设计师的心理建设

环境设计师的工作是为人类设计出合乎需求的环境空间。不管是环境空间环境设计，还是室外空间环境设计，都要求设计师在设计决策时，不仅需要满足物理功能，还必须兼顾环境设计的心理法则。

第一节　环境设计与环境设计师的一般心理过程

环境设计师的一般心理过程是指较基础的心理过程，包括：感知觉、记忆与注意。

一、环境设计师的感知觉规律

环境设计师的感知觉与普通受众并无区别，但在运用过程中却因设计师的工作流程不同而有许多不同之处。

对于环境设计师而言，敏锐的感觉和完整的知觉非常重要。敏锐的感觉帮助设计师在第一时间收集全新的外界信息。在设计师的所有的感觉中，视觉与听觉获取的信息数量最大，也最为重要。完整的知觉为设计师提供全面的设计资料储备。

二、环境设计师的记忆规律

环境设计师在进行设计方案的创作过程中，运行的主要记忆是工作记忆，也就是短时记忆。工作记忆模型在某些方面比短时记忆更近一步，它与人类复杂的认知技能有关，尤其与言语理解、词汇学习、阅读理解、写作、逻辑推理、复杂学习等方面有着十分紧密的联系。在工作中，需要充分调动工作记忆的各个方面。

环境设计工作既需要设计师利用形象记忆，也需要设计师充分利用逻辑记忆与运动记忆。其中形象记忆所占的比重要远大于其他类型。因此，训练并提高形象记忆水平就显得非常重要。

三、环境设计师的注意规律

注意是受众对一定事物的集中和指向，它明显地表现了人的意识对客观事物的警觉性和选择性。影响注意的因素主要有两个，一是刺激物本身的特征，包括：刺激的强度、新异性、对比度、活动性以及刺激所处的位置；二是设计师的主观状态，包括：对商品的需要、兴趣、态度以及当时的情绪状态和知识经验等。注意一般分为有意注意和无意注意。有意注意是指按照预定的目的，经过意志努力的注意；无意注意是指自然而然的注意，事先无目的，也不需意志努力。在环境设计师的工作中，主要依靠有意注意，但也不能忽略无意注意的积极作用。

注意有以下几个特征：注意的稳定性、注意的广度、注意的分配和注意的转移。在设计师的工作过程中，注意的这些特征会影响工作的不同方面。

第二节　环境设计与环境设计师的高级心理过程

环境设计师的高级心理过程包括以下三种类型：思维、语言和情感。

一、环境设计师的思维

思维分为感性思维和理性思维。除此之外，对于设计师来说最为特别之处是他发达的创造性思维。它们三者之间的关系是密不可分的。

第一，感性需要理性的分析。

第二，对自己的感知还要能够做恰当的概括和说明。

第三，段落安排上努力体现内容的递进关系。

1. 环境设计师的感性思维

知识体系中的感性思维建立无非是从混沌感性到清晰感性的整理过程。

首先是混沌感性。所谓混沌感性是指认识建立在感觉基础上，以意识片段为形式的世界描述，此时的认识描述只是断裂受限的有限认知，并且是多意识的分离结论。对世界的认识处在无法定义和理解的认识搜集阶段。

然后，心理活动进入理性的逻辑整理阶段。所谓逻辑整理无非是对所定义的意识片段进行主要联系定义，并以此作为认识参照，之后再对所确立的主要联系定义进行认识抽象，以确定作为独立存在而互不相悖的认识结论，并且这一结论形式是非现实对应的映证认识结论。从一个主体分割认识分支，而认识分支又需再对应，以这样一种方式作为阐述的结构。但首要问题是作为认识的主体其伸展直接决定了认识的阐述能力，或是说阐述者的认识水平直接受限于定义主体的认识表达。

最后是感性思维的建立，所谓感性思维也就是分支认识的协同认知，定义和理解事物存在。也就是在此，如果所建立的知识体系是固定的层次认识，认识水平只限于主体描述之下，如果是制衡认识，认识行为就进入到无主体的无限认识连接。

2. 环境设计师的理性思维

理性思维是一种有明确的思维方向和充分的思维依据，能对事物或问题进行观察、比较、分析、综合、抽象与概括的一种思维。说得简单些，理性思维就是一种建立在证据和逻辑推理基础上的思维方式。

理性思维是人类思维的高级形式，是人们把握客观事物本质和规律的能力活动。

理性思维属于代理思维，它是以微观物质思维代替宏观物质思维的。理性思维的产生，为物质主体时代的到来，为主体能够快速适应环境，为物质世界的快速发展找到了一条出路。理性思维是利用微观物质与宏观物质的对立性的同一来实现对宏观的控制的。同一是目的性的，先是微观物质主动与宏观物质加强同一，尔后是宏观物质"主动"与微观物质加强同一。前者是微观对宏观的认识，后者是微观目的性的实现。只有微观物质对宏观物质有了正确的认识，才有微观物质利用宏观物质发展的必然来实现对宏观的控制。

理性思维能力不是与生俱来的，而是需要后天刻苦地学习和训练，其中自然科学的学习对理性思维能力的养成意义重大，但这只是必要条件而不是充分条件。有的人学了一些科学理论，知道了一些科学知识，但对科学方法和科学精神并没有深刻地领会，也未能养成理性思维的习惯。

理性思维并不等同于冷静思维，虽然冷静思维是理性思维的前提。有的人发表言论时是很冷静的，也尽其所能进行了各方面的思考，然后就认为自己的言论是理性的，这是对理性思维的误解。理性思维是有一些原则的，在不掌握这些原则的情况下的冷静思维，其实很可能就是不理性的。理性思维的原则有不少，其中最重要的就是休谟公理。

（1）理性思维的总原则—休谟公理。

英国哲学家、经济学家、历史学家休谟（David Hume）提出了理性思维的总原则——休谟公理，内容为"没有任何证言足以确定一个神迹，除非该证言属于这样的情形，其虚假比它力图确立的事实更为神奇。"

这段话比较绕口，但含义并不复杂，简单地说就是"非同寻常的声明，需要非常确凿的证据"。例如我上班迟到了，我给领导的解释是"路上堵车"，因为堵车是一个非常寻常的事件，我不需要给出太多的证据，领导选择相信这个理由也是合理的。但若我给出的理由是"路上被火星人劫去做了人身实验"，那这种理由非同寻常，除非我拿出足够的证据来证明的确发生了这件离奇的事，否则领导不应该相信，除非他有意装傻。

遇到离奇的说法，很多人选择"半信半疑"，因为他无法确定该说法一定是假的，于是以为"半信半疑"是理性的选择。其实这很不理性，理性的做法应该是根据该说法的离奇度来确定相信度，该说法越离奇，则越不应该相信，相信度与离奇度成反比。

判断离奇度的大小需要一定的科学知识。

（2）无法证明不存在不等于存在。

考察一个事件是否存在，需要的是证明该事件的确存在的可靠证据，而不是不能证明该事件不存在就反证其存在。例如宇宙里有外星人吗？面对浩瀚无垠的宇宙，愣说一定没有外星人，我本人是不愿意相信的，但不能因为宇宙的浩瀚就认定外星人一定存在，确定外星人是否存在需要能证明其存在的可靠证据，而"不存在"本身是无法证明也是不必证明的。

有人拿数学中的可以证明"不存在"来反驳"不存在无法证明"这个观点，这是无效的，因为数学是逻辑的延伸，其边界非常明确，在现实世界中并不存在如此明确的边界。很多怪力乱神说法所描述的东西，研究者都无法证明其不存在，但不能因此而认定其存在。理性思维的方法是首先不相信其存在，直至能证明其存在的可靠证据被找到为止。

（3）非此未必即彼。

世界上的很多事情并不是"互斥"关系，即使证明了"非此"，那也未必"即彼"。例如用一个望远镜观察远处的一个物体，并做如下分析：它不是一个石碑，不是一个植物，不是……，那它一定是个人。这种分析就非常不靠谱，因为这个物体究竟是什么，有几乎无穷的可能性，贸然使用排除法是一件非常危险的事。

在讨论中药的毒副作用问题时，有中医粉丝反问"西药的毒副作用更大，你为什么不说？"西药的毒副作用是与原问题无关的问题，即使你论证出"西药其实都是毒药"这个结论，也不能反证中药就没有毒副作用。

不要以为这个道理非常简单，在这个问题上犯错的科学人士都不少，有个执迷于飞碟研究的某天文馆研究员，在一个 UFO 事件研讨会上，他的观点是"该 UFO 可以确定不是飞机，不是火箭，不是气球，不是……，所以它是飞碟。"虽然研究者至今也无法确认那个 UFO 到底是什么，但可以肯定的是，这个研究员的论证过程是错误的。

（4）相关性不等于因果性。

一位美国专家于 1979 提出了一个惊人的说法，即生活在高压线附近的孩子，由于辐射的原因，患白血病的概率会增加到平均值的 3 倍，此说法引起了全美的广泛关注，在随后的二十年里，美国因此耗损了上百亿美元的社会成本。美国国家科学院于 1996 年发表了历经 3 年的研究结果，认为高压线环境与白血病发病率无关。美国国家癌症研究所经过历经 7 年涉及 1200 人的研究，于 1997 年发布了同样的结论。在一场引起全美关注的高压线与白血病的诉讼中，法院聘请了 16 位顶级专家，包括分别获得物理学、生理学或医学、化学的 6 位诺贝尔奖获得者，他们给出的结论也同样是高压线环境与白血病发病率无关，终于平息了这场风波。

其实，那位声称高压线下更易患白血病的专家，其统计数据可能是真实的，但他却没有找到真正的因果关系，学术界的主流观点认为，生活在高压线附近的家庭通常比较贫困，导致白血病发病率较高的原因更可能是其较差的生活和卫生条件，而与高压线本身无关。也就是说，孩子在高压线下生活与易患白血病是相关事件，但两者并不是因果关系，那位美国专家仅仅核实了相关性，这只能说明因果关系的可能性是存在的，他没有做进一步的筛查就贸然得出两者是因果关系的结论，这就不是理性的思维方式。

假如古巴雪茄爱好者协会做一个统计，非常有可能得出"爱好抽古巴雪茄的人，平均寿命比普通人更高"的结论，这当然不能得出抽雪茄有利于健康的结论，很可能是抽得起古巴雪茄的人，其生活质量和享受的医疗条件更好，这才是真正的长寿原因。不懂得这个原则的人，很容易被统计数据误导，甚至被玩弄统计数据的骗子所欺骗。

（5）不要相信无法证伪的学说。

科学理论与其他学说如何划界？著名哲学家卡尔·波普提出了"可证伪"的标准，并得到了学术界的普遍认可。"可证伪"是指一个理论或学说存在着可以证明它错了的可能性。具有可证伪性是科学理论的必要但不充分条件，无法证伪的理论不可能是科学理论。

研究者可以做一个试验，在真空条件下让两个质量不等的铁球同时下落，如果多次可靠的试验结果表明，下落速度与质量大小成正比，那就把自由落体定律推翻了。这个试验如此容易做，但这么多年来却没有一个人成功，这就反证了自由落体定律是如此地可靠。再比如，如果有人在三叠纪岩层发现了人类化石，就可以把进化论彻底推翻，但地球这么大，每天都有不少人在挖，但从没有在三叠纪岩层发现过人类化石，这就反证了进化论的可靠性。

可以说，一个理论的可证伪性越强，则可靠性就越强。

（6）不要相信所谓的真理。

对于复杂的世界来说，人类的认识能力是非常有限的，在可以预见的未来，人类不可能洞悉世界上所有的奥秘。科学是人类最可靠的知识，但它也只是人类现阶段最可靠的认识，现在看来最可靠的科学理论，在将来也都有被推翻的可能。如果有人宣称找到了自然界的真理，那你一定要引起警惕。

（7）不要被哲学说法蒙蔽。

五行相克、阴阳平衡等古代朴素哲学思想深入人心，拿这种哲学忽悠人就成了中医骗子、保健品骗子们的不二法宝。对他们的说法，不能只凭其哲学观点与自己吻合就信了，还要把他们所说的概念具体化，毕竟哲学本身治不了病。

估计大家已经发现了，上述的七条原则主要说的就是"不信"，没错，理性思维强调的不是该信什么，而是不该信什么，和该怎样去信。理性思维是一种具有很强的怀疑和批判能力的思维，是一种应用概念特别明确的思维，是一种严格遵守形式逻辑规律的思维。养成理性思维的习惯，可以让你少上当，避免盲目的希望和愚昧的举动，并有助于人们正确地了解世界、人生和自己。

二、环境设计师的创造性思维

创造性思维，是一种具有开创意义的思维活动，即开拓人类认识新领域、开创人类认识新成果的思维活动。创造性思维是以感知、记忆、思考、联想、理解等能力为基础，具有综合性、探索性和求新性特征的高级心理活动，需要人们付出艰苦的脑力劳动。一项创造性思维成果往往要经过长期的探索、刻苦的钻研，甚至多次的挫折方能取得，而创造性思维能力也要经过长期的知识积累、素质磨砺才能具备，至于创造性思维的过程，则离不开繁多的推理、想象、联想、直觉等思维活动。

创造性思维即发散性思维，具有广阔性、深刻性、独特性、批判性、敏捷性和灵活性等特点。具备这种思维方式的人，遇到问题时能从多角度、多侧面、多层次、多结构去思考，去寻找答案，既不受现有知识的限制，也不受传统方法的束缚。其思维路线是开放的、扩散的。

创造性思维具有新颖性，它贵在创新，或者在思路的选择上，或者在思考的技巧上，或者在思维的结论上，具有独到之处，在前人、常人的基础上有新的见解、新的发现、新的突破，从而具有一定范围内的首创性、开拓性。

创造性思维具有极大的灵活性。它无现成的思维方法、程序可循，人可以自由地、海阔天空地发挥想象力。

创造性思维具有艺术性和非拟化的特点，它的对象多属"自在之物"，而不是"为我之物"，创造性思维的结果存在着两种可能性。

创造性思维具有十分重要的作用和意义。首先，创造性思维可以不断增加人类知识的总量；其次，创造性思维可以不断提高人类的认识能力；再次，创造性思维可以为实践活动开辟新的局面。最后，创造性思维的成功，又可以反馈激励人们去进一步进行创造性思维。正如我国著名数学家华罗庚所说："人之可贵在于能创造性地思维。"

创造性思维是创新人才的智力结构的核心，是社会乃至个人都不可或缺的要素。创造性思维是人类独有的高级心理活动过程，人类所创造的成果，就是创造性思维的外化与物化。创造性思维是在一般思维基础上发展起来的，是人类思维的最高形式，是以新的方式解决问题的思维活动。创造性思维强调开拓性和突破性，在解决问题时带有鲜明的主动性，这种思维与创造活动联系在一起，体现着新颖性和独特性的社会价值。创造性思维的特性主要包括：(1) 思维的求实性。善于发现社会的需求，发现人们在理想与现实之间的差距，从满足社会的需求出发，拓展思维的空间。(2) 思维的批判性。敢于用科学的怀疑精神，对待自己和他人的原有知识，包括权威的论断。(3) 思维的连贯性。平时善于从小事做起，进行思维训练，不断提出新的构想，使思维保持活跃的态势。(4) 思维的灵活性。善于巧妙地机动灵活地转变思维方向，产生适合时宜的办法；善于选择最佳方案，富有成效地解决问题。(5) 思维的跨越性。思维进程带有很大的省略性，其思维步骤、思维跨度较大，具有明显的跳跃性。(6) 思维的综合性。详尽地占有大量的事实、材料及相关知识，运用智慧杂交优势，多种思维方式的综合运用，发挥思维统摄作用，深入分析、把握特点、找出规律、创造出新成果。创造性思维的形成必须经过自觉的培养和训练，必须积累丰富的知识、经验和智慧，必须敢为人先勇于实践，善于从失败中学习，才能获得灵感，实现思维的飞跃。

在当今世界，经济飞速发展，科技文化日新月异，主要源于各个领域的创造性。从宏观上讲，创造性是社会进步的动力之一；从微观上讲，创造性是衡量一个人才华高低、能力大小的尺度。创造性思维是创新人才的智力结构的核心。创造性思维是人类独有的高级心理活动过程，人类所创造的成果，就是创造性思维的外化与物化。创造性思维是在一般思维基础上发展起来的，是人类思维的最高形式，是以新的方式解决问题的思维活动，它反映事物本质属性的内在、外在的有机联系，是一种可以物化的心理活动。创造性思维不同于一般思维的规范，虽然具有一般思维的特点，但它强调开拓性和突破性。创造性思维在解决问题时带有鲜明的主动性，这种思维与创造活动联系在一起，体现着新颖性和独特性的社会价值。创造性思维思路开阔，善于从全方位思考，思路若遇难题受阻，不拘泥于一种模式，能灵活变换某种因素，从新角度去思考，调整思路，从一个思路到另一个思路，从一个意境到另一个意境，善于巧妙地转变思维方向，随机应变，产生适合时宜的办法。创造性思维的分身有很多，主要包括辐射思维、多向思维、换元思维、转向思维、对立思维、原点思维、连动思维。

1. 创造性思维的形式

(1) 抽象思维：亦称逻辑思维。是认识过程中用反映事物共同属性和本质属性的概念作为基本思维形式，在概念的基础上进行判断、推理，反映现实的一种思维方式。

(2) 形象思维：形象思维是用直观形象和表象解决问题的思维。其特点是具体形象。

(3) 直觉思维：直觉思维是指对一个问题未经逐步分析，仅依据内因的感知迅速地对问题答案作出判断，猜想、设想，或者在对疑难百思不得其解之中，突然对问题有"灵感"和"顿悟"，甚至对未来事物的结果有"预感""预言"等都是直觉思维。

(4) 灵感思维：是指凭借直觉而进行的快速、顿悟性的思维。它不是一种简单逻辑或非逻辑的单向思维运动，而是逻辑性与非逻辑性相统一的理性思维整体过程。

(5) 发散思维：是指从一个目标出发，沿着各种不同的途径去思考，探求多种答案的思维，与聚合思维相对。

（6）收敛思维：是指在解决问题的过程中，尽可能利用已有的知识和经验，把众多的信息和解题的可能性逐步引导到条理化的逻辑序列中去，最终得出一个合乎逻辑规范的结论。

（7）分合思维：是一种把思考对象在思想中加以分解或合并，然后获得一种新的思维产物的思维方式。

（8）逆向思维：它是对司空见惯的似乎已成定论的事物或观点反过来思考的一种思维方式。

（9）联想思维：是指人脑记忆表象系统中，由于某种诱因导致不同表象之间发生联系的一种没有固定思维方向的自由思维活动。

2. 创造性思维的活动过程

在解决问题的活动中，创造性思维的产生需要一定的步骤与过程。心理学家华莱士把创造性思维的活动过程分为四个阶段：

（1）准备阶段；

（2）酝酿阶段；

（3）豁朗阶段；

（4）验证阶段。

3. 创造性思维培养的方法

创造性思维是人类的高级心理活动。创造性思维是政治家、教育家、科学家、艺术家等各种出类拔萃的人才所必须具备的基本素质。心理学认为：创造性思维是指思维不仅能提示客观事物的本质及内在联系，而且能在此基础上产生新颖的、具有社会价值的前所未有的思维成果。

创造性思维是在一般思维的基础上发展起来的，它是后天培养与训练的结果。卓别林为此说过一句耐人寻味的话："和拉提琴或弹钢琴相似，思考也是需要每天练习的。"因此，人们可以运用心理上的"自我调解"，有意识地从几个方面培养自己的创造性思维。

创造性思维是将来人类的主要活动方式和内容。历史上曾经发生过的工业革命没有完全把人从体力劳动中解放出来，而目前世界范围内的新技术革命，带来了生产的变革，全面的自动化，把人从机械劳动和机器中解放出来，从事着控制信息、编制程序的脑力劳动，而人工智能技术的推广和应用，使人所从事的一些简单的、具有一定逻辑规则的思维活动，可以由"人工智能"完成，从而又部分地把人从简单脑力劳动中解放出来。这样，人将有充分的精力把自己的知识、智力用于创造性的思维活动，把人类的文明推向一个新的高度。

（1）展开"幻想"的翅膀。

心理学家认为，人脑有四个功能部位：一是以外部世界接受感觉的感受区；二是将这些感觉收集整理起来的贮存区；三是评价收到的新信息的判断区；四是按新的方式将旧信息结合起来的想象区。只善于运用贮存区和判断区的功能，而不善于运用想象区功能的人就不善于创新。心理学家研究表明，一般人只用了想象区的 15%，其余的还处于"冬眠"状态。开垦这块处女地就要从培养幻想入手。

图 12.1　充满想象力的空间设计——建筑师的创造力

想象力是人类运用储存在大脑中的信息进行综合分析、推断和设想的思维能力。在思维过程中，如果没有想象的参与，思考就难有成效。特别是创造想象，它是由思维调节的。

爱因斯坦说过："想象力比知识更重要，因为知识是有限的，而想象力概括着世界的一切，推动着进步，并且是知识进化的源泉。"爱因斯坦幼年时曾幻想跟着光线跑，并且努力想赶上光线。这个幻想一直在爱因斯坦的心里，长大后以此为基础他便开始进行"狭义相对论"的研究。

世界上第一架飞机的产生就得益于人们的幻想。幻想不仅能引导人们发现新的事物，而且还能激发人们作出新的努力、探索，去进行创造性劳动。

青年人爱幻想，要珍惜自己的这一宝贵财富。幻想是构成创造性想象的准备阶段，今天还在你幻想中的东西，明天就可能出现在你创造性的构思中。

（2）培养发散思维。

所谓发散思维，是指倘若一个问题可能有多种答案，那就以这个问题为中心发散思考，找出适当的答案，越多越好，而不是只找出一个正确的答案。人在这种思维中，可左冲右突，在所适合的各种答案中充分表现出思维的创造性成分。1979 年诺贝尔物理学奖获得者、美国科学家格拉肖说："涉猎多方面的学问可以开阔思路……对世界或人类社会的事物形象掌握得越多，越有助于抽象思维。"比如人们思考"砖头有多少种用途"。人们至少有以下各式各样的答案：造房子、砌院墙、铺路、刹住停在斜坡的车辆、作锤子、压纸头、代尺划线、垫东西、搏斗的武器……

（3）发展直觉思维。

直觉思维在学习过程中，有时表现为提出怪问题，有时表现为大胆的猜想，有时表现为一种应急性的回答，有时表现为解决一个问题，设想出多种新奇的方法、方案等等。为了培养设计师的创造性思维，当这些想象纷至沓来的时候，可千万别怠慢了它们。青年人感觉敏锐，记忆力好，想象极其活跃，在学习和工作中，在发现和解决问题时，可能会出现突如其来的新想法、新观念，要及时捕捉这种创造性思维的产物，要善于发展自己的直觉思维。

（4）培养思维的流畅性、灵活性和独创性。

流畅性、灵活性、独创性是创造力的三个因素。流畅性是针对刺激能很流畅地作出反应的能力。灵活性是指随机应变的能力。独创性是指对刺激作出不寻常的反应，具有新奇的成分。20 世纪 60 年代美国心理学家曾采用所谓急骤的联想或暴风雨式的联想的方法来训练大学生们思维的流畅性。训练时，要求学生像夏天的暴风雨一样，迅速地抛出一些观念，不容迟疑，也不要考试质量的好坏，或数量的多少，评价在结束后进行。速度愈快表示愈流畅，讲得越多表示流畅性越高。这种自由联想与迅速反应的训练，对于思维，无论是质量，还是流畅性，都有很大的帮助，可促进创造性思维的发展。

（5）培养强烈的求知欲。

古希腊哲学家柏拉图说过，哲学的起源乃是人类对自然界和人类自己所有存在的惊奇。他认为：积极的创造性思维，往往是在人们感到"惊奇"时，在情感上燃烧起来对这个问题追根究底的强烈的探索兴趣时开始的。因此，要激发自己创造性学习的欲望，首先就必须使自己具有强烈的求知欲。而人的欲求感总是在需要的基础上产生的。没有精神上的需要，就没有求知欲。要有意识地为自己出难题，或者去"啃"前人遗留下的不解之迷，激发自己的求知欲。青年人的求知欲最强，然而，若不加以有意识地转移地发展智力，追求到科学上去，就会自然萎缩。求知欲会促使人去探索科学，去进行创造性思维，而只有在探索过程中，才会不断地激起好奇心和求知欲，使之不枯不竭，永为活水。一个人，只有当他对学习的心理状态总处于"跃跃欲试"阶段的时候，他才能使自己的学习过程变成一个积极主动"上下求索"的过程。通过这样的学习，不仅能获得现有的知识和技能，而且还能进一步探索未知的新境界，发现未掌握的新知识，甚至创造前所未有的新见解、新事物。

4. 创新思维的训练法

创新思维的核心可以总结为"无中生有"和"有中生新"。

（1）"无中生有"有三类方法。第一类是原型启发法，其中包括了：类比法、拟人法、仿生法、再创新法、专利信息法、信制法。第二类方法是发散性思维法，其中包括：成果转换法、逆向思维法、强化超前思维法、特异性思维法、变通性思维法、流畅性思维法。第三类方法是触类旁通法，它包括：随意发想法、随机灵感法、强制实行法、行为联想法和信息联想法。

（2）"有中生新"有两类方法。第一类方法是老产品找错法，其中包括了：对比先进法、小改小革法、换位思考法、删繁就简法、系统设问法和缺点例举法。第二类方法是现有产品综合法，其中包括：多次反复法、二元坐标法、移植法、复合法、组合法和叠加法。

5. 创造性思维的检验方案

创造性思维的检验方案有以下几种：

（1）图形测验：看图形想出相似的事物，越多越好。

（2）语义测验：写出"砖头"（牙签/曲别针）的用途，越多越好。

（3）符号测验：请创造各种不同的符号系统（即代号、标记）来代替一个普通的句子，符号越多越好。

在训练操作时要把握并证实发散性思维的三因素趋势，即：流畅性>变通性>独特性。

流畅性是指在特定时间内所写出的关于题目的所有正确答案的个数，它是发散性思维的熟练程度的标志。

变通性是指所写出的关于题目的答案的类别变化，即被试者的答案的类别的数量，它是发散性思维能力的可塑性或可变性的标志。

独特性是指发散出的关于题目的答案中新颖、独特、稀有的答案的个数，它是可塑性的更高形式，即在转换和变化意义的基础上，产生新颖、独特、聪明的思想。

三、环境设计师的语言

此处所指的语言，不仅指表述自己思想所使用的语言工具，而且也包括设计师的表达设计所涉及的所有知识体系。在设计师的语言中，使用率较高的包括以下几种：

1. 技术性语言

环境设计师的工作有较强的技术性。环境设计师的技术语言包括：绘图元素、计算机语言、设计表现元素等。

2. 美学语言

环境设计师的美学语言包括美术语汇、美学原理语汇、审美语汇等。

3. 表述性语言

环境设计师的表述性语言分为：口头表述语言与文字类表述性语言。

四、环境设计师的情感

1. 设计师的情绪转换

情感转换是指设计师在特定情况下，转变自己的思考角度，以受众的身份去感知和体会环境。如此，环境设计师便能够体会环境受众的情感，并在设计中自由运用。

2. 情感的习得

习得是指在生活、工作和学习过程中，自然而然地学到各种常识与知识。情感的习得也是如此。特别是环境设计中涉及的各种情感，如归属感、亲切感、庄严感等，这些情感需要设计师在环境设计中表达呈现出来，这些氛围的营造都需要逐步习得。

3. 设计师的移情

所谓移情是指将自身置于他人的情绪空间之中，感受别人正感受着的情绪。设计师的移情是指设计师将自身置于受众的情绪空间之中，感受受众在环境中正感受的情绪。当设计师有很好的移情作用时，他就能很好地为受众设想，并能设计出使环境受众满意的空间场所。

第三节　环境设计与环境设计师的个性心理现象

一、环境设计师的能力

1. 设计师的一般能力

设计师的一般能力是指他们的智力，智力水平较高可以更加高效理性地完成设计工作。但并不是智力水平越高就越能做出好的设计，对于环境设计工作而言，智力只是一个基本条件。

2. 设计师的特殊能力

设计师的特殊能力是指完成环境设计工作所必需的其他的能力，主要包括：美术能力、创新能力、交流能力等。美术能力中又包括了：绘图能力、造型能力、审美能力；创新能力对于设计师是必要条件，只有创新意识强、创新能力强的设计师才能创造出新颖的设计方案；交流能力对设计师来说也是非常重要的，既包括与投资人交流的能力，也包括与受众交流的能力，既包括口头交流能力，也包括书面表达设计意图的能力。

环境设计师的创新不能仅仅局限于对设计的风格、材料等因素的创新，再厉害的设计师也难免会黔驴技穷，创新技法更要侧重于对精神功能的再创造，要通过观察，发现业主内心世界的根本需要，以自己的设计来对其精神世界进行展示与反馈。在收集到的前期资料的基础上，通过设计师的审美品位和专业知识用形式美的法则去规范，再经过与空间界面及环境陈设等设计要素相结合，对每个环境加入个性和情感，这样才能使环境空间的精神功能得以整体规范和提升。

作为设计师，了解受众的喜好也是创新的基础。在设计过程中，受众对颜色、造型、艺术风格之类的喜好对于设计作品的成败来说都非常重要。环境设计师为了自己眼中的协调，根据自己的专业知识与判断去劝说业主放弃自己内心的喜好，这样做出来的环境设计即使你在各个方面运用了创新要素，发挥了自己的聪明才智，但因为没能尊重受众的内心，没有理解业主的情感需求，因此不能成为成功的设计。就如《室内设计原理》书中所提到的"室内环境的创造，应该把保障安全和有利于人们的身心健康作为室内设计的首要前提。人们对于环境空间除了有使用安排、冷暖光照等物质功能方面的要求之外，还常有与建筑物的类型、性格相适应的环境氛围、风格文脉等精神功能方面的要求"，设计师常常在学习了一些设计的知识后，忘记了这个最基础的东西。

环境设计过程中，矛盾错综复杂，问题千头万绪。设计师需要清醒地认识到以"以人为本，为人服务，为确保人们的安全和身心健康，为满足人和人际活动的需要"作为设计的核心思想。"为人服务，以人为本"这一设计原则，常会因为设计师从局部因素考虑，从而被有意无意地忽视。环境设计需要满足人们的生理、心理等要求，需要综合地处理人与环境、人际交往等多项关系，需要在"为人服务"的前提下展开。

环境设计不能忽略人与人的不同，每个业主都有着不同的情感，对环境空间有着不同的精神需求，这种需求是充满个性化的。因此，环境设计的形式风格也应该个性化。这不仅包括各种装饰细节，也包括空间的造型、结构、空间关系、材质等等。让人类生动而复杂的，是每个人那与众不同的需求和动机。环境创新就是根据需求变化和实现的可能性，对功能进行改进。设计师可以通过选择不同的环境设计元素和组合方式，传达出不同的空间感情，增加一些细节化设计更加凸显受众的精神需求，这样的环境设计创新才是不断变化的、不断挑战自我的，同时也让受众获得了幸福感与满足感。

环境设计和人的生活及工作等条件的创造和现代技术的进步息息相关，所以设计师在考虑环境设计的创新时不仅要着眼结构、材料及家居等构成要素的创新，而且要向着更高的领域发展，这样就可以掌握更多的创新主动权，进一步提高环境的心理感受价值。这就是所谓从人的心理和精神需求出发的软环境概念，从中汲取营养，期望能够创造出更好的环境设计作品。

二、环境设计师的气质

1. 气质类型对设计师的影响

设计师与普通人一样，有着不同的气质类型。事实上，没有所谓的最适合做设计师的气质类型存在。具备不同的气质类型的人都会有一些长项，也会有一定的不足，在工作中需要扬长避短。前提是充分了解设计师自己的气质类型及其特征。

以胆汁质为主要气质类型的设计师，精力充沛，反应迅速，对工作充满热情，但要注意控制情绪，避免急躁。

以多血质为主要气质类型的设计师，有活力，善于交流，感觉敏锐，但要避免情绪化。

以黏液质为主要气质类型的设计师，理智、沉着、冷静，但要注意与人交流的方式与方法。

以抑郁质为主要气质类型的设计师，深刻、理智、细腻，但要注意培养创作的意识与进取的信念。

2. 设计师的自我剖析

古人云：吾日三省吾身。作为设计师更需要常做自我剖析。剖析的对象包括自己的工作特点、工作习惯、自身的长处与短处等。

三、环境设计师的性格

人的性格一般分为六种类型：理论型、社会型、经济型、权力型、审美型和宗教型。每一个设计师都或多或少具备六种特点，但所占比重不同。

1. 性格决定论

西方有一句谚语：性格决定命运。意思是一个人的成就由他的性格决定。当设计师在为事业拼搏时，性格确实会在特定的时候产生影响。比如一个审美型的设计师与一个社会型的设计师，在做相同的居住环境设计项目时，就会有完全不同的审视角度与设计手法。审美型的设计师会更多地关注空间形态的审美特征，追求一种视觉上的愉悦体验；而社会型的设计师会更多地考虑人际交往与情感联系，追求一种心理上的满足感。如果受众是注重视觉效果的，就会选择审美型的设计师设计的方案；相反，如果受众追求的是心理上的满足和归属感，他就会选择社会型的设计师设计的方案。

2. 性格的转变

一般情况下，人的性格是不容易改变的。但在某些特殊情况下，可以做出适当的调整。比如，一个审美型的设计师在面对宗教类的环境设计项目时，就需要努力不让自己原有的审美思想发生作用，而让宗教型的观点占据性格中的主体地位。这是设计师主观能动作用的结果。

3. 设计师的性格与设计作品的关系

环境设计师的性格与设计作品之间的关系是非常紧密的。有时是一种因果关系，有时是一种促进关系，有时又是一种互补关系。人们常说："字如其人""画如其人"。一般情况下，设计方案也是设计师的化身，可以说"方案如其人"。外倾型的人所设计的作品造型奔放、充满张力；内倾型的人其作品收敛含蓄、注重内涵；理论型的设计师注重设计理念、逻辑性强；权力型的设计师追求与众不同，他们希望自己的作品高端、大气、上档次。

图 12.2　日本设计师的室内设计作品

图 12.2 是一位日本学者的环境设计实景图。设计多采用直线、直角、黑色线条等元素，以木纹、织布等元素来表现学者的内敛空寂，发掘其个人内心孤独世界。从图中可以看出此人性格内向，内心深藏着细腻的感受。这种日式的简洁，更多的是对最少材料的最大限度利用，

图 12.3　具有地中海风情的室内空间

这件环境设计的最大精神功能在于通过设计来抚慰人心，通过使用时的仪式感来强调业主时刻都郑重地对待自己的生活和生命。

图 12.3 是一张具有地中海风情的室内空间图片。人们可以看到此房间环境设计色彩多为蓝、白色调的纯正色彩，材料的质地较粗，并有明显的肌理纹路，木头多为原木，从室内的设计风格可以判断这是一个内心热情浪漫、崇尚自由生活的设计师的作品。这个设计师喜欢浪漫，喜欢沙滩，个性温柔。由设计师凝结成的遥远神秘的地中海的印象，给环境空间的使用者一种置身地中海的海边的"美丽的幻想"。

图 12.4 中的环境设计风格就显得清寡得多。这是一位台湾企业家的家，业主并不认为复杂奢华的设计就能体现自己的品味，反而线条简单、直接的简约设计才是品质生活的体现。所以空间中不会有过度夺目的色彩，也没有很多的装饰品，而更多的是与业主生活相关的物品。业主属于比较成熟的热爱工作的类型，所以设计者在进行环境设计时不止考虑到业主的工作状态，更加考虑到生活的舒适感，试图营造完美的睡眠氛围。

从上面三个例子可以看出：即使家装设计中有很多类似的风格，但有这些风格在不同的性格类型的设计师与受众手中，也会衍生出独一无二的空间作品。

环境设计中的细化设计其实就是生活化设计，设计师要重视需求分析。住宅的空间格局是业主生活形态的空间再现，不同的职业、身份及家庭背景的住户，他们的意识的空间形态也是各不相同的。虽然平时设计师也会运用形式语言来表现题材、主题、情感和意境，但设计师最应该关心的是：受众是怎样的"人"，以及这个"人"有怎样的需求。

图 12.4 简约而精练的卧室空间

一个好的环境设计给受众带来的最大的幸福感在于提供了符合受众生活习惯的解决方案。设计师应当尽可能地了解环境受众的生活习惯，如做饭的习惯、收拾东西的习惯、阅读的习惯、饮食习惯、睡眠习惯和娱乐休闲的习惯等。受众的行为习惯必须渗透进设计方案的全部细节里。根据不同的业主，即使他们性格相似、家庭构造相似，但精神需求却可能不同。设计师的创新技法应当更侧重于精神功能的创造。这就要求设计师通过观察分析，发现受众内心世界的需要，以自己的设计来抚慰受众的精神世界。

第四节 社会心理现象对环境设计师的影响

一、设计师的从众心理

只要生活在社会大环境中，每个人都会受到从众等社会心理现象的影响。环境设计师也不例外。所谓从众就是指人在社会生活中，自觉不自觉地接受大多数人的样式，这种心理倾向是设计思潮传播并流行的重要条件。比如现代主义设计风格在国内的流行，就是从众思想在作祟。在西方，现代主义的兴盛是在第二次世界大战之前与之后的 30 年间，但传入中国已是 20 世纪 80 年代的事情。彼时学建筑的人们从西方引进了这种风格，生怕落后于国际，努力效仿之，对其一致说好。后来的建筑学子们前赴后继，不断地复制着现代主义风格建筑与环境设计。

子曰："麻冕，礼也。今也，纯俭，吾从众。拜下，礼也。今拜乎上，泰也，虽远众，吾从下。"这句话的意思是：孔子说用麻织礼帽，是合乎礼制的；现在的人们改用丝帛，说这样节俭，我遵从大家的做法。君臣相见，做臣的先在堂下跪拜，这是合乎礼制的；现如今大臣直接到堂上跪拜君主，这样就过于骄泰了，即使违背众人意愿，我仍然主张先在堂下跪拜。从这段话中不难看出：孔子也认为社会上流行的做法并不是不可违逆的。作为环境设计师，有时侯也需要对大众的做法和想法提出质疑。

纵观历史，设计师之所以不同于其他职业，恰恰是因为其善于把握并利用源源不断的灵感以及创造力，从而设计创造出不同于当时时代背景的新事物，才推动了各个行业的发展，推动了社会的进步。然而设计师也都是常人，多多少少地存在从众心理，但是，因为其职业的特殊性，从众心理往往会将一个设计师乃至整个行业推向失败的深渊。

就建筑行业而言，在中国城镇化快速发展的今天，很多建筑师受到商业化的严重影响，为了生存，迷失在商业的大潮里，没有思考，也不愿意批判，越来越多的摩天大楼如同雨后春笋拔地而起，城市变得越来越相似，看不见城市的记忆，看不见乡愁。当下中国，"千城一面"和建筑文化特色缺失已受到国内外普遍质疑。

其实，历史上，中国建筑有过三次推动"民族化"的过程。第一次开始于 20 世纪 30 年代，但到 1937 年抗战爆发就基本结束了。20 世纪 50 年代初是第二次高潮，但到 1955 年也基本停止了。第三次始于 20 世纪 80 年代，但反响并不大。

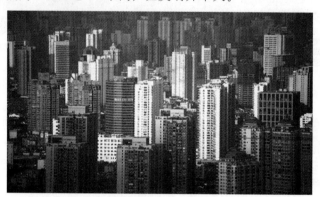

图 12.5　当代城市面貌的"千城一面""万楼一貌"

经过这些过程，大家开始反思。到了 20 世纪 80 年代，大家开始讨论"地域建筑现代化"和"现代建筑地域化"的问题，那之后就有了一些新的尝试。

20 世纪 90 年代，由于改革开放的力度加大，西方建筑文化一下子涌入，大家思想准备不足，有点措手不及。在这种强势文化的影响下，整个 20 世纪 90 年代同质化的现象表现得比较突出。最典型的就是，地不分南北东西，到处都搞玻璃幕墙。

经过这些反复，到新世纪就开始回归到多元化思考。特别是第四代、第五代建筑师的出场，他们大多有海归背景，对西方比较了解，确实有些人直接引进西方的东西，但也有人经过反思，反而对中国传统建筑有了更多的思考。

说到这里，就不得不提到一位叫王澍的建筑师。"中国建筑的未来没有抛弃它的过去。"这是《时代》杂志最认可王澍的理由，在建筑业最蓬勃发展的 20 世纪 90 年代，王澍没有在疯狂模仿西方的浪潮里迷失自我，他只是安静地思考，思考中国建筑的过去与未来。王澍是睿智的，因为他在浮华的世风下能保持平和的心态去发现建筑的本质。所有的这一切，成就了今天的他，成就了中国人的第一个普利兹克奖。

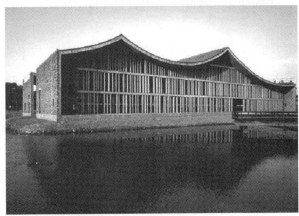

图12.6 王澍设计的建筑作品

设计师要敢于想别人不敢想的事情，敢于做别人不敢做的东西。无论何时，坚持初心，坚守设计的本质。设计根本的意义在于创新，一味地从众会渐渐磨灭思维的闪光点，一点点吞噬内心的真实想法，从众心理作用下的设计作品是苍白无力的，往往经不起时间的考验，最终只能被埋没在新时代的浪潮里。

二、设计师的时尚理念

"城中好高髻，四方高一尺；城中好广眉，四方且半额；城中好大袖，四方全匹帛。"这段话记载了中国古代曾经发生过的一次时尚流行现象。今天这种时尚现象更多更普遍，已经涵盖了生活的各个方面。时是时间，尚是崇尚，时尚就是一段时间里人们所崇尚的美的东西。时尚就其字面意思，是指当前的一段时间内，社会上共同遵从的风俗或习惯，既时髦又短暂。时尚是流动的，它在不停地变化，一旦停滞不前，不是社会闭塞，就是已成为民俗而稳固化，纳入社会风范之中，时尚也就不能称之为时尚。

当今世界，时尚信息的传播速度非常快。流行样式、流行色的发布非常及时。对于环境设计来说，可以吸收一定的时尚信息，并运用到特定的设计方案中。尽管如此，设计师作为环境空间的缔造者，应当具有自己独到的审美眼光，对于时尚要有自己的判断。运用于环境设计方案的时尚信息应该经过严苛的挑选。因为时尚元素虽然可以让受众在短时间内接受环境空间，但也增加了设计方案快速过时的可能性。

古今中外，时尚现象都屡见不鲜。时尚是一种"流行的或被接受的风格"，挖掘时尚所体现的价值观及文化内涵是设计师的本能。提到时尚，人们会联想到法国巴黎、英国伦敦、日本东京的色彩斑斓，镁光灯下明星模特的光鲜华丽，高级豪华场所里的一掷千金等，给予时尚一个确切的定义似乎很难，因为它涉及的领域太过广泛，从建筑、广告、娱乐、服饰、产品，到园林、装饰、家居，时尚的触角已经深入到人类生活的点点滴滴。也许每个人对于时尚的见解不同，但大都认为时尚是人生活的一种积极的态度，反应了人们对艺术和生活的认知理解。

时尚现象对设计师的影响主要体现在以下几个方面：

1. 时尚娱乐对设计师生活上的影响

时尚娱乐包括音乐、电视、电影、漫画等流行文化，都有可能成为重要艺术设计作品的模板。就以音乐为例：时尚的音乐可以让人放松身体，减轻压力，它通过音调能影响到人的情绪，不同的音乐类型也会导致不同的情绪。音乐在人一生的成长中起着举足轻重的作用，应该说是一个规律。有成就的建筑家、园林家、科学家大都有着较高的音乐素养，因为音乐是打开心灵之门的金钥匙。任何工作都不像音乐那样具有开拓性、创新性、韵律感，

音乐本身对人有着特别强的陶冶作用，它鼓舞人们去奋斗、去前进。应该说懂得音乐才能更好地懂得人生。

图 12.7　时尚娱乐对环境设计的影响

2. 时尚产品对设计师生活上的影响

时尚产品在日常生活中随处可见，时尚产品可以通过它的便利性、舒适性、适应性、安全性和经济合理性给设计师的生活提供服务，同时又可以通过产品时尚的联通便捷为设计师提供灵感。

图 12.8　时尚家居用品设计

3. 时尚装饰对设计师生活上的影响

以时尚装饰中的家装设计为例：家装设计是时尚的代表，那是因为它在很大程度上，彰显了居住者的主观设计意识。根据自己的喜好与生活习惯，融合美学的审美，打造出独一无二的家居生活环境是设计师在生活中必须经历的亲身体验。它不但可以加入设计师的独特创新，还可以将多种风格迥异的装修风格元素相互混搭。因为这种不受约束的特征，因而使得其设计变得更为开放与自由。打破了单一装修风格的众多约束，进而将其设计变得更为多姿多彩，符合了人们追求创新与个性的生活态度。

图 12.9　极具时尚感的住宅环境设计

4. 时尚建筑对设计师生活上的影响

从法国的巴黎、英国的伦敦、意大利的米兰到美国的纽约，时尚摄影、商业摄影、建筑摄影、城市摄影飞速发展，究其原因是时尚建筑吸引了摄影师的目光。时尚行业引领着社会发展的潮流，而建筑设计师的足迹也涉及时尚行业。建筑可与时尚行业结合，从另一个侧面展现建筑的特色。可以这样说，时尚建筑带领着设计师走向了一个全新的领域。有时，是时尚现象给设计师带来灵感，有时是设计师孕育和创造了时尚的建筑样式。

图 12.10　各类极具时尚感的建筑设计

时尚现象是社会文化的主流导向，它影响着设计师的设计理念和设计风格。时尚现象的内容很广泛，从较高层次的哲学、文学、艺术，到日常生活的衣食住行、社交、娱乐等，人们都在追求时尚。时尚变化的速度快，流行周期短，例如迪斯科曾使国内的年青人着魔，可是没过多久就变成了中老年人的健身操。

在人类物质文明和精神文明飞速发展的今天，时尚现象已经深入到了社会生活的每个角落，并受到越来越多的人的追崇。时尚文化发展至今，已成为人们生活中不可或缺的一部分。时尚既满足着大众的需求，又体现着大众的趣味走向。时尚现象对设计师的影响逐渐深入，时尚潮流的导向影响着设计师的风格走向，而设计师可以通过引导大众趣味，正确把握时尚和大众的趣味，使设计不断地创新，创造出孕育新的商业价值、文化价值和社会价值的时尚，掀起新一届的时尚潮流。

三、社会认同对设计师的影响

社会认同对于设计师来说是非常必要的工作条件。有了社会认同，设计师才能较好地推广自己的设计思想，进而实现自己的设计蓝图。但社会认同也是一把双刃剑，如果过于依赖社会认同，设计师就会失去他的创造性和工作活力。如果过于渴望社会认同，环境设计师就无法突破自身现有的设计风格或设计思路，其创造性就会减弱。换言之，保持环境设计师的工作的独立性将有利于保持他的创造活力。

四、环境设计师的职业特点及心理素质培养

环境空间因为有了人的居住与使用，而拥有了生命力。也由此，任何空间如果不以居于其中的人为第一设计前提，都将是一个空的载体。环境设计师应当始终以用户和受众的"满意度"为设计导向，在整个设计过程中做到以人为本，以人的需求为本。

设计师，顾名思义就是设计东西的人，而这里的东西包含非常丰富的内容，涉及日常生活的各个方面，小到家居工艺，大到生态环境。所以设计师背负着改变人类生活方式、价值取向的重要使命。

著名华人建筑师贝聿铭曾说："要成为一名合格的设计师，要有强烈的职业道德和社会使命感，要站在客户的立场，用你的专业和智慧使客户利益在有限的预算范围内价值最大化。"他的这句话，指出了作为环境设计师应有的四种素质：强烈的职业道德、社会使命感以及丰富的专业知识和过人的智慧。

在中国当代的知名设计师中，有几位佼佼者，如王澍、马可、王潮歌。研究者可以通过他们的经历体会和总结设计师应当具备的心理素质。

建筑师王澍是首位获得普利兹克奖的中国人。从他的人生经历以及兴趣爱好中不难看出他对于自己专业的执着和坚持。

其一，王澍在研究生毕业答辩时虽然全票通过，但学位委员以其论文中部分措辞过于狂放为由未予通过，并在论文中称"中国只有一个半建筑师，杨廷宝是一个，齐老师算半个"。第二次补交，王澍纠结不已，再三考虑，王澍仍上交了自己原来的论文，一字未改。最终未被通过。次年重新答辩才获得硕士学位。显然，王澍在学生时代就勇敢且犀利地提出了自己

的观点，表出达对中国建筑业现状的不满，同时也透露出王澍对于自己专业的热爱和对于祖国建筑业的担忧。

其二，王澍在毕业后与妻子及四名学生创办了一家名为"业余的建筑"的建筑设计工作室。当时常规做法是，先由工作室设计好方案，再将方案交予合作的设计院制作施工图，最后由承接单位根据施工图建造完成即可。但是王澍与妻子达成共识，即方案交予设计院画出施工图后再返回工作室，进行修改，然后再次交给设计院画出新的施工图。正所谓"细节决定成败"，王澍用自己严谨认真的工作态度履行着这句话。

除此之外，他常在新作品中将废物再利用，注重环保节约。可以看出，王澍所取得的成就与他的心理素质是分不开的，譬如执着刻苦，具有强烈的责任感和使命感，不骄不躁，笃定平和。但是，他的这些心理素质是如何培养的呢？

王澍说："建筑师，首先得是个文人。"王澍还说："我不做建筑，只做房子，房子是业余的建筑。"这两句话，前一句表达出他对中国传统文化的认同：王澍学贯古今，无论是苏州的园子还是白居易的诗词与李渔的文章，都感召着他。后一句话则道出他对当下建筑设计现状的批判。把建筑看得太神圣就会曲解建筑，扭曲建筑。抱着一颗平常心，诚恳地对待建筑设计。在设计中解决问题而不是制造问题，这样才能轻松地做设计。

设计师的心理素质培养是一个漫长的累积过程。在这个过程中，设计师首先要做一个热爱生活的人，其次要做一个热爱自己职业的人。热情是设计师心理素质培养的根基。在此基础上，设计师还需要不断学习和钻研专业知识，关注本专业在国内外的最新发展动向。在职业生涯中，设计师需要肩负起相关的社会责任和历史使命。设计师在工作学习之余，注意培养兴趣爱好，并不断发展，使其成为自身品格的一部分。学会欣赏和认同传统文化，带着一颗平常心做设计，用设计作品来表达设计思想。

服装设计师马可，在二十三岁时凭借作品《秦俑》夺得"兄弟杯"中国国际青年服装设计师大赛金奖，至今仍是该奖项最年轻获得者的纪录保持者。她对设计师责任做出以下归纳：

1. 生态责任（对于未来的责任）

设计师有责任考虑其设计的产品在制作的整个过程里对地球生态造成的负面影响，拒绝做单纯追求商业利益而破坏环境的产品，而且尽可能有节制地使用自然资源，一旦采用则从一开始设计便要考虑产品的长期使用及循环利用，而不是做短命产品和一次性产品。

2. 道德责任（对于当前的责任）

设计师的敏感度和创造力不仅反映于专业的把握上，更应该体现在对社会先知与良知的角色承担上。张爱玲说"因为懂得，所以慈悲"。设计师必须是一个有态度的人而非一味投顾客所好的工匠，设计师出于个人的立场不应无条件地满足顾客的要求。设计师有责任不做过度的设计，仅恰如其分地表达，不过分地刺激人们的感官欲望而企图引发更多的盲目消费，以期更大的商业利益。设计师在社会上承担社会良知的角色，首要必备的素质是：诚实正直，不为利益名誉出卖灵魂。

3. 文化传承责任（对于过去的责任）

环境设计师生活在一个充满着前人的智慧和创造的世界上，这些文化的积淀使环境设计师受益匪浅，环境设计师有责任对于这些财富加以保护、传承和发展，留给未来的人类，而不是在此时此地中断。最好的传承不应仅仅在博物馆，而应该是贯穿于人类的生活中，在现实生活中通过创造力令这些传统焕发新的生命力。

马可对于设计师的期待折射出她对自己的高要求。在她看来，一个杰出的设计师必定是淡泊名利的，诚实且正直，有敏锐的忧患意识。无论是关于未来的生态环境还是对于过去的文化的传承，作为设计师必须将其视为己任，以诚相待。

从生活细节中，可以看出设计师的心理素质。马可的生活极为简洁朴素，在服装设计师们身着奇装异服的时候，马可穿带帽子的休闲衫和宽松的休闲裤。获奖后名气大噪的她随即"隐退江湖"，选了一处安静的乡下住居，埋头做设计，不为外面的名利所扰。做设计时别人都选高档布料和夺目的珠子，她选手工棉布、木片、竹片和麻绳。而事实证明，这些更加贴近自然和生活的东西应用得当就会成为最别出心裁的设计。

可见，设计师的心理素质必然包括：坚守自己的内心，执着自己的道路；亲近自然，体会生活，热爱生活，享受生活；在自然和生活中领悟设计理念。

王潮歌是北京奥运会开幕式核心创作团队中唯一的女导演。她也是大型舞剧"印象"系列实景演出的实际操作和执行者。王潮歌曾在"女性超越梦想"论坛中说过："因为不躲闪，因为不抱怨，所以女人活到这个份儿上，就会变得很自信。别人说我什么我都不在乎，这样活得越来越自信，越来越自尊，自己完全可以对自己负责任，我不需要别人对我负责任。我的家庭很和睦，来源于我对于自己的责任。"不躲闪，从学习到创业，遇到困难就迎难而上，遇到问题解决问题。

要成为一个优秀的设计师，要学会不抱怨，不推脱，有遇到问题迎难而上的勇气和信心。当"不退缩"已成为你的生活习惯，自信就会树立起来，而自信是设计师心理素质中不可缺少的一部分。有了自信，内心就会坚定充实，更加有底气坚持自己，成为自己，表达自己。

通过对三位不同领域的设计师的分析，大家对设计师心理素质的培养有了一些基本的了解，概括如下：

第一，亲触生活本质，体验、享受生活细节。要知道，艺术来源于生活而高于生活。走进自然，用心观察和领悟自然，才能在设计中回归本真，回归生命最初的样子——即拥有一颗淡泊名利、不骄不躁的心，为改善人们的生活及生活方式而做设计。

第二，凭着对于本职业的热爱，肩负起自己的责任和使命。及早树立自己的志向和目标，并为此脚踏实地，努力奋斗。

第三，要成为一个优秀的设计师，专业知识是不能欠缺的，所以，踏实认真地学好专业知识是极为重要的。

第四，不退缩、不抱怨的心态。每一个设计师都会遇到困难，遇到困难迎难而上，才能形成自信笃定的心理素质，才能有足够的底气勇敢做自己。

第五，由己及人，要有忧国忧民的慈悲心肠。

第六，注重自己的兴趣培养，兴趣是最好的老师，同时也是环境设计师个性培养的捷径。

本章小结

　　本章首先介绍了环境设计与环境设计师的一般心理过程和高级心理过程；然后阐述了环境设计师的个性特征对环境设计的影响；最后论述了社会心理现象对环境设计师的影响。

参考文献

[1] 常怀生．环境心理学与室内设计[M]．北京：中国建筑工业出版社，2000．

[2] 林玉莲，胡正凡．环境心理学[M]．2 版．北京：中国建筑工业出版社，2006．

[3] [日]高桥鹰志+EBS 组．环境行为与空间设计[M]．北京：中国建筑工业出版社，2006．

[4] 徐磊青．人体工程学与环境行为学[M]．北京：中国建筑工业出版社，2006．

[5] 杨公侠．视觉与视觉环境[M]．2 版．上海：同济大学出版社，2002．

[6] 童庆炳，程正民．文艺心理学教程[M]．2 版．北京：高等教育出版社，2011．

[7] [美]凯文·林奇．城市意象[M]．北京：华夏出版社，2001．

[8] 余卓群．建筑视觉造型[M]．重庆：重庆大学出版社，1992．

[9] [日]芦原义信．外部空间设计[M]．北京：中国建筑工业出版社，1985．

[10] [德]库尔特·考夫卡．格式塔心理学原理[M]．北京：北京大学出版社，2010．

[11] [美]阿尔伯特·J．拉特利奇．大众行为与公园设计[M]．北京：中国建筑工业出版社，1989．

[12] [美]鲁道夫·阿恩海姆．艺术与视知觉[M]．成都：四川人民出版社，1998．

[13] 钱家渝．视觉心理学：视觉形式的思维与传播[M]．上海：学林出版社，2006．

[14] [美]克莱尔·库珀·马库斯．人性场所—城市开放空间设计导则[M]．2 版．北京：中国建筑工业出版社，2001．

[15] 诺伯舒兹．场所精神-迈向建筑现象学[M]．上海：华中科技大学出版社，2012．

[16] [美]戴维·迈尔斯．社会心理学[M]．北京：人民邮电出版社，2006．

[17] 李彬彬．设计心理学[M]．北京：中国机械工业出版社，2013．

[18] 柳沙．设计艺术心理学[M]．北京：清华大学出版社，2006．

[19] 潘菽．潘菽心理学文选[M]．南京：江苏教育出版社，1987．

[20] 柳沙．设计心理学[M]．上海：上海人民美术出版社，2009．

[21] 张明．走进多彩的心理世界——心理学入门[M]．北京：科学出版社，2004．

[22] 符国群．消费者行为学[M]．北京：高等教育出版社，2001．

[23] 谌凤莲．跟建筑大师学室内设计[M]．成都：西南交通大学出版社，2015．

[24] 冯江平．广告心理学[M]．上海：华东师范大学出版社，2003．

[25] [美]唐纳德·A．诺曼．设计心理学[M]．北京：中信出版社，2010．

后记

本书从 2013 年秋季开始撰写，历时三年终于完结。期间屡次搁笔，只因写到高深处常感才疏学浅、力不从心。虽已成书，但还有部分章节未能深入阐述，希望日后能够补充完善。在阅读过程中，若发现有疏漏之处，敬请读者指正并谅解。

在此，首先要感谢家人在写书过程中给予本人的大力支持，然后要郑重地感谢西南交通大学出版社李鹏先生、梁红女士，以及所有参与本书编辑、设计与发行的工作人员，感谢他们为本书出版所做的努力。

作者

2016 年 9 月